数学·统计学系列

坐标几何学基础——第2卷，三线坐标

The Elements of Coordinate Geometry—Part II, Trilinear Coordinates

[英] S.L. 龙尼（Sidney Luxton Loney）著

赵勇 译

哈尔滨工业大学出版社
HARBIN INSTITUTE OF TECHNOLOGY PRESS

内容简介

本书是一本优秀的平面解析几何学专著,原书第1版于1923年出版,主要讨论三线坐标.书中以三线坐标为工具,系统地探讨了直线形与二次曲线的相关性质.该书例题丰富,讲解由浅入深,便于初学者学习.

本书适合大、中学师生和平面几何学爱好者学习和参考.

图书在版编目(CIP)数据

坐标几何学基础.第2卷,三线坐标/(英)S.L.龙尼(Sidney Luxton Loney)著;赵勇译.—哈尔滨:哈尔滨工业大学出版社,2021.9(2023.5重印)

ISBN 978-7-5603-4336-5

Ⅰ.①坐…　Ⅱ.①S…②赵…　Ⅲ.①几何学-普及读物　Ⅳ.①O18-49

中国版本图书馆CIP数据核字(2021)第163455号

策划编辑　刘培杰　张永芹
责任编辑　聂兆慈
封面设计　孙茵艾
出版发行　哈尔滨工业大学出版社
社　　址　哈尔滨市南岗区复华四道街10号　邮编150006
传　　真　0451-86414749
网　　址　http://hitpress.hit.edu.cn
印　　刷　哈尔滨市颉升高印刷有限公司
开　　本　787 mm×1 092 mm　1/16　印张14　字数332千字
版　　次　2021年9月第1版　2023年5月第2次印刷
书　　号　ISBN 978-7-5603-4336-5
定　　价　28.00元

前　言

这本著作是我多年前出版的一本论述坐标几何学基础内容的书的第二部分. 由于缺乏时间, 以及其他许多工作的压力, 阻碍我直至最近才完成这本著作的撰写.

本书与第一卷一样, 我尽量用适合中学生的方式来处理这一学科. 为此我引入了大量用以说明的例题, 并不假思索地从多个角度来呈现同一个定理.

显然面对大量可用的资料我只能从中选择一个, 但我希望没有非常重要的命题被完全遗漏.

S. L. 龙尼

1923 年 3 月 21 日于

RICHMOND, SURREY

目　录

第 1 章

非调合比或交比. 单应点列. 对合点列

[对于初次阅读的同学来说，略去本章目 17 至结尾的内容是明智的做法.]

1. 如果 P，Q，R，S 是位于同一条直线上的四个点，则 PQ 和 QR 的比除以 PS 和 SR 的比称为 P，Q，R，S 这四个点的**非调合比**(**anharmonic ratio**)或**交比**(**cross-ratio**)，并记为符号 $(PQRS)$. 因此

$$(PQRS) = \frac{PQ}{QR} \div \frac{PS}{SR} = \frac{PQ}{QR} \times \frac{SR}{PS} = \frac{PQ \cdot RS}{QR \cdot SP}.$$

最后一个形式可能是最容易写出的，尤其是当这四个点在直线上不是按顺序排列的时候，而这是通常的情形.

[四个元素 PQ，QR，RS 和 SP 从 P 开始进行轮换；第一个元素放在分子中，第二个放在分母中，第三个放在分子中，第四个放在分母中.]

像这样位于同一条直线上的一组点称为一个**点列**(**range**).

类似的，一组交于一点的直线称为一个射线**线束**(**pencil**)；而它们的交点称为它们的**顶点**(**vertex**).

一束射线 OP，OQ，OR，OS 的交比是

$$\frac{\sin \angle POQ \cdot \sin \angle ROS}{\sin \angle QOR \cdot \sin \angle SOP},$$

并记为符号 $O(PQRS)$.

2. 如图 1, 若一个线束 OP, OQ, OR, OS 被任一条截线截于点 P, Q, R, S, 则这个线束的交比与点列 P, Q, R, S 的交比相等.

设 p 是 O 到截线 $PQRS$ 的距离，则 $p \times PQ = 2\triangle OPQ = OP \cdot OQ \sin \angle POQ$.[1] **[1]**

同样有 $p \times QR = OQ \cdot OR \sin \angle QOR$，$p \times RS = OR \cdot OS \sin \angle ROS$ 和

① 译者注：在本书中 $\triangle ABC$ 表示三角形 ABC 的面积.

$p \times SP = OS \cdot OP \sin \angle SOP$.

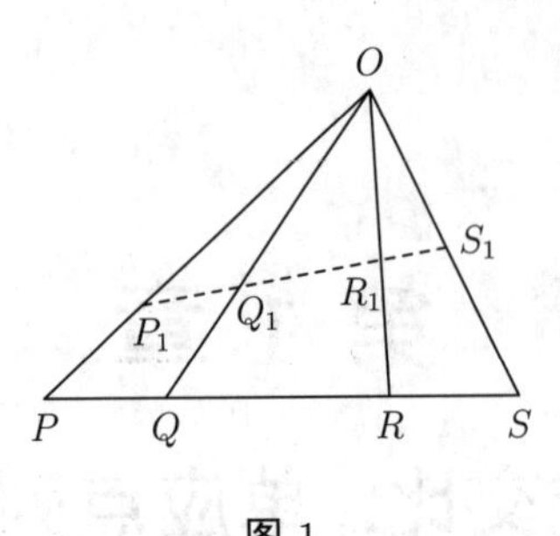

图 1

因此，通过代换并约去相同的值，我们得到

$$(PQRS) = \frac{PQ \cdot RS}{QR \cdot SP} = \frac{\sin \angle POQ}{\sin \angle QOR} \cdot \frac{\sin \angle ROS}{\sin \angle SOP} = O(PQRS).$$

如果任一条另外的截线与这些射线截于点 P_1，Q_1，R_1，S_1，则能够推出 $(P_1Q_1R_1S_1) = (PQRS)$.

因为

$$(P_1Q_1R_1S_1) = O(P_1Q_1R_1S_1) = O(PQRS) = (PQRS).$$

3. 当像 P_1，Q_1，R_1，S_1 这样的四个点由 P，Q，R，S 按如下方式得到时，或反过来，即将一个四点列与一个顶点 O 相连，由四条连线与任意一条截线的交点得到第二个点列，则其中一个点列称为另外一个点列的射影.

因此一个点列的交比与它的射影的交比是相同的，或使用一般的表述，一个四点列的交比经过射影不变. 在后面的章节中我们将会看到这是一个非常重要的性质. [目 199～201.]

4. 由四条直线 $y = m_1x$, $y = m_2x$, $y = m_3x$ 和 $y = m_4x$ 组成的线束的交比.

设一条与 y 轴平行的直线与这四条直线交于点 P，Q，R，S，并与 x 轴交于 N. 设 $ON = h$，这里 O 是原点，则

$$NP = m_1h;\ NQ = m_2h;\ NR = m_3h;\ NS = m_4h;$$

故

$$PQ = (m_2 - m_1)h;\ QR = (m_3 - m_2)h;$$
$$RS = (m_4 - m_3)h;\ SP = (m_1 - m_4)h.$$

因此　　线束 OP，OQ，OR，OS 的交比

$= $ 点列 P，Q，R，S 的交比 $= (PQRS)$

$$= \frac{PQ \cdot RS}{QR \cdot SP} = \frac{(m_2 - m_1)(m_4 - m_3)}{(m_3 - m_2)(m_1 - m_4)}.$$

容易看出无论坐标轴是直角的还是斜的这个结论都是正确的. [2]

5. 由方程为

$$y=0,\ y=m_1x,\ x=0,\ y=m_2x$$

的直线组成的线束的交比.

在此情形中，第三条直线与平行于 y 轴，即平行于其自身的直线，交于无穷远距离处.

另外，上一条中的点 N 和 P 是重合的，因此在这一情形中我们有

$$PQ=m_1h,\ PR=\infty,\ \text{及}\ PS=m_2h,$$

因此

$$(PQRS)=\frac{PQ\cdot RS}{QR\cdot SP}=\frac{m_1h}{\infty-m_1h}\cdot\frac{m_2h-\infty}{-m_2h}=\frac{m_1}{m_2}.$$

调和比

6. 调和比（harmonic ratio）. 如果四个点的交比等于 -1，则称这个比是调和的.

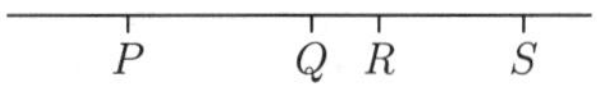

图 2

在此情形下（图2），从目1的定义可得

$$\frac{PQ}{QR}=-\frac{PS}{SR}=\frac{PS}{RS}.$$

所以
$$PQ(PS-PR)=PS(PR-PQ).$$

所以
$$PR\cdot PQ+PS\cdot PR=2PS\cdot PQ.$$

因此
$$\frac{1}{PQ}+\frac{1}{PS}=\frac{2}{PR},$$

即 PQ，PR 和 PS 成调和级数.

若 Q 是 PR 的中点，则 S 在无穷远处.

若 O 是 PR 的中点，则 $OP^2=OQ\cdot OS$.

因为若设

$$PQ=q,\ PR=r\ \text{及}\ PS=s,$$

则
$$r=\frac{2qs}{q+s}.$$

所以 $$OQ = q - \frac{r}{2} = \frac{q^2}{q+s}, \text{且 } OS = s - \frac{r}{2} = \frac{s^2}{q+s}.$$

所以 $$OQ \cdot OS = \frac{q^2 s^2}{(q+s)^2} = \frac{r^2}{4} = OP^2.$$

点 Q 和 S 称为是关于点 P 和 R **调和共轭** (**harmonically conjugate**) 的；也可以说它们调和分割线段 PR；点 Q 和 S 称为共轭点，点 P 和 R 也同样称为共轭点.

[3]

7. 类似的，如果一个包含四条直线的线束的交比等于 -1，则它称为一个调和线束，且其中的两条直线调和分割另两条直线的夹角.

在第1卷，目401的命题中，我们给出了一个调和点列的例子，而这个命题可以表述为如下形式

$$(OPRP') = -1.$$

8. 若 x_1，x_2，x_3，x_4 分别是 P，Q，R，S 这四个点到它们所在直线上的一个定点 O 的距离，则

$$(PQRS) = \frac{(x_2 - x_1)(x_4 - x_3)}{(x_3 - x_2)(x_1 - x_4)}.$$

这个值等于 -1 的条件是

$$(x_2 - x_1)(x_4 - x_3) + (x_3 - x_2)(x_1 - x_4) = 0,$$

即 $$\boldsymbol{(x_1 + x_3)(x_2 + x_4) = 2x_1x_3 + 2x_2x_4},$$

所以这是这四个点构成一个调和点列的条件.

这四个点的交比等于 1 的条件是

$$(x_2 - x_1)(x_4 - x_3) = (x_3 - x_2)(x_1 - x_4),$$

即 $$(x_1 - x_3)(x_2 - x_4) = 0,$$

因此 $$x_1 = x_3 \text{ 或 } x_2 = x_4,$$

所以在此情形下点 P 和 R 重合或点 Q 和 S 重合.

类似的，直线 $y = m_1x$，$y = m_2x$，$y = m_3x$ 和 $y = m_4x$ 组成一个调和线束的条件是

$$\boldsymbol{(m_1 + m_3)(m_2 + m_4) = 2m_1m_3 + 2m_2m_4}.$$

与目5一样能推出直线 $y = 0$，$y = px$，$x = 0$ 和 $y = -px$ 组成一个调和线束.

9. 求由方程 $ax^2 + 2hxy + by^2 = 0$ 和 $a'x^2 + 2h'xy + b'y^2 = 0$ 给出的直线调和共轭的条件.

设第一对直线是 $y = m_1x$ 和 $y = m_3x$，则有 $m_1 + m_3 = -\dfrac{2h}{b}$ 和 $m_1m_3 = \dfrac{a}{b}$.

类似的，设第二对直线是 $y = m_2x$ 和 $y = m_4x$，则有 $m_2 + m_4 = -\dfrac{2h'}{b'}$ 和 $m_2m_4 = \dfrac{a'}{b'}$. [4]

根据目 4 可得

$$\frac{(m_2 - m_1)(m_4 - m_3)}{(m_3 - m_2)(m_1 - m_4)} = -1,$$

即
$$(m_1 + m_3)(m_2 + m_4) = 2m_1m_3 + 2m_2m_4.$$

因此
$$-\frac{2h}{b} \times \left(-\frac{2h'}{b'}\right) = \frac{2a}{b} + \frac{2a'}{b'}.$$

所以
$$ab' + a'b = 2hh'$$

是所求的条件.

推论 1. 直线对 $y^2 - p^2x^2 = 0$ 和由 $xy = 0$ 给出的直线对调和共轭，即任一对直线与它们夹角的两条平分线组成一个调和线束.

推论 2. 虚直线 $x^2+y^2 = 0$ 和坐标轴 $xy = 0$ 也满足这一目的条件. 因此任一对相互垂直的直线调和分割它们的交点与两个无穷远圆环点的连线(第 1 卷，目 392).

10. 如同上一条，到一个定原点的距离由 $ax^2+2hx+b = 0$ 给出的一对点，调和分割由 $a'x^2 + 2h'x + b' = 0$ 给出的点对的连线的条件是 $ab' + a'b = 2hh'$.

11. 求经过原点，并关于由方程 $ax^2 + 2hxy + by^2 = 0$ 给出的直线对和由方程 $a_1x^2 + 2h_1xy + b_1y^2 = 0$ 给出的直线对都调和共轭的直线对.

再证明这样求出的直线对关于由

$$ax^2 + 2hxy + by^2 + \lambda(a_1x^2 + 2h_1xy + b_1y^2) = 0$$

给出的所有直线对是调和共轭的，这里 λ 是任意常数.

设所求的直线对是

$$a'x^2 + 2h'xy + b'y^2 = 0 \ldots\ldots (1).$$ [5]

则根据上一条有

$$a'b - 2h'h + b'a = 0 \ldots\ldots (2)$$

和
$$a'b_1 - 2h'h_1 + b'a_1 = 0 \ldots\ldots (3).$$

解之，得到

$$\frac{a'}{ah_1 - a_1h} = \frac{2h'}{ab_1 - a_1b} = \frac{b'}{hb_1 - h_1b}.$$

另外，对于所有的 λ 的值，(2) 和 (3) 给出

$$a'(b + \lambda b_1) - 2h'(h + \lambda h_1) + b'(a + \lambda a_1) = 0.$$

而这是直线对 (1) 关于直线对

$$(a + \lambda a_1)x^2 + 2(h + \lambda h_1)xy + (b + \lambda b_1)y^2 = 0$$

调和共轭的条件.

12. 若四点位于同一条直线上，则它们关于任意二次曲线的极线交于一点，并且这四个点的交比等于由它们的极线组成的线束的交比.

取这条直线作为 x 轴，并设 P_1，P_2，P_3，P_4 这四个点到原点的距离分别是 x_1，x_2，x_3，x_4. 则点 P_1，即点 $(x_1, 0)$ 关于二次曲线

$$ax^2 + 2hxy + by^2 + 2gx + 2fy + c = 0$$

的极线是

$$x(ax_1 + g) + y(hx_1 + f) + gx_1 + c = 0 \dots\dots\dots\dots (1).$$

对于 x_1 的所有值，这条直线经过一个已知点，即 x 轴的极点.

现在直线 (1) 对 x 轴的倾斜角为 $\tan^{-1} m_1$，这里

$$m_1 = -\frac{hx_1 + f}{ax_1 + g}.$$

对于点 P_2，P_3，P_4 的极线类似.

因此，这个由极线组成的线束的交比，通过代换和化简后等于

$$\frac{(m_2 - m_1)(m_4 - m_3)}{(m_3 - m_2)(m_1 - m_4)} = \frac{(x_2 - x_1)(x_4 - x_3)}{(x_3 - x_2)(x_1 - x_4)},$$

$$= \text{四个已知点的交比.}$$

13. 从位于一条直线上的四点 P，Q，R 和 S，根据点的选取顺序我们能够得到不同的交比. 四个点可以按 4! 种，即 24 种方式进行排列，容易看出它们仅能产生六个不同的交比. 因为根据目 1 的定义可以证明

[6]

$$(PQRS) = (QPSR) = (RSPQ) = (SRQP) \dots\dots\dots\dots (1),$$

$$(PQSR) = (QPRS) = (RSQP) = (SRPQ) \dots\dots\dots\dots (2),$$

$$(PRQS) = (QSPR) = (RPSQ) = (SQRP) \dots\dots\dots\dots (3),$$

$$(PRSQ) = (QSRP) = (RPQS) = (SQPR) \dots\dots\dots\dots (4),$$

$$(PSQR) = (QRPS) = (RQSP) = (SPRQ) \dots\dots\dots\dots (5),$$

$$(PSRQ) = (QRSP) = (RQPS) = (SPQR) \dots\dots\dots\dots (6).$$

这六行中任一行里的第二个、第三个和第四个交比可以由第一个交比通过交换任意两个字母，再交换另外两个字母而得到. 例如，在 $(PQRS)$ 中我们交换 P 和 S，接着交换 Q 和 R，就得到 $(SRQP)$，这是 (1) 中的最后一个比. 因此，我们得到六个不同的交比，即上面每一行中的第一个交比.

此外这些交比并不是不相关的. 因为若 P，Q，R，S 是一条直线上按任意顺序排列的任意四点，则我们总有

$$PQ \cdot RS + PR \cdot SQ + PS \cdot QR = 0 \dots\dots\dots\dots\dots\dots(7),$$

这里要仔细留意所涉及的值的符号.

设 P，Q，R，S 到这条直线上一个定点的距离是 p，q，r，s，则有

$$PQ = OQ - OP = q - p，RS = OS - OR = s - r，等等,$$

所以式 (7) 的左侧等于

$$(q-p)(s-r) + (r-p)(q-s) + (s-p)(r-q) = 0.$$

将 (7) 除以 $PS \cdot QR$，我们得到

$$\frac{PQ \cdot RS}{PS \cdot QR} + \frac{PR \cdot SQ}{PS \cdot QR} + 1 = 0,$$

所以
$$\frac{PR}{RQ} \cdot \frac{QS}{SP} = 1 - \frac{PQ}{QR} \cdot \frac{RS}{SP}.$$

因此，如果我们令 $(PQRS) = \lambda$，则这个式子给出

$$(PRQS) = 1 - \lambda.$$

此外，用 (7) 除以 $PQ \cdot RS$，我们得到

$$1 + \frac{PR \cdot SQ}{PQ \cdot RS} + \frac{PS \cdot QR}{PQ \cdot RS} = 0,$$

[7]

所以
$$(PRSQ) = \frac{PR \cdot SQ}{RS \cdot QP} = 1 - \frac{QR \cdot SP}{RS \cdot PQ} = 1 - \frac{1}{\lambda} = \frac{\lambda - 1}{\lambda}.$$

进一步，如果我们将这个点列中的第一个和第三个字母进行交换或将第二个和第四个字母进行交换，容易知道将这个交比变成了它的倒数. 因此有

$$(PSRQ) = \frac{1}{(PQRS)} = \frac{1}{\lambda},\ (PSQR) = \frac{1}{(PRQS)} = \frac{1}{1-\lambda},$$

和
$$(PQSR) = \frac{1}{(PRSQ)} = 1 \div \frac{\lambda - 1}{\lambda} = \frac{\lambda}{\lambda - 1}.$$

因此最终 (1)，(2)，(3)，(4)，(5)，(6) 中的六个交比变成

$$\lambda,\ \frac{\lambda}{\lambda - 1},\ 1 - \lambda,\ \frac{\lambda - 1}{\lambda},\ \frac{1}{1-\lambda},\ \frac{1}{\lambda}.$$

14. 所以按任意顺序取 P，Q，R，S 这四个点得到的 24 个交比可以用它们中的一个表示出来.

通过检验能看到这些交比中的 4 个总是正的，而另 2 个总是负的.

在 P，Q，R，S 构成一个调和点列的情形中，如果我们令 $\lambda=-1$，则其他的交比分别变成 $\frac{1}{2}$，2，2，$\frac{1}{2}$ 和 -1，即这 24 个交比减少为值 -1，$\frac{1}{2}$ 和 2. 因此对于一个四点列，如果当这些点按任一顺序选取时，它们的交比化为值 -1，$\frac{1}{2}$ 或 2 中的一个，则它是调和的.

类似的，如果这些交比中的任一个等于 1，0 或 ∞，则这四个点中的两个重合.

如果我们设 $\lambda=-\tan^2\theta$，则上一条中交比的六个可能值可以写为 $\sin^2\theta$，$\cos^2\theta$，$-\tan^2\theta$，$-\cot^2\theta$，$\csc^2\theta$ 和 $\sec^2\theta$ 的形式. 如果以 PR 和 QS 为直径作的两个圆交于 T，并设 O，O_1 是它们的圆心，则能够证明 θ 是 $\angle OTO_1$ 的一半. 因为若设 $PQ=b$，$PR=c$，$PS=d$，则在三角形 OTO_1 中给出

$\cos\angle OTO_1=\dfrac{c(d+b)-2db}{c(d-b)}$，因此

$$\tan^2\frac{\angle OTO_1}{2}=\frac{b(d-c)}{d(c-b)}=-\frac{PQ\cdot RS}{QR\cdot SP}=-(PQRS). \qquad [8]$$

完全四边形的调和性质

15. 证明在一个完全四边形中每一条对角线被另两条对角线调和分割.

设 $PQRS$ 是一个四边形(图3).

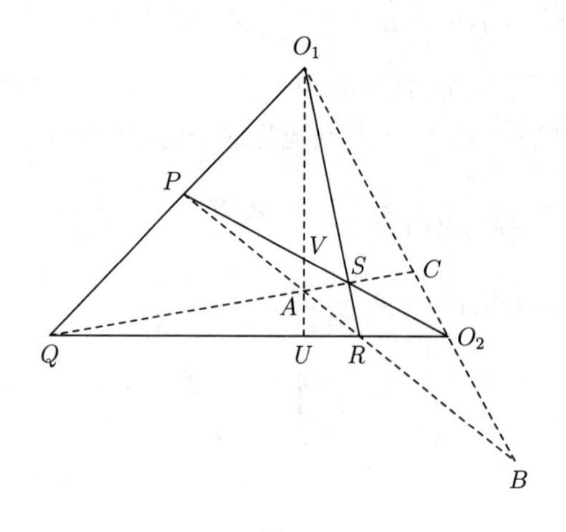

图 3

延长各边交于 O_1 和 O_2.

取 QR 和 QP 分别作为 x 轴和 y 轴. 设 PR 的方程是

$$l_1x + m_1y - 1 = 0 \qquad\cdots\cdots(1),$$

并设 O_1O_2 的方程是

$$l_2x + m_2y - 1 = 0 \qquad\cdots\cdots(2).$$

则 RO_1 的方程是

$$l_1x + m_2y - 1 = 0 \qquad\cdots\cdots(3),$$

而 O_2P 的方程是

$$l_2x + m_1y - 1 = 0 \qquad\cdots\cdots(4).$$

用 (1) 减去 (2)，我们看到 QB 的方程是

$$(l_1 - l_2)x + (m_1 - m_2)y = 0.$$

再用 (3) 减去 (4)，我们得到 QS 的方程是

$$(l_1 - l_2)x - (m_1 - m_2)y = 0.$$

所以根据目 8，QB，QR，QA 和 QP 组成一个调和线束，因此 $(BRAP)$ 和 (BO_2CO_1) 是调和点列.

类似地可以证明 $(QASC)$ 是一个调和点列.

别法. 这个命题也可以由塞瓦（Ceva）定理和梅涅劳斯（Menelaus）定理推出.

设 O_1A 交 QR 于 U. [9]

在三角形 O_1PR 中，因为 O_1U，QS 和 RP 交于一点，所以根据塞瓦定理，有

$$QU \cdot RS \cdot O_1P = UR \cdot SO_1 \cdot PQ.$$

在同一个三角形中，因为 PSO_2 是一条截线，所以根据梅涅劳斯定理，得

$$QO_2 \cdot RS \cdot O_1P = -O_2R \cdot SO_1 \cdot PQ.$$

以上两式相除可得

$$\frac{QU}{UR} = -\frac{QO_2}{O_2R},\ 即\ \frac{QU}{UR} \cdot \frac{RO_2}{O_2Q} = -1.$$

所以 $(QURO_2)$ 是调和的.

因此 $O_1(QURO_2)$ 是一个调和线束.

因此，根据目 2，$(QASC) = -1$，$(PARB) = -1$.

另外，由于线束 $Q(PARB) = -1$，所以截线 BO_1 给出

$$(O_1CO_2B) = -1.$$

推论. 三个顶点 A，O_1，O_2 处的线束，即 $A(PO_1SO_2)$，$O_1(PASO_2)$ 和

$O_2(QAPO_1)$，都是调和的.

16. 设 A, B, C, D 是一条二次曲线上的四个已知点, 则对于这条二次曲线上所有位置的点 P, 线束 $P(ABCD)$ 的交比是定值.

这可以从第1卷，目383最后的结论推出. 因为 P 到 AB 的距离为

$$\frac{2\triangle PAB}{AB}=\frac{PA\cdot PB\sin\angle APB}{AB},$$

而对于其他三个距离类似.

因此

$$\left(\frac{PA\cdot PB\sin\angle APB}{AB}\times\frac{PC\cdot PD\sin\angle CPD}{CD}\right)$$
$$\div\left(\frac{PB\cdot PC}{BC}\sin\angle BPC\times\frac{PD\cdot PA}{DA}\sin\angle DPA\right)$$

是定值，即

$$\frac{\sin\angle APB}{\sin\angle BPC}\cdot\frac{\sin\angle CPD}{\sin\angle DPA}=k\frac{AB\cdot CD}{BC\cdot DA},$$

[10] 这里 k 是一个定值，即 $P(ABCD)$ 是一个定值.

例题. 证明椭圆上离心角为 $2\alpha_1$，$2\alpha_2$，$2\alpha_3$，$2\alpha_4$ 的四个点对该椭圆上任意点 P 所张线束的交比是

$$\frac{\sin(\alpha_2-\alpha_1)\sin(\alpha_4-\alpha_3)}{\sin(\alpha_3-\alpha_2)\sin(\alpha_1-\alpha_4)}.$$

[将 P 取为椭圆的长轴的一个端点，则有

$$\tan\theta_1=\frac{b\sin 2\alpha_1}{a+a\cos 2\alpha_1}=\frac{b}{a}\tan\alpha_1，等等.]$$

习题 1

1. 一点到圆 $x^2+y^2-2g_1x+c=0$ 的两条切线调和分割它到圆 $x^2+y^2-2g_2x+c=0$ 的两条切线, 证明该点的轨迹是

$$x^2(2c-g_1^2-g_2^2)+2y^2(c-g_1g_2)-2x(g_1+g_2)(c-g_1g_2)$$
$$+2c^2-c(g_1^2+g_2^2)=0.$$

根据第1卷，目389，从原点对点 (x',y') 到第一个圆的两条切线所作的平行线由

$$x^2(y'^2+c-g_1^2)+y^2(x'^2-2g_1x'+c)-2xyy'(x'-g_1)=0$$

给出，而类似的对于第二个圆，它们由

$$x^2(y'^2+c-g_2^2)+y^2(x'^2-2g_2x'+c)-2xyy'(x'-g_2)=0$$

给出.

根据目9，这些直线调和的条件是

$$(y'^2+c-g_1^2)(x'^2-2g_2x'+c)+(y'^2+c-g_2^2)(x'^2-2g_1x'+c)$$
$$=2y'^2(x'-g_1)(x'-g_2).$$

因此通过化简，(x', y') 的轨迹是

$$x^2(2c - g_1^2 - g_2^2) + 2y^2(c - g_1g_2) - 2x(g_1 + g_2)(c - g_1g_2) + 2c^2 - c(g_1^2 + g_2^2) = 0.$$

若两个已知圆正交，则

$$(g_1 - g_2)^2 = g_1^2 - c + g_2^2 - c，即\ c = g_1g_2，$$

而这条轨迹化为

$$x^2 = -c,$$

即一对直线，它们是实的，因为这两个圆交于实点，因此 c 是负的.

2. 作一条直线，使得它和圆 $x^2 + y^2 - 2g_1x + c = 0$ 的截线段总与它和圆 $x^2 + y^2 - 2g_2x + c = 0$ 的截线段调和共轭；证明它的包络是一条以两个圆的圆心为焦点的二次曲线，并且仅当这两个圆正交时，这条包络线化为这两个圆的圆心.

联结原点与直线 $lx + my + n = 0$ 和第一个圆的交点的两条直线是

$$n^2(x^2 + y^2) + 2g_1nx(lx + my) + c(lx + my)^2 = 0,$$

即

$$x^2(n^2 + 2g_1ln + cl^2) + 2xym(g_1n + lc) + y^2(n^2 + cm^2) = 0.$$

对于第二个圆类似.　**[11]**

这些连线是调和的条件是（目 9）

$$(n^2 + cm^2)[2n^2 + 2(g_1 + g_2)ln + 2cl^2] = 2m^2(g_1n + lc)(g_2n + lc),$$

即

$$m^2(c - g_1g_2) + n^2 + (g_1 + g_2)ln + cl^2 = 0,$$

即

$$\frac{(lg_1 + n)(lg_2 + n)}{l^2 + m^2} = g_1g_2 - c \ldots\ldots\ldots\ldots\ldots\ldots\ldots\ldots (\text{i}),$$

即这两个圆的圆心到这条直线的距离的乘积是定值. 所以它的包络是一条二次曲线，以两个圆心为焦点，且它的短半轴等于 $\sqrt{g_1g_2 - c}$.

如果这两个圆正交，则 $g_1g_2 = c$，而 (i) 给出直线 $lg_1 + n = 0$ 或 $lg_2 + n = 0$，即这条直线经过这两个圆的一个圆心. 这在几何上是显然的，因为若这两个圆正交，而经过其中一圆圆心 O 的任意直线与该圆交于 P_1 和 P_2，与另一圆交于 Q_1，Q_2，则有 $OQ_1 \cdot OQ_2 = (\text{第一个圆的半径})^2 = OP_1^2 = OP_2^2$，因而 $(P_1Q_1P_2Q_2)$ 是调和的（目 6）.

3. 在一个线束中直线对 $ax^2 + 2hxy + by^2 = 0$ 是共轭的，而另一对共轭直线是 $a'x^2 + 2h'xy + b'y^2 = 0$，证明这个线束的交比中的一个 λ 由下式给出

$$\left(\frac{\lambda - 1}{\lambda + 1}\right)^2 = \frac{4(h^2 - ab)(h'^2 - a'b')}{(ab' + a'b - 2hh')^2}.$$

设第一对直线是 $(y - p_1x)(y - p_3x) = 0$，而第二对直线是 $(y - p_2x)(y - p_4x) = 0$，则有

$$p_1 + p_3 = -\frac{2h}{b}，p_1p_3 = \frac{a}{b}，p_2 + p_4 = -\frac{2h'}{b'}，p_2p_4 = \frac{a'}{b'}.$$

故

$$\lambda = \frac{(p_2 - p_1)(p_4 - p_3)}{(p_3 - p_2)(p_1 - p_4)},$$

因而从上面的关系式中能得到

$$\frac{\lambda-1}{\lambda+1}=\frac{(p_1-p_3)(p_2-p_4)}{2p_1p_3+2p_2p_4-(p_1+p_3)(p_2+p_4)}$$
$$=\frac{2\sqrt{h^2-ab}\sqrt{h'^2-a'b'}}{ab'+a'b-2hh'}.$$

若 $\lambda=-1$，则这个交比是调和的，即有 $ab'+a'b=2hh'$，与目9中一样.

4. 如果 $(bc-ad)^2=(b^2-ac)(c^2-ae)$，证明横坐标是四次方程

$$ax^4+4bx^3+6cx^2+4dx+e=0$$

的根的四个点构成一个调和点列.

如果这些根是 x_1，x_2，x_3，x_4，则这四个点构成一个调和点列的条件是

[12]

$$(x_1+x_3)(x_2+x_4)=2(x_1x_3+x_2x_4)\ldots\ldots\ldots\ldots(1).$$

而

$$-\frac{4b}{a}=(x_1+x_3)+(x_2+x_4),$$
$$\frac{6c}{a}=x_1x_2+x_1x_3+x_1x_4+x_2x_3+x_2x_4+x_3x_4,$$

利用 (1)，即有

$$\frac{4c}{a}=2(x_1x_3+x_2x_4)=(x_1+x_3)(x_2+x_4),$$
$$-\frac{4d}{a}=x_1x_3(x_2+x_4)+x_2x_4(x_1+x_3),$$

和

$$\frac{e}{a}=x_1x_3\times x_2x_4.$$

所以

$$16\frac{b^2-ac}{a^2}=[(x_1+x_3)+(x_2+x_4)]^2-4(x_1+x_3)(x_2+x_4)$$
$$=[(x_1+x_3)-(x_2+x_4)]^2,$$
$$16\frac{c^2-ae}{a^2}=4(x_1x_3-x_2x_4)^2,$$
$$16\frac{bc-ad}{a^2}=-2[(x_1+x_3)+(x_2+x_4)](x_1x_3+x_2x_4)$$
$$+4x_1x_3(x_2+x_4)+4x_2x_4(x_1+x_3)$$
$$=-2[(x_1+x_3)-(x_2+x_4)](x_1x_3-x_2x_4).$$

所以

$$(bc-ad)^2=(b^2-ac)(c^2-ae).$$

这可以写为如下形式

$$ace+2bcd-ad^2-eb^2-c^3=\begin{vmatrix}a&b&c\\b&c&d\\c&d&e\end{vmatrix}=0.$$

5. O，A，B，C 是四个共线点，A' 是 O 关于 B 和 C 的调和共轭点，Q 是 O 关于 A 和 A' 的调和共轭点，而 P 是 A 关于 Q 和 A' 的调和共轭点. 证明

$$\frac{3}{OP}=\frac{1}{OA}+\frac{1}{OB}+\frac{1}{OC}.$$

[设 $OA=a$，$OB=b$，$OC=c$，$OA'=a'$，$OQ=q$，$OP=p$. 则有

$$\frac{2}{a'}=\frac{1}{b}+\frac{1}{c},\ \frac{2}{q}=\frac{1}{a}+\frac{1}{a'}\ 和\ \frac{2}{p-a}=\frac{1}{q-a}+\frac{1}{a'-a}.$$

因此 $$q-a=\frac{a(a'-a)}{a'+a},\ p=\frac{3aa'}{a'+2a}=\frac{3abc}{bc+ca+ab},\text{ 等等.]}$$

6. A，B，C 是共线点，X 是 A 关于 B 和 C 的第四调和点；Y 是 B 关于 C 和 A 的第四调和点；而 Z 是 C 关于 A 和 B 的第四调和点. 证明

$$\frac{1}{AX}+\frac{1}{BY}+\frac{1}{CZ}=0.$$

[13]

7. B_0，B_2 是关于 B_1，C 的调和共轭点；B_1，B_3 是关于 B_2，C 的调和共轭点；而 B_4，B_2 是关于 B_3，C 的调和共轭点. 证明 B_0，B_4 是关于 B_2，C 的调和共轭点.

[任取一个顶点 O 并判断这样得到的线束在一条平行于 OC 的截线上的截点的情况，则 C 的对应点在无穷远处，使用后面章节的语言，即将 C 投射到无穷远处.]

8. 两个共线四点组满足一个点组中的各点到它们所在直线上的一个定点间的距离为 2，$\frac{1}{2}$，-1，1，而另一个点组中的各点到它们所在的另一直线上的一个定点间的距离为 -3，$\frac{3}{2}$，-4，$-\frac{39}{7}$. 证明这两个四点组可以由两个有相同交比的点组形成.

[根据目 13，第一个点组中的各个交比等于 2，2，-1，$\frac{1}{2}$，-1，$\frac{1}{2}$，而第二个点组中的各个交比等于 $\frac{1}{2}$，-1，$\frac{1}{2}$，-1，2，2. 因此使用目 13 中的记号，点列 P，Q，R，S 和 P_1，S_1，R_1，Q_1 有相同的交比.]

9. 证明一条二次曲线的渐近线和任意一对共轭直径组成一个调和线束.

单应点列与单应线束

17. 一条直线上的一个点列称为与另一条直线（这条直线可以和第一条直线重合）上的一个点列具有一一对应性，是指对于第一个点列中的每一点，在第二个点列中有且仅有一个对应点，并且对于第二个点列中的每一点，在第一个点列中也有且仅有一个对应点.

设第一个点列中的任意点到它所在直线上一个定点的距离为 x，而第二个点列中的对应点到该点列所在直线上一个定点的距离是 x'. 当这两个点列所在的两条直线相交时，对于每个点列的定点可以取为这两条直线共同的交点.

因此，如果 x 和 x' 之间的关系是代数的，那么它一定具有如下形式

$$Axx'+Bx+Cx'+D=0\ldots\ldots\ldots\ldots\ldots\ldots(1),$$

这里 A，B，C，D 是常数. 因为如果在这个关系式中含有一个形如 Ex'^2 的项，则虽然对于 x' 的每个值仅存在一个 x 的值，但是对于 x 的一个已知值，我们将得到一个关于 x' 的二次方程，因此存在多于一个的 x' 的值. 类似的能够知道除了这个关系式中的四项以外，不可能有任何其他的项.

[14]

当像 (1) 这样的关系式成立时, 如果给出了第一个点列中的一个点, 则第二个点列中的对应点就唯一确定了. 这样的两个点列称为是**单应的(homographic)**.

类似的可以定义**单应线束(homographic pencils)**; 如果两条对应射线对一条定直线的倾斜角为 $\tan^{-1} m$ 和 $\tan^{-1} m'$, 则

$$Amm' + Bm + Cm' + D = 0.$$

18. *第一个点列中任意四点的交比等于第二个点列中对应点的交比.*

设第一个点列中的四个点到原点的距离是 x_1, x_2, x_3, x_4, 并设第二个点列中的对应点到原点的距离是 x'_1, x'_2, x'_3, x'_4, 则我们能得到四个像

$$Ax_1x'_1 + Bx_1 + Cx'_1 + D = 0$$

这样的关系式.

因此有 $$x'_1 = -\frac{Bx_1 + D}{Ax_1 + C} \text{ 和 } x'_2 = -\frac{Bx_2 + D}{Ax_2 + C}.$$

从而 $$x'_2 - x'_1 = \frac{(AD - BC)(x_2 - x_1)}{(Ax_1 + C)(Ax_2 + C)},$$

而对于 $x'_3 - x'_2$, $x'_4 - x'_3$, $x'_1 - x'_4$ 有类似表达式.

现在根据目 8, 第二个点列的交比为

$$\frac{(x'_2 - x'_1)(x'_4 - x'_3)}{(x'_3 - x'_2)(x'_1 - x'_4)} = \frac{(x_2 - x_1)(x_4 - x_3)}{(x_3 - x_2)(x_1 - x_4)}$$

= 第一个点列中四个点的交比. (通过代入上面的表达式)

因此单应点列是交比相等的点列.

19. *任一个点列中与另一个点列中无穷远点相对应的点.*

如图 4, 联系像 P 和 P', 或 Q 和 Q', 等等, 这样的任意点对的关系式是

$$Axx' + Bx + Cx' + D = 0 \qquad (1),$$

[15] 即 $$x' = -\frac{Bx + D}{Ax + C}, \text{ 或 } x = -\frac{Cx' + D}{Ax' + B},$$

因此一个点列中的无穷远点与另一个点列中的一个点对应.

若 $x = \infty$, 则

$$x' = -\frac{B + \dfrac{D}{x}}{A + \dfrac{C}{x}} = -\frac{B}{A}.$$

设 x' 的这个值给出点 J', 则 $O'_1J' = -\dfrac{B}{A}$.

若 $x' = \infty$，则类似的有 $x = -\dfrac{C}{A}$，给出点 I，因此 $O_1I = -\dfrac{C}{A}$.

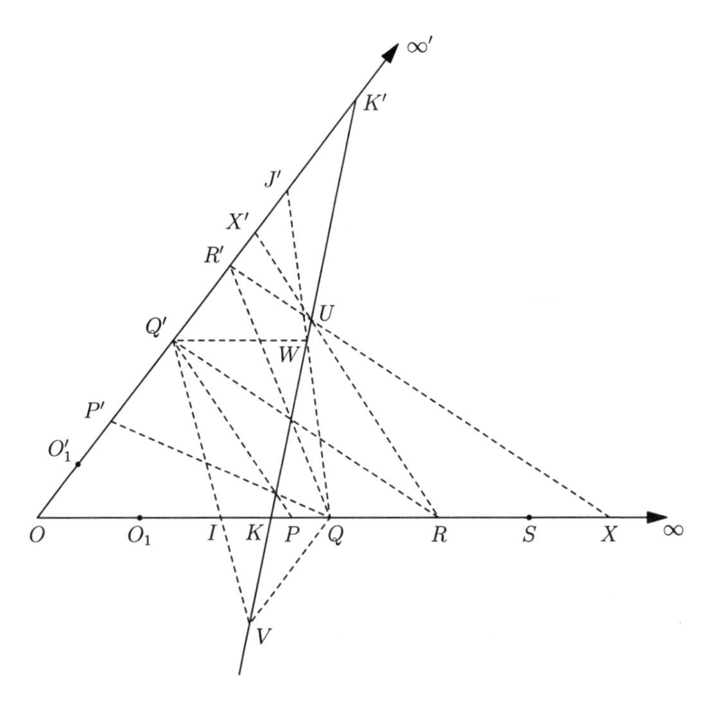

图 4

如果我们现在取 I 和 J' 作为测量的原点，即如果我们令

$$x = O_1I + \xi = -\frac{C}{A} + \xi, \tag{16}$$

和

$$x' = O_1'J' + \xi' = -\frac{B}{A} + \xi',$$

则 (1) 变为

$$\xi\xi' = \frac{BC - AD}{A^2}.$$

因而若 P，P' 是任意一对对应点，则 $IP \cdot J'P' =$ 定值.

反之，如果 $IP \cdot J'P'$ 是定值，这里 I，J' 是两个点列中的定点，而 P，P' 是变化的对应点，则 P，P' 描出的两个点列是单应的.

I 和 J' 这两个点称为**影消点(vanishing points)**，因此一个点列中的影消点是另一个点列中无穷远点的对应点.

20. 若 $C = 0$，则对应于 x 的原点 O_1 重合于 I.

若 $B = 0$，则对应于 x' 的原点 O_1' 是 J'.

若 $B=0$ 且 $C=0$，则对应于 x 和 x' 的原点 O_1 和 O_1' 分别是 I 和 J'. 若 $D=0$，则原点 O_1 和 O_1' 是对应点.

21. 值得注意的是在基本关系式中我们不能够有 $\dfrac{A}{B}=\dfrac{C}{D}$; 因为如果这两个值都等于 λ，则有 $A=B\lambda$ 和 $C=D\lambda$，而这个关系式变为 $(Bx+D)(\lambda x'+1)=0$. 在这一情形下，对于 x' 的任意值我们都有 $x=-\dfrac{D}{B}$，或者对于 x 的任意值我们都有 $x'=-\dfrac{1}{\lambda}=-\dfrac{D}{C}$. 因此一个点列中一个确定的点将与另一个点列中的任意点相对应，因而我们不能得到两个具有一一对应性的点列.

22. 为了明确地给出两个单应点列，必须给出三对对应点. 因为在目 19 的关系式 (1) 中含三个常数 $\dfrac{A}{D}$, $\dfrac{B}{D}$ 和 $\dfrac{C}{D}$; 因此，当给出 x 和 x' 的三对对应值时，我们能得到三个确定这三个常数的一次方程.

[17]

如果这三对对应点到它们原点的距离分别是 a 和 a', b 和 b', c 和 c'，则我们有

$$Aaa'+Ba+Ca'+D=0,$$
$$Abb'+Bb+Cb'+D=0,$$

和

$$Acc'+Bc+Cc'+D=0.$$

因此

$$\frac{A}{\begin{vmatrix}1 & a & a'\\ 1 & b & b'\\ 1 & c & c'\end{vmatrix}}=\frac{B}{\begin{vmatrix}aa' & 1 & a'\\ bb' & 1 & b'\\ cc' & 1 & c'\end{vmatrix}}=\frac{C}{\begin{vmatrix}aa' & a & 1\\ bb' & b & 1\\ cc' & c & 1\end{vmatrix}}=\frac{-D}{\begin{vmatrix}aa' & a & a'\\ bb' & b & b'\\ cc' & c & c'\end{vmatrix}}.$$

23. 如果在一条直线上有任意数目的点 P, Q, R, S, $\cdots$，而在另一条直线上有一个与之单应的点组 P', Q', R', S', $\cdots$，则像 PQ', $P'Q$ 这样的直线对的交点的轨迹是一条直线，并且对应点连线的包络是一条二次曲线.

取这两条直线作为 x 轴和 y 轴，则这两个点列共同的原点现在是它们的交点 O (目 19 的图). 任意两对对应点 P 和 P', Q 和 Q' 的距离 x_1 和 y_1, x_2 和 y_2 由方程

$$Ax_1y_1+Bx_1+Cy_1+D=0 \quad \cdots\cdots (1)$$

和一个类似的方程给出，即有

$$y_1=-\frac{Bx_1+D}{Ax_1+C}$$

和
$$y_2 = -\frac{Bx_2 + D}{Ax_2 + C}.$$

PQ' 的方程是
$$\frac{x}{x_1} + \frac{y}{y_1} = 1,$$
即
$$x(Bx_2 + D) - yx_1(Ax_2 + C) = x_1(Bx_2 + D).$$

同样 $P'Q$ 的方程是
$$x(Bx_1 + D) - yx_2(Ax_1 + C) = x_2(Bx_1 + D).$$

相减可得经过它们交点的直线是
$$Bx(x_2 - x_1) + Cy(x_2 - x_1) = -D(x_2 - x_1),$$
即
$$Bx + Cy + D = 0 \cdots\cdots\cdots\cdots(2).$$ **[18]**

因此这就是所求的轨迹. 它经过点 $\left(-\frac{D}{B},\ 0\right)$ 和 $\left(0,\ -\frac{D}{C}\right)$. 这两个点是当把 O 依次看作属于这两个点列时，它分别在这两条直线上的对应点 K' 和 K. 因为当 $x_1 = 0$ 时，$y_1 = -\frac{D}{C}$，且当 $y_1 = 0$ 时，$x_1 = -\frac{D}{B}$.

直线 (2) 是交叉直线交点的轨迹，它称为这两个点列的**单应轴**(**homographic axis**)，或**交叉轴**(**cross-axis**).

PP' 的方程是 $\frac{x}{x_1} + \frac{y}{y_1} = 1$，即 $lx + my = 1$，在 (1) 中令 $l = \frac{1}{x_1}$ 和 $m = \frac{1}{y_1}$，可知这里有 $Dlm + Cl + Bm + A = 0$.

根据第 1 卷的目 437，PP' 的包络是
$$B^2x^2 + C^2y^2 + D^2 + 2yCD + 2xBD + 2xy(2AD - BC) = 0,$$
即
$$(Bx + Cy + D)^2 = 4xy(BC - AD),$$
即一条与这两个点列切于点 K 和 K' 的二次曲线，这两个点是单应轴与它们的交点.

若 $BC = AD$，则这条二次曲线转化为一对重合的直线 $(Bx+Cy+D)^2 = 0$. 这是目 21 中排除的情形.

若 $D = 0$，它也化为一对重合的直线 $(Bx - Cy)^2 = 0$，则这两个点列的交点是它自己在每个点列中的对应点，因此是这两个点列的一个公共点.

在此情形下关系式 (1) 给出 $y_1 = -\frac{Bx_1}{Ax_1 + C}$，而直线 PP' 的方程变为

$Bx-y(Ax_1+C)=Bx_1$，对于 x_1 的所有值，这条直线经过定点 $\left(-\dfrac{C}{A},-\dfrac{B}{A}\right)$.

[19] 像这样，当两个单应点列中对应点的连线交于一点时，这两个点列称为是成**透视**(**perspective**)的，而这个公共点称为**透视中心**(**centre of perspective**).

24. 由上一条容易知道如何作出两个单应点列中的点.

设 P,Q,R 和 P',Q',R' 是确定这两个点列的点. 联结 $P'Q$，PQ'，$Q'R$，QR'，这样确定出单应轴 KK' (图4).

在第一个点列的轴上取任一点 X；联结 XR' 交单应轴于 U，RU 交第二个点列的轴于 X'. 则 X' 是 X 的对应点. 使用这个方法我们能够确定任意多个我们想要的点，因此当每个点列中给出三个点后这两个点列就是已知的了.

影消点 I，J' 可以作为上述作图的特殊情形而得到. 因为 I 对应于第二个点列的无穷远点，所以如果我们取任意两个对应点 Q 和 Q'，则 $Q\infty'$ 和 $Q'I$ 相交在单应轴上.

因此，如果我们作 $Q\infty'$ 平行于第二个点列，交单应轴于 V，则 $Q'V$ 与第一个点列的轴的交点给出 I.

类似的，作 $Q'W$ 平行于第一个点列，交单应轴于 W，则 QW 与第二个点列的轴的交点给出 J'.

例题. 对于对应点由方程 $x_1y_1-2x_1-3y_1-6=0$ 相联系的两个点列，作出目19的图形.

25. *两个单应线束中对应射线的交点的轨迹是一条圆锥曲线.*

设 O 和 O' 是这两个线束的顶点. 取 O 作为原点，OO' 为 x 轴，并设 $OO'=c$.

设两条对应射线 OP 和 $O'P$ 的交点是 P，并设它们的方程是

$$y=mx \text{ 和 } y=m'(x-c).$$

因为这两个线束是单应的，所以根据目17，有

[20]
$$Amm'+Bm+Cm'+D=0.$$

消去 m 和 m'，P 的轨迹是二次曲线

$$Ay^2+By(x-c)+Cxy+Dx(x-c)=0,$$

即
$$Dx^2+(B+C)xy+Ay^2-c(Dx+By)=0 \quad\cdots\cdots\cdots\cdots (1),$$

它经过点 O 和 O'.

点 O 处的切线是 $y=-\dfrac{D}{B}x$. 但 $-\dfrac{D}{B}$ 是对应于 $m'=0$，即对应于 $O'O$ 的 m 的值. 因此 O 处的切线对应于射线 $O'O$，而类似的 O' 处的切线对应于

射线 OO'.

若 $D=0$，则这条二次曲线分解为两条直线，即 $Ay+(B+C)x-Bc=0$ 和这两个线束的顶点的连线 $y=0$. 在此情形下，对应射线的交点在一条直线上，这两个线束称为是成**透视**(**perspective**)的，而这条直线称为**透视轴**(**axis of perspective**). 在这一情形中，即当 $D=0$ 时，若 m' 等于零，则 m 为零. 于是 OO' 是 $O'O$ 的对应射线，因此两个顶点的连线是一条共同的射线，即这两个线束中与自己对应的射线.

例 1. 在 x 轴和 y 轴上取两个单应点列；第一个点列上的三个点到原点的距离分别是 0，1，3，而第二个点列中三个对应点到原点的距离分别是 1，4，8. 证明对应点到原点的距离之间的一般关系是

$$x_1y_1-22x_1+6y_1-6=0,$$

单应轴的方程是 $11x-3y+3=0$，而对应点的连线包络出的二次曲线的方程是 $(11x-3y+3)^2+126xy=0$.

[同学们通过作出一些属于这两个点组的点，并作出相应的直线来验证这些，是一种可取的做法.]

例 2. 两个单应射线束的顶点是点 $(1,3)$ 和 $(2,4)$. 第一个线束中由 $x=1$，$y=3x$，$x-y+2=0$ 给出的射线对应于第二个线束中的射线 $y=2x$，$y=4$，$x+y=6$. 证明第一个线束中的射线 $y+3x=6$ 对应于第二个线束中的射线 $x=2$，而这两个线束中对应射线的交点给出的二次曲线是 $6x^2+xy+y^2-24x-6y+24=0$.

[证明 m_1 和 m_2 之间的关系式是 $m_1m_2-2m_1+3m_2+6=0$.]

例 3. 考虑若 $AD=BC$，则这条中的定理化为什么？ **[21]**

例 4. 证明联结这两个点列的影消点的直线 IJ'，平行于这两个点列交点的对应点的连线.

共轴的单应点列

26. 设目 19 中两个点列的轴重合，因此这两个点列在同一条直线上，并设距离 x 和 x' 是从同一个原点 O 测量的. 有一点 E，看作属于第一个点列，现在可以以自身作为在第二个点列中的对应点. 这是当 $x=x'$ 时的情形，而目 19 中的基本关系式

$$Axx'+Bx+Cx'+D=0\ldots\ldots\ldots\ldots(1)$$

将变成

$$Ax^2+(B+C)x+D=0\ldots\ldots\ldots\ldots(2).$$

这个方程一般给出两个 x 的值，因此给出点 E 的两个位置，即点 E 和点 F.

EF 的中点到 O 的距离为

$$\frac{OE+OF}{2}=-\frac{B+C}{2A}=\frac{1}{2}(OI+OJ').$$

因此两个公共点，即自共轭点的中点，与无穷远点在两个点列中的对应点，即两个影消点的中点重合. 这两个自共轭点 E 和 F 常称为二重点.

27. 如果我们将原点变换到两个二重点的中点 O_1，即如果我们将 x 和 x' 写为 $x-\dfrac{B+C}{2A}$ 和 $x'-\dfrac{B+C}{2A}$，则 (1) 变成

$$Axx'+\frac{B-C}{2}(x-x')+D-\frac{(B+C)^2}{4A}=0,$$

即

$$Axx'+B_1(x-x')+D_1=0.$$

[22] 现在二重点 E，F 到 O_1 的距离是 $\pm\lambda$，这里 $\lambda^2=-\dfrac{D_1}{A}$.

因此，如果 x_1，x_2 是两个对应点 P_1，P_2 到 O_1 的距离，则

$$(EP_1FP_2)=\frac{(x_1+\lambda)(x_2-\lambda)}{(\lambda-x_1)(-\lambda-x_2)}=\frac{x_1x_2+\lambda(x_2-x_1)-\lambda^2}{x_1x_2+\lambda(x_1-x_2)-\lambda^2}$$

$$=\frac{(A\lambda+B_1)(x_2-x_1)}{(A\lambda-B_1)(x_1-x_2)}=\frac{B_1+A\lambda}{B_1-A\lambda}=\frac{B_1+\sqrt{-AD_1}}{B_1-\sqrt{-AD_1}}$$

=定值.

因此，由两个共轴单应点列的两个二重点和任一对对应点构成的点列的交比是定值.

例 1. 若 O_1 是 IJ' 的中点，O' 是 O_1 的对应点，则公共点 E，F 由

$$O_1E^2=O_1F^2=O_1J'\cdot O_1O'$$

给出.

例 2. 两个共轴的点列有两个虚的公共点，且这两个虚点的中点 O_1 是实点；K 是经过 O_1 垂直于这两个点列的轴的直线上的一点，如果适当选取 O_1K，证明这两个点列中的每对对应点对 K 的张角相等，因此，一个点列对 K 所张的线束可以绕 K 旋转与另一个点列对 K 所张的线束重合.

$$\left[O_1K=\pm\sqrt{\frac{D_1}{A}}.\right]$$

对合点列与对合线束

28. 我们已经看到两个位于同一条直线上的单应点列由如下形式的方程给出

$$Axx' + Bx + Cx' + D = 0,$$

因此
$$x' = -\frac{Bx + D}{Ax + C}, \text{ 且 } x = -\frac{Cx' + D}{Ax' + B}.$$

任取一个到原点的距离为 ξ 的点 P.

如果 P 属于第一个点列，则它的对应点的距离为

$$x' = -\frac{B\xi + D}{A\xi + C}.$$

如果把 P 看作属于第二个点列，则它的对应点的距离为

$$x = -\frac{C\xi + D}{A\xi + B}.$$

[23]

一般的，这两个距离是不同的. 但是如果

$$\frac{B\xi + D}{A\xi + C} = \frac{C\xi + D}{A\xi + B},$$

即若
$$A\xi^2(B - C) + (B^2 - C^2)\xi + (B - C)D = 0,$$
则它们是相同的.

若 $B = C$，则对于 ξ 的所有值，这都是成立的；因此，如果 $B = C$，则对于每个点 P，无论是把它看成属于第一个点列还是属于第二个点列，它的对应点都是相同的.

这样的一组点称为是成**对合**(**involution**)的.

29. 因而对于成对合的点的基本关系式是

$$Axx' + B(x + x') + D = 0,$$

即
$$\left(x + \frac{B}{A}\right)\left(x' + \frac{B}{A}\right) = \frac{B^2 - AD}{A^2}.$$

原点是点 O_1，若我们取点 O 使得

$$O_1O = -\frac{B}{A},$$

则这个关系式给出

$$OP \cdot OP' = \frac{B^2 - AD}{A^2} = \text{定值} = k^2.$$

点 O 称为这个对合的**中心 (centre)**，而 P，P' 称为一对共轭点或**点偶(mates)**.

若 k^2 是正的，则 P 和 P' 在中心 O 的同侧，在 O 的两侧存在两个点 K 和 K'，满足 $OK^2 = OK'^2 = k^2$. K 和 K' 这两个点称为这个对合的二重点或焦点.

若 k^2 是负的，则这两个二重点是虚的，而对应点 P，P' 在中心 O 的两侧.

因为 $OK^2 = OK'^2 = OP \cdot OP'$，所以根据目 6，$(KPK'P')$ 是调和的.

30. 如果一些点是成对合的，则任意四个点的交比等于它们共轭点的交比.

[24]

设这个点是 P，Q，R，S，而它们的共轭点是 P'，Q'，R'，S'，所以若 O 是这个对合的中心，则有

$$OP \cdot OP' = OQ \cdot OQ' = OR \cdot OR' = OS \cdot OS' = k^2.$$

因此

$$(P'Q'R'S') = \frac{OQ' - OP'}{OR' - OQ'} \cdot \frac{OS' - OR'}{OP' - OS'} = \frac{\dfrac{k^2}{OQ} - \dfrac{k^2}{OP}}{\dfrac{k^2}{OR} - \dfrac{k^2}{OQ}} \cdot \frac{\dfrac{k^2}{OS} - \dfrac{k^2}{OR}}{\dfrac{k^2}{OP} - \dfrac{k^2}{OS}}$$

$$= \frac{OQ - OP}{OR - OQ} \cdot \frac{OS - OR}{OP - OS} = (PQRS).$$

31. 如果六个点成对合，则这六个点中任意四点(假定它们不构成两对点偶)的交比等于它们的四个点偶的交比.

设这六个点是 P，Q，R，P'，Q'，R'，这里

$$OP \cdot OP' = OQ \cdot OQ' = OR \cdot OR' = k^2.$$

则

$$(PQRP') = \frac{OQ - OP}{OR - OQ} \cdot \frac{OP' - OR}{OP - OP'} = \frac{\dfrac{k^2}{OQ'} - \dfrac{k^2}{OP'}}{\dfrac{k^2}{OR'} - \dfrac{k^2}{OQ'}} \cdot \frac{\dfrac{k^2}{OP} - \dfrac{k^2}{OR'}}{\dfrac{k^2}{OP'} - \dfrac{k^2}{OP}}$$

$$= \frac{OQ' - OP'}{OR' - OQ'} \cdot \frac{OP - OR'}{OP' - OP} = (P'Q'R'P).$$

[能够证明对于任意两个单应点列仅当 $B = C$ 时这是成立的，而这是目 28 中点成对合的定义.]

32. 在一个对合点列中，两个无穷远点的点偶 I 和 J' 是重合的.

因为 $Axx' + B(x + x') + D = 0$（目 29），所以

$$x' = -\frac{Bx+D}{Ax+B}, \text{且 } x = -\frac{Bx'+D}{Ax'+B}.$$

因此当 $x=\infty$ 时，$x'=-\dfrac{B}{A}$，给出 J'；而当 $x'=\infty$ 时，$x=-\dfrac{B}{A}$，给出 I.

故点 I 和 J' 重合. [25]

33. 目 28～32 中给出的四个性质被不同的作者取作点成对合的定义. 由此可见后三个性质可由目 28 的定义推出.

34. 对合中联系对应点对的基本关系式(目 29)仅含两个任意的常数 $\dfrac{A}{D}$ 和 $\dfrac{B}{D}$. 因此当给出它们之间的两个关系式后这些常数就确定了.

这是已给出两对对应点的情形. 因此确定一个对合仅需两对对应点，而要确定两个单应点列需要三对对应点.

当两个二重点已给出时，这些常数也就确定了；因为二重点是与自身对应的点(即在此情形中 x 和 x' 相同)，因此由 $Ax^2+2Bx+D=0$ 给出.

如果这两个二重点都给出了，即这个方程的两个根都已知了，则我们就得到了这两个常数.

当给出中心和一个二重点时，这两个常数也就确定了；因为根据目 29，就是给出了 $-\dfrac{B}{A}$ 和 $\dfrac{B^2-AD}{A^2}$.

类似的，能够知道当一对点偶和中心已知时，或一对点偶和任一个二重点已知时，这个对合也就确定了.

35. 目 29 中给出的对于对合点列的关系式对于对合线束，即被一条截线截得的点成对合的线束，类似地成立.

因为若一束直线 $y=px$，$y=p'x$，$\cdots$ 是成对合的，则它被任一条平行于 y 轴的直线截得一组成对合的点，它们到 x 轴的距离与 p，p'，$\cdots$ 成比例，因此，这个对合线束中任一对直线间的关系是

$$App'+B(p+p')+D=0\cdots\cdots\cdots\cdots(1),$$ [26]

这里 $y=px$ 和 $y=p'x$ 是一对共轭直线的方程.

二重射线，即对应于对合点列中二重点的射线，由下式给出

$$Ap^2+2Bp+D=0.$$

在 x 轴和 y 轴是对合线束中的二重射线这种特殊情形中，这个方程被 $p=0$ 和 $p=\infty$ 满足. 因此 A 和 D 都等于零，而基本关系式 (1) 化为

$p+p'=0$.

在一个对合线束中不存在射线能称为中心射线，因此也不存在与对合点列的中心对应的射线.

36. 由共轴圆给出的对合点列.

假定我们有一组共轴圆（如同第1卷的第143页），并从根轴上的任意点 O' 作一条直线与圆心为 O_1，O_2，O_3，$\cdots$ 的圆交于点 P 和 P'，Q 和 Q'，R 和 R'，……，则我们有 $O'P\cdot O'P'=O'Q\cdot O'Q'=O'R\cdot O'R'=\cdots=k^2$，这里 k 是 O' 到这组圆中任一圆的切线长.

因而这些点对构成一个对合点列，而二重点显然是这个点列的轴与这个共轴圆组中两个圆的切点.

如果我们将根轴上的任意点 O' 替换为根轴与连心线的交点 O，并以连心线作为这个点列的轴，则我们得到一个以这个共轴圆组的极限点为二重点的对合点列. 对于第1卷143页的图55(b)，这两个二重点是实的；对于第1卷143页的图55(a)，这两个二重点是虚的.

反之，如果我们希望作出一对点属于由 P，P' 和 Q，Q' 作为两对点偶的对合，过 P，P' 和 Q，Q' 作任意两个适当的圆相交于 U，V 两点，则经过 U，V 和这个对合中任意点 R 的圆将经过 R 的对偶点 R'，因此，我们能定出任意多个我们所需的点. 二重点是轴 $PP'QQ'$ 与两个经过 U 和 V 的圆的切点，而对合中心是 UV 与轴的交点.

[27]

37. 在每个对合线束中证明存在一对成直角的共轭射线，若存在多余一对的成直角的射线，则每一对射线都成直角.

使用经过线束顶点的直角坐标轴，设 $y=px$ 和 $y=p_1x$ 是共轭射线. 则

$$App_1+B(p+p_1)+C=0\ldots\ldots\ldots\ldots(1).$$

如果存在一对成直角的射线，则 $pp_1=-1$，而 (1) 给出 $A-C=B\left(p-\dfrac{1}{p}\right)$，因此，这对成直角的射线由 $Bp^2+(C-A)p-B=0$ 给出.

如果存在多余一对的成直角的射线，则这个方程是恒被满足的，即 $C=A$ 且 $B=0$. 在此情形下，射线之间的一般关系式 (1) 变为

$$pp_1=-1,$$

即每一对共轭射线都是成直角的.

像这样每对共轭射线都成直角的线束称为一个直交的对合线束.

推论. 这个直交对合线束的二重射线由 $p^2=-1$，即由 $x^2+y^2=0$ 给出，

因此向无穷远圆环点所作的虚直线是每个直交对合线束的二重射线，反过来，一个以通向无穷远圆环点的直线为二重射线的对合线束是直交的.

38. 由 $a_1x^2+2h_1x+b_1=0$ 和 $a_2x^2+2h_2x+b_2=0$ 给出的点确定一个对合，证明这个对合的中心是横坐标为 $\dfrac{1}{2}\dfrac{a_1b_2-a_2b_1}{h_1a_2-h_2a_1}$ 的点，而两个二重点由下述方程给出

$$x^2(h_1a_2-h_2a_1)-x(a_1b_2-a_2b_1)+b_1h_2-b_2h_1=0.$$

设联系一对共轭点的关系式是

$$Ax_1x_2+B(x_1+x_2)+C=0.$$

因此，有

$$Ab_1-2Bh_1+Ca_1=0$$

和

$$Ab_2-2Bh_2+Ca_2=0,$$

而两个二重点由 $Ax^2+2Bx+C=0$ 给出. **[28]**

消去 A，B，C，这两个二重点由下式给出

$$x^2(h_1a_2-h_2a_1)-x(a_1b_2-a_2b_1)+b_1h_2-b_2h_1=0\ \ldots\ldots\ (1).$$

另外，对合中心是两个二重点的中点，所以它的横坐标为 $\dfrac{1}{2}\dfrac{a_1b_2-a_2b_1}{h_1a_2-h_2a_1}$.

显然当 (1) 的两根是虚根时两个二重点是虚的，但是对合中心总是实的.

39. 求由 $a_1x^2+2h_1x+b_1=0$, $a_2x^2+2h_2x+b_2=0$ 和 $a_3x^2+2h_3x+b_3=0$ 给出的点构成一个对合点列的条件.

设联系这个对合点列中点对的关系式是

$$Ax_1x_1'+B(x_1+x_1')+C=0.$$

因为上面的每一对点都满足这个关系式，所以有

$$Ab_1-2Bh_1+Ca_1=0,$$

$$Ab_2-2Bh_2+Ca_2=0,$$

和

$$Ab_3-2Bh_3+Ca_3=0.$$

消去 A，B 和 C，我们得到所求的条件

$$\begin{vmatrix} a_1 & h_1 & b_1 \\ a_2 & h_2 & b_2 \\ a_3 & h_3 & b_3 \end{vmatrix}=0\ \ldots\ldots\ldots\ldots\ldots\ldots\ (1).$$

推论 1. 由此可得由前两对点确定的对合中的所有点对由

$$a_1x^2+2h_1x+b_1+\lambda(a_2x^2+2h_2x+b_2)=0$$

给出，这里 λ 是一个变参数.

因为显然如果有

$$a_3 = a_1 + \lambda a_2,\ h_3 = h_1 + \lambda h_2,\ b_3 = b_1 + \lambda b_2,$$

则式 (1) 得以满足.

推论 2. 类似的, 如果条件 (1) 成立, 则由方程

$$a_1x^2 + 2h_1xy + b_1y^2 = 0,\ a_2x^2 + 2h_2xy + b_2y^2 = 0$$

和

$$a_3x^2 + 2h_3xy + b_3y^2 = 0$$

[29] 给出的一束射线成对合.

40. 经过四个定点的一束二次曲线被任一条截线截得的一组点是成对合的.

取这条截线作为 x 轴, 并设两条经过四个已知点的二次曲线是

$$S \equiv ax^2 + 2hxy + by^2 + 2gx + 2fy + c = 0$$

和

$$S' \equiv a'x^2 + 2h'xy + b'y^2 + 2g'x + 2f'y + c' = 0.$$

则 $S + \lambda S' = 0$ 表示这个曲线束中任一条其他的二次曲线, 而它与这条截线, 即 $y = 0$ 的两个交点由

$$(ax^2 + 2gx + c) + \lambda(a'x^2 + 2g'x + c') = 0$$

给出.

根据目 39 的推论 1, 这表示的一组点对是成对合的.

取特殊情形, 对于经过四个点所能作出的三对直线, 我们看到: 穿过由四个点所构成的四角形所作的任一条截线, 与三组对边交得的六个点是成对合的.

41. 自一个对合的共轭点对一条已知二次曲线所作的两条切线的交点的轨迹是一条二次曲线, 它经过这个对合的两个二重点, 并经过由二重点向已知二次曲线所作的切线的切点. 如果这个对合的轴与已知二次曲线相切, 则这个轨迹是一条直线.

取这个对合的轴作为 x 轴, 以对合中心为原点, 则这个对合中的对应点由 $x_1x_2 = k^2$ 给出, 而二重点是 $(\pm k, 0)$.

任意二次曲线的方程是 $ax^2 + 2hxy + by^2 + 2gx + 2fy + c = 0$. 从 (x', y') 向它所作的两条切线与 x 轴交于

$$\begin{aligned}&(ax'^2 + 2hx'y' + by'^2 + 2gx' + 2fy' + c)(ax^2 + 2gx + c)\\&= [x(ax' + hy' + g) + (gx' + fy' + c)]^2.\end{aligned}$$ ①

这是一个关于 x 的二次方程, 它的两根的乘积给出 k^2.

因此

$$k^2 = \frac{(ca - g^2)x'^2 - 2(fg - ch)x'y' + (bc - f^2)y'^2}{(ab - h^2)y'^2 - 2(gh - af)y' + ca - g^2}.$$

因此, (x', y') 的轨迹是二次曲线

① 译者注: 指两条切线与 x 轴的交点的横坐标由这个方程给出.

$$(ca-g^2)x^2-2(fg-ch)xy+(bc-f^2)y^2$$
$$-k^2[(ab-h^2)y^2-2(gh-af)y+ca-g^2]=0.$$

显然这条二次曲线经过二重点 $(\pm k,0)$. 另外由一个二重点向已知二次曲线所作的切线的切点一定在这条轨迹上；因为从两个（重合的）点我们作出的切线，其切点是它们的交点.

[30]

如果 x 轴与已知二次曲线相切，则 $g^2=ac$，而这条轨迹化为直线

$$-2(fg-ch)x+(bc-f^2)y-k^2[(ab-h^2)y-2(gh-af)]=0,$$

这条直线经过已知二次曲线与对合的轴的切点在这个对合中的共轭点.

习题 2

1. 一个对合中的一对共轭点到一个定原点的距离是 α 和 α'，而第二对共轭点到这个定原点的距离是 β 和 β'，证明这个对合中心到原点的距离是 $\dfrac{\alpha\alpha'-\beta\beta'}{\alpha+\alpha'-\beta-\beta'}$，而这个对合的常数是 $\dfrac{(\alpha-\beta)(\alpha-\beta')(\alpha'-\beta)(\alpha'-\beta')}{(\alpha+\alpha'-\beta-\beta')^2}$.

[我们有 $(\alpha-x)(\alpha'-x)=(\beta-x)(\beta'-x)=k^2$.]

2. 设 A 和 A' 是一个对合中的一对已知点偶，而 P 和 P' 是另一对任意的点偶，证明 $AP\cdot AP'$ 和 $A'P\cdot A'P'$ 的比是定值，并且等于 A 和 A' 到对合中心的距离比.

3. 证明一个动点关于一个对合中的四对已知点的调和共轭点有定交比.

4. 证明关于一对已知点调和共轭的三对点构成一个对合点列.

5. 设 A，A' 和 B，B' 是一个对合中的两对共轭点，而 C，C' 是 A，B 和 A'，B' 的共同的调和共轭点，证明它们是这个对合的一对共轭点.

6. 如果 A 和 A_1，B 和 B_1，O 和 U 是成对合的点对，而 A' 和 A_1，B' 和 B_1，O 和 U 也是成对合的点列，则能证明 A 和 B'，A' 和 B，O 和 U 是成对合的点对.

7. 任意六个共线点 A，B，C，A'，B'，C' 中由点对 (B,C') 和 (B',C)，(C,A') 和 (C',A)，(A,B') 和 (A',B) 确定三个对合，则它们的二重点本身也是成对合的.

8. 已知四个共线点，证明它们能确定三个对合. 还能证明这些对合中的任一个的两个二重点关于另外任一个对合的两个二重点调和共轭.

9. 如果 A，B，A'，B' 是一个调和点列，而 L，M 是一点 P 关于 A 和 A'，B 和 B' 的调和共轭点，证明 L，M 是由 A 和 A'，B 和 B' 确定的对合中的一对共轭点.

10. 点 P，Q，R 是一条直线与三角形 ABC 各边的交点，而点 P'，Q'，R' 是这条直线与任意点 O 和该三角形对顶点的连线的交点，证明这些交点构成一个对合点列，因此

[31]

$$PQ'\cdot QR'\cdot RP'=-P'Q\cdot Q'R\cdot R'P.$$

[利用目 40.]

11. 证明任一条直线上关于一条二次曲线共轭的点对（即每一点的极线经过另一点）构成一个对合点列，它的两个二重点是这条直线与二次曲线的交点.

[取已知直线作为 x 轴，而这条二次曲线由一般方程给出. 则 $(x_1, 0)$ 的极线经过 $(x_2, 0)$ 的条件是 $ax_1x_2 + g(x_1 + x_2) + c = 0$. 因此，…….]

12. 证明经过任一已知点所作的关于一条二次曲线共轭的直线对(即每条直线的极点在另一条直线上)组成一个对合线束，它的两条二重射线是已知点到这条二次曲线的切线.

[取已知点为原点，而 $y = px$，$y = p'x$ 是一对共轭直线. 根据第1卷，目375，直线 $y - px = 0$ 的极点 (x', y') 由 $ax' + hy' + g = -p(hx' + by' + f)$ 和 $gx' + fy' + c = 0$ 给出. 如果这个极点在直线 $y - p'x = 0$ 上，则我们还能得到 $y' - p'x' = 0$. 因此，通过消去 (x', y')，我们得到 $(bc - f^2)pp' - (fg - ch)(p + p') + ca - g^2 = 0$，故这些直线总组成一个对合线束. 显然二重直线是由已知点引出的切线.]

13. 一条二次曲线的共轭直径组成一个对合线束，它的二重直线是渐近线.

[由上一条推出，或利用第1卷，目376独立地证明.]

14. 一条已知二次曲线中一条弦的两个端点在一个对合线束的两条对应射线上，证明这类弦的包络是一条二次曲线，它与这个对合的两条二重射线相切，也与已知二次曲线在它和二重射线的交点处的切线相切.

如果已知二次曲线经过这个对合线束的顶点，则这个包络退化为一点.

[取这个对合线束的顶点作为原点，两条二重射线作为坐标轴. (目35.)]

15. 从位于同一条直线上的两个单应点列的对应点向一条二次曲线所作切线的交点的轨迹是一条四次曲线，如果单应点列的轴与已知二次曲线相切，则这条四次曲线化为一条与已知二次曲线有双重切点的二次曲线.

16. 一条直线与一条已知二次曲线的两个交点关于它与一对已知直线的交点调和共轭，证明这条直线的包络是一条与这对已知直线相切的二次曲线.

[32] [取这两条已知直线作为 x 轴和 y 轴.]

第 2 章

三线坐标和面积坐标. 直线

42. 在接下来的这章中我们将引入一种新坐标系，这在第 1 卷的目 409，410 的注释中已有预示.

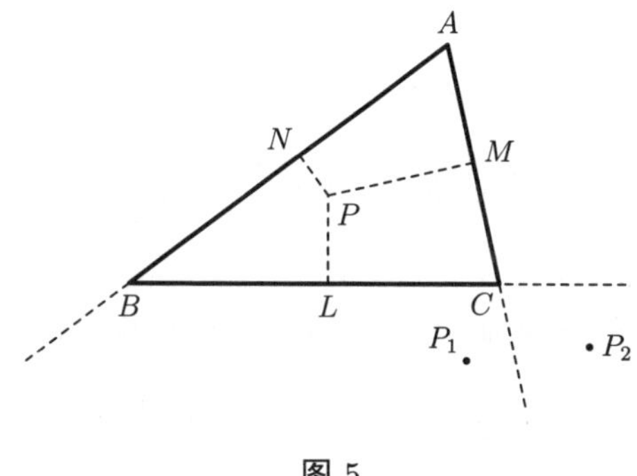

图 5

设三角形 ABC 是一个定三角形，称为“参考三角形”.

从它所在平面上的任意点 P 作直线 PL，PM 和 PN 分别垂直于 BC，CA 和 AB. PL，PM，PN 这三个距离记为 α，β，γ，称为点 P 的三线坐标.

任一个这样的坐标，例如 α，当 P 和三角形的顶点 A 位于边 BC 的同侧时它是正的，而当 P 和 A 位于 BC 的对侧时它是负的. 对于其他的坐标一样. 因此在图 5 中 P 的所有坐标都是正的；对于 P_1，它的 α 是负的，β 和 γ 是正的；而对于 P_2，它的 α 和 β 都是负的，但 γ 是正的. 对于点 P 的任意其他的位置类似.

43. *无论点 P 是什么位置，若 a, b, c 分别是这个三角形的边 BC, CA, AB 的长度，而 Δ 是面积，则 $a\alpha + b\beta + c\gamma = 2\Delta$.* **[33]**

若 P 在这个三角形的内部，则

$$a\alpha+b\beta+c\gamma=PL\times BC+PM\times CA+PN\times AB$$
$$=2\triangle PBC+2\triangle PCA+2\triangle PAB=2\triangle ABC=2\Delta.$$

若 P 在三角形 ABC 的外部，但位于 AB，AC 围成的区域内，像 P_1 所在的位置，则 α 是负的，故

$$a\alpha=-2\triangle P_1BC,$$

因此对于这个点有

$$a\alpha+b\beta+c\gamma=-2\triangle P_1BC+2\triangle P_1CA+2\triangle P_1AB=2\Delta,$$

与上面相同. 若 P 有像 P_2 这样的位置，这里 α 和 β 都是负的，则

$$a\alpha+b\beta+c\gamma=-2\triangle P_2BC-2\triangle P_2CA+2\triangle P_2AB=2\Delta,$$

类似的，可以考虑其余任意的点. 因此，若 P 是到参考三角形有限距离的任意点，则我们得到这一重要的关系式总成立.

44. 利用它我们能够将任一个三线坐标的方程化为齐次形式. 举例来说，假设我们有一个方程

$$l\alpha^2+m\gamma^2+2n\alpha\beta+q\alpha+r\beta+s\gamma+K=0\ldots\ldots\ldots\ldots(1),$$

这里 l，m，n，q，r，s，K 都是常数. 因为 $\dfrac{a\alpha+b\beta+c\gamma}{2\Delta}$ 总等于 1，所以我们能够将 (1) 中的任意项乘以这个值，或它的任意次幂，而不改变这个方程. 于是我们将方程 (1) 中的一次项乘以这个值，并将常数项乘以它的平方，则得到

$$(l\alpha^2+m\gamma^2+2n\alpha\beta)+(q\alpha+r\beta+s\gamma)\times\frac{a\alpha+b\beta+c\gamma}{2\Delta}$$
$$+K\left(\frac{a\alpha+b\beta+c\gamma}{2\Delta}\right)^2=0,$$

即

$$4\Delta^2(l\alpha^2+m\gamma^2+2n\alpha\beta)+2\Delta(q\alpha+r\beta+s\gamma)(a\alpha+b\beta+c\gamma)$$
$$+K(a\alpha+b\beta+c\gamma)^2=0,$$

这是一个关于 α，β 和 γ 的二次齐次方程.

在三线方程中我们几乎总是限定于齐次方程，或限定于使用本条的方法化为齐次形式的方程.

[34]

45. 因为我们的方程是齐次的，所以若它们被任意点的三个坐标所满足，则它们显然被这些坐标的任意的(相同)倍数所满足. 因此我们可以将与一点到参考三角形各边的实际距离成比例的任意值称为这个点的坐标. 容易证明垂心到三角形各边的实际距离是 $2R\cos B\cos C$，$2R\cos C\cos A$，$2R\cos A\cos B$. 我们将该点称作 $(\cos B\cos C,\cos C\cos A,\cos A\cos B)$，或 $(\sec A,\sec B,\sec C)$.

如果一点给出的坐标与 α'，β'，γ' 成比例，则我们容易得到对应的实际的数值坐标 α_1，β_1，γ_1. 因为

$$\frac{\alpha_1}{\alpha'}=\frac{\beta_1}{\beta'}=\frac{\gamma_1}{\gamma'}=\frac{a\alpha_1+b\beta_1+c\gamma_1}{a\alpha'+b\beta'+c\gamma'}=\frac{2\Delta}{a\alpha'+b\beta'+c\gamma'},$$

因此实际的坐标是 $\dfrac{\alpha'}{a\alpha'+b\beta'+c\gamma'}\times 2\Delta$，以及两个类似的表达式.

例题. 证明下列参考三角形的点的坐标可以取为所述的值：

内心：　$(1,1,1)$；

与 A 相对的旁心：　$(-1,1,1)$；

外心：　$(\cos A,\cos B,\cos C)$；

重心：　$(\sin B\sin C,\sin C\sin A,\sin A\sin B)$；

垂心：　$(\cos B\cos C,\cos C\cos A,\cos A\cos B)$；

九点圆心：　$[\cos(B-C),\cos(C-A),\cos(A-B)]$.

46. 三线坐标和笛卡儿坐标之间的联系.

将笛卡儿坐标的原点 O 取在三角形 ABC 的内部，设参考三角形的边 BC，CA 和 AB 的方程是

$$x\cos\omega_1+y\sin\omega_1-p_1=0,\ x\cos\omega_2+y\sin\omega_2-p_2=0$$

和

$$x\cos\omega_3+y\sin\omega_3-p_3=0.$$

取当 $\omega_2<\omega_3<\omega_1$ 时的情形，我们容易知道有

$$\omega_3-\omega_2=\pi-A,\ \omega_1-\omega_3=\pi-B,$$

和

$$\omega_1-\omega_2=2\pi-(\pi-C)=\pi+C,$$

由此可得

$$\cos(\omega_2-\omega_3)=-\cos A,\ \cos(\omega_3-\omega_1)=-\cos B$$

和

$$\cos(\omega_1-\omega_2)=-\cos C.$$

[35]

BC 边上的垂线 α 与从 O 发出的垂线有相同的符号，因为后者在三角形内部. 因此得到

$$\alpha=p_1-x\cos\omega_1-y\sin\omega_1,$$

同理有

$$\beta=p_2-x\cos\omega_2-y\sin\omega_2$$

和

$$\gamma=p_3-x\cos\omega_3-y\sin\omega_3.$$

47. 利用这些关系式，任意三线坐标方程可以转化为笛卡儿直角坐标方程.

由此可得：*任意一次的三线方程表示一条直线，而任意二次的三线方程表示一条圆锥曲线.*

因为最一般的一次方程是

$$l\alpha+m\beta+n\gamma=0\ldots\ldots\ldots\ldots(1),$$

这里 l，m，n 是常数. 通过上一条的代换，这个方程变为

$$x(l\cos\omega_1+m\cos\omega_2+n\cos\omega_3)+y(l\sin\omega_1+m\sin\omega_2+n\sin\omega_3)=lp_1+mp_2+np_3,$$

这总表示一条直线.

并且，由于 (1) 中含两个独立的常数 $\frac{l}{n}$ 和 $\frac{m}{n}$，所以可以通过选取它们使得任意两点的坐标满足这个方程，因此这个方程可以表示任意的直线.

另一方面，最一般的二次方程是

$$L\alpha^2+M\beta^2+N\gamma^2+2P\beta\gamma+2Q\gamma\alpha+2R\alpha\beta=0\ldots\ldots(2).$$

通过上一条的代换，我们得到一个使用笛卡儿坐标的一般二次方程；因此 (2) 总表示一条圆锥曲线.

并且，因为 (2) 含有五个独立的常数，所以可以选取它们使得这条二次曲线经过任意的五个点，因此一般的，(2) 可以表示任一条圆锥曲线.

48. 求已知三线坐标的任意两点之间的距离.

[36] 设 P_1 是点 $(\alpha_1,\beta_1,\gamma_1)$，而 P_2 是点 $(\alpha_2,\beta_2,\gamma_2)$.

过 P_1 作 P_1L 和 P_1M 分别平行于 AB 和 BC，交 BC 和 BA 于 L 和 M，并取 BC 和 BA 作为斜的笛卡儿坐标轴，则

$$BL=x_1,\ LP_1=y_1.$$

因此有

$$\alpha_1=P_1L\sin\angle P_1LC=y_1\sin B \text{ 和 } \gamma_1=P_1M\sin\angle P_1MA=x_1\sin B.$$

类似的，有 $\alpha_2=y_2\sin B$ 和 $\gamma_2=x_2\sin B$，

这里 (x_2,y_2) 是 P_2 的坐标.

利用第1卷，目 20，可得

$$P_1P_2^2=(x_1-x_2)^2+(y_1-y_2)^2+2(x_1-x_2)(y_1-y_2)\cos B.$$

所以

$$P_1P_2^2\cdot\sin^2 B=(\alpha_1-\alpha_2)^2+(\gamma_1-\gamma_2)^2+2(\alpha_1-\alpha_2)(\gamma_1-\gamma_2)\cos B=0\ldots\ldots(1).$$

我们可以将此表示为两种形式，都是关于

$$\alpha_1-\alpha_2,\ \beta_1-\beta_2 \text{ 和 } \gamma_1-\gamma_2$$

对称的.

因为根据目 43，有

$$a\alpha_1+b\beta_1+c\gamma_1=2\Delta=a\alpha_2+b\beta_2+c\gamma_2.$$

所以 $$a(\alpha_1-\alpha_2)+c(\gamma_1-\gamma_2)=-b(\beta_1-\beta_2)\ldots\ldots\ldots\ldots(2).$$

由此平方可得

$$2ac(\alpha_1-\alpha_2)(\gamma_1-\gamma_2)=b^2(\beta_1-\beta_2)^2-a^2(\alpha_1-\alpha_2)^2-c^2(\gamma_1-\gamma_2)^2.$$

因此 (1) 给出

$$\begin{aligned}P_1P_2^2\cdot ac\sin^2 B=&ac(\alpha_1-\alpha_2)^2+ac(\gamma_1-\gamma_2)^2+b^2\cos B(\beta_1-\beta_2)^2\\&-a^2\cos B(\alpha_1-\alpha_2)^2-c^2\cos B(\gamma_1-\gamma_2)^2\\=&ab\cos A(\alpha_1-\alpha_2)^2+b^2\cos B(\beta_1-\beta_2)^2+bc\cos C(\gamma_1-\gamma_2)^2.\end{aligned}$$

故 $$P_1P_2^2=\frac{\sin A\cos A(\alpha_1-\alpha_2)^2+\sin B\cos B(\beta_1-\beta_2)^2+\sin C\cos C(\gamma_1-\gamma_2)^2}{\sin A\sin B\sin C}\ldots\ldots\ldots(3).$$

另外，通过将 (2) 依次乘以 $(\alpha_1-\alpha_2)$ 和 $(\gamma_1-\gamma_2)$，得到

$$a(\alpha_1-\alpha_2)^2=-b(\alpha_1-\alpha_2)(\beta_1-\beta_2)-c(\gamma_1-\gamma_2)(\alpha_1-\alpha_2),$$

和 $$c(\gamma_1-\gamma_2)^2=-b(\beta_1-\beta_2)(\gamma_1-\gamma_2)-a(\gamma_1-\gamma_2)(\alpha_1-\alpha_2).$$ [37]

代入 (1) 中，我们得到

$$\begin{aligned}P_1P_2^2\cdot ac\sin^2 B=&-bc(\alpha_1-\alpha_2)(\beta_1-\beta_2)-c^2(\gamma_1-\gamma_2)(\alpha_1-\alpha_2)\\&-ab(\beta_1-\beta_2)(\gamma_1-\gamma_2)-a^2(\gamma_1-\gamma_2)(\alpha_1-\alpha_2)\\&+2(\gamma_1-\gamma_2)(\alpha_1-\alpha_2)\cdot ac\cos B\\=&-bc(\alpha_1-\alpha_2)(\beta_1-\beta_2)-ab(\beta_1-\beta_2)(\gamma_1-\gamma_2)\\&-b^2(\gamma_1-\gamma_2)(\alpha_1-\alpha_2).\end{aligned}$$

故 $$P_1P_2^2=-\frac{\left\{\begin{aligned}(\beta_1-\beta_2)(\gamma_1-\gamma_2)\sin A+(\gamma_1-\gamma_2)(\alpha_1-\alpha_2)\sin B\\+(\alpha_1-\alpha_2)(\beta_1-\beta_2)\sin C\end{aligned}\right\}}{\sin A\sin B\sin C}\ldots\ldots\ldots(4).$$

(3) 或 (4) 都给出所求的距离.

49. 利用上一条中的等式 (1)，任意点 $(\alpha_1,\beta_1,\gamma_1)$ 到参考三角形的顶点 B 的距离是 $\dfrac{\alpha_1^2+\gamma_1^2+2\alpha_1\gamma_1\cos B}{\sin^2 B}$. 因此以 B 为圆心，且半径是 r 的圆的方程是

$$\begin{aligned}\alpha^2+\gamma^2+2\alpha\gamma\cos B=r^2\sin^2 B&=\frac{r^2\sin^2 B}{4\Delta^2}(a\alpha+b\beta+c\gamma)^2\\&=\frac{r^2}{a^2c^2}(a\alpha+b\beta+c\gamma)^2\end{aligned}$$

另外，焦点是 B 且准线是对边 CA 的抛物线的方程是

$$\frac{\alpha^2+\gamma^2+2\alpha\gamma\cos B}{\sin^2 B}=\beta^2.$$

50. 顶点为 $(\alpha_1,\beta_1,\gamma_1)$, $(\alpha_2,\beta_2,\gamma_2)$, $(\alpha_3,\beta_3,\gamma_3)$ 的三角形的面积.

参照以参考三角形的边 BC，BA 为坐标轴，设这些点的坐标是 (x_1,y_1), (x_2,y_2) 和 (x_3,y_3)，因此根据目 48，有 $\alpha_1=y_1\sin B$ 和 $\gamma_1=x_1\sin B$，对于其他的坐标与此类似.

设 Δ_1 是所求的面积，则根据第 1 卷，目 26，有

[38]

$$\frac{2\Delta_1}{\sin B}=\begin{vmatrix}x_1 & y_1 & 1\\ x_2 & y_2 & 1\\ x_3 & y_3 & 1\end{vmatrix}=\frac{1}{2\Delta\sin^2 B}\begin{vmatrix}\gamma_1 & \alpha_1 & 2\Delta\\ \gamma_2 & \alpha_2 & 2\Delta\\ \gamma_3 & \alpha_3 & 2\Delta\end{vmatrix}.$$

将第一列乘以 c，第二列乘以 a，并从第三列中减去它们的和，则我们得到

$$\Delta_1=\frac{1}{4\Delta\sin B}\begin{vmatrix}\gamma_1 & \alpha_1 & b\beta_1\\ \gamma_2 & \alpha_2 & b\beta_2\\ \gamma_3 & \alpha_3 & b\beta_3\end{vmatrix}=\frac{b}{4\Delta\sin B}\begin{vmatrix}\gamma_1 & \alpha_1 & \beta_1\\ \gamma_2 & \alpha_2 & \beta_2\\ \gamma_3 & \alpha_3 & \beta_3\end{vmatrix}$$

$$=\frac{abc}{8\Delta^2}\begin{vmatrix}\alpha_1 & \beta_1 & \gamma_1\\ \alpha_2 & \beta_2 & \gamma_2\\ \alpha_3 & \beta_3 & \gamma_3\end{vmatrix},$$

给出所求的面积.

直线

51. 联结 $(\alpha_1,\beta_1,\gamma_1)$ 和 $(\alpha_2,\beta_2,\gamma_2)$ 两点的直线的方程.

设所求的方程是

$$l\alpha+m\beta+n\gamma=0\ldots\ldots\ldots\ldots\ldots\ldots(1).$$

因为它经过这两个已知点，所以有

$$l\alpha_1+m\beta_1+n\gamma_1=0\ldots\ldots\ldots\ldots\ldots\ldots(2)$$

和

$$l\alpha_2+m\beta_2+n\gamma_2=0\ldots\ldots\ldots\ldots\ldots\ldots(3).$$

解 (2) 和 (3)，我们得到

$$\frac{l}{\beta_1\gamma_2-\beta_2\gamma_1}=\frac{m}{\gamma_1\alpha_2-\gamma_2\alpha_1}=\frac{n}{\alpha_1\beta_2-\alpha_2\beta_1},$$

而所求的方程是

$$\alpha(\beta_1\gamma_2-\beta_2\gamma_1)+\beta(\gamma_1\alpha_2-\gamma_2\alpha_1)+\gamma(\alpha_1\beta_2-\alpha_2\beta_1)=0.$$

或者通过从 (1)，(2)，(3) 中消去 l，m，n，这个方程可以写为如下形式

$$\begin{vmatrix}\alpha & \beta & \gamma\\ \alpha_1 & \beta_1 & \gamma_1\\ \alpha_2 & \beta_2 & \gamma_2\end{vmatrix}=0.$$

52. *三个已知点 $(\alpha_1,\beta_1,\gamma_1)$，$(\alpha_2,\beta_2,\gamma_2)$ 和 $(\alpha_3,\beta_3,\gamma_3)$ 共线的条件.*

直线 $l\alpha+m\beta+n\gamma=0$ 经过这三个点的条件是

$$l\alpha_1+m\beta_1+n\gamma_1=0,$$
$$l\alpha_2+m\beta_2+n\gamma_2=0,$$
$$l\alpha_3+m\beta_3+n\gamma_3=0.$$

[39]

从这些等式中消去 l，m，n，我们得到

$$\begin{vmatrix}\alpha_1 & \beta_1 & \gamma_1\\ \alpha_2 & \beta_2 & \gamma_2\\ \alpha_3 & \beta_3 & \gamma_3\end{vmatrix}=0.$$

这是所求的条件.

53. *方程为 $l\alpha+m\beta+n\gamma=0$ 和 $l'\alpha+m'\beta+n'\gamma=0$ 的两条直线的交点的坐标.*

这两个方程同时被它们的交点 (α',β',γ') 所满足. 因此通过解它们，我们得到

$$\frac{\alpha'}{mn'-m'n}=\frac{\beta'}{nl'-n'l}=\frac{\gamma'}{lm'-l'm}$$
$$=\frac{2\Delta}{a(mn'-m'n)+b(nl'-n'l)+c(lm'-l'm)}\cdots\cdots\cdots(1),$$

利用目 43.

若式 (1) 右侧的分母为零，即若

$$a(mn'-m'n)+b(nl'-n'l)+c(lm'-l'm)=0,$$

则这些坐标是无穷的，即这两条直线互相平行.

54. *求两条直线互相垂直的条件.*

设这两条直线的方程是

$$l\alpha+m\beta+n\gamma=0 \text{ 和 } l'\alpha+m'\beta+n'\gamma=0.$$

通过目 46 中的代换，这两条直线的笛卡儿方程是

$x(l\cos\omega_1+m\cos\omega_2+n\cos\omega_3)$

$$+y(l\sin\omega_1+m\sin\omega_2+n\sin\omega_3)-(lp_1+mp_2+np_3)=0$$

和

$$x(l'\cos\omega_1+m'\cos\omega_2+n'\cos\omega_3)$$
$$+y(l'\sin\omega_1+m'\sin\omega_2+n'\sin\omega_3)-(l'p_1+m'p_2+n'p_3)=0.$$

根据第1卷，目69，这两条直线垂直的条件是

$$(l\cos\omega_1+m\cos\omega_2+n\cos\omega_3)(l'\cos\omega_1+m'\cos\omega_2+n'\cos\omega_3)$$

[40]

$$+(l\sin\omega_1+m\sin\omega_2+n\sin\omega_3)(l'\sin\omega_1+m'\sin\omega_2+n'\sin\omega_3)=0,$$

即

$$ll'+mm'+nn'+(mn'+m'n)\cos(\omega_2-\omega_3)+$$
$$(nl'+n'l)\cos(\omega_3-\omega_1)+(lm'+l'm)\cos(\omega_1-\omega_2)=0,$$

根据目46，此即

$$\boldsymbol{ll'+mm'+nn'-(mn'+m'n)\cos A-(nl'+n'l)\cos B}$$
$$\boldsymbol{-(lm'+l'm)\cos C=0.}$$

推论. 对于方程

$$a\alpha^2+b\beta^2+c\gamma^2+2f\beta\gamma+2g\gamma\alpha+2h\alpha\beta=0,$$

当它表示两条直线时，等价于

$$(l\alpha+m\beta+n\gamma)(l'\alpha+m'\beta+n'\gamma)=0,$$

因此

$$\frac{ll'}{a}=\frac{mm'}{b}=\frac{nn'}{c}=\frac{mn'+m'n}{2f}=\frac{nl'+n'l}{2g}=\frac{lm'+l'm}{2h},$$

因而这两条直线成直角的条件是

$$a+b+c-2f\cos A-2g\cos B-2h\cos C=0.$$

55. 可以求出上一条中两条直线的夹角. 因为根据第1卷，目66，有

$$\tan\theta=\frac{A_2B_1-A_1B_2}{A_1A_2+B_1B_2}.$$

在上几条两条直线的情形中，这里的分子为

$$(l'\cos\omega_1+m'\cos\omega_2+n'\cos\omega_3)(l\sin\omega_1+m\sin\omega_2+n\sin\omega_3)$$
$$-(l\cos\omega_1+m\cos\omega_2+n\cos\omega_3)(l'\sin\omega_1+m'\sin\omega_2+n'\sin\omega_3)$$
$$=(m'n-mn')\sin(\omega_3-\omega_2)+(n'l-nl')\sin(\omega_1-\omega_3)$$
$$+(l'm-lm')\sin(\omega_2-\omega_1)$$
$$=(m'n-mn')\sin A+(n'l-nl')\sin B+(l'm-lm')\sin C,$$

因为根据目46，有

$$\omega_3-\omega_2=\pi-A,\ \omega_1-\omega_3=\pi-B \text{ 和 } \omega_1-\omega_2=\pi+C.$$

而分母与上一条相同. 因此

$$\tan\theta = \frac{(m'n - mn')\sin A + (n'l - nl')\sin B + (l'm - lm')\sin C}{\left\{\begin{array}{l} ll' + mm' + nn' - (mn' + m'n)\cos A - (nl' + n'l)\cos B \\ \qquad\qquad\qquad\qquad\qquad\qquad - (lm' + l'm)\cos C \end{array}\right\}}. \qquad [41]$$

如果 $\theta = 0$，因此右侧的分子等于零，则这两条直线互相平行.

因而这两条直线相平行的条件是

$$a(mn' - m'n) + b(nl' - n'l) + c(lm' - l'm) = 0.$$

56. 一条直线在参考三角形各边上的截距.

设这条直线的方程是

$$l\alpha + m\beta + n\gamma = 0 \ldots\ldots\ldots\ldots\ldots\ldots\ldots\ldots (1),$$

它与边 BC，CA，AB 交于点 P，Q，R. P 的坐标是 0，$CP\sin C$ 和 $BP\sin B$，因此它们与 0，$c(a-x)$ 和 bx 成比例，这里 $x = BP$.

所以式 (1) 给出

$$mc(a-x) + nbx = 0,$$

所以

$$x = BP = \frac{mca}{mc - nb} = \frac{\dfrac{ma}{b}}{\dfrac{m}{b} - \dfrac{n}{c}}.$$

同理有

$$CQ = \frac{\dfrac{nb}{c}}{\dfrac{n}{c} - \dfrac{l}{a}} \text{ 和 } AR = \frac{\dfrac{lc}{a}}{\dfrac{l}{a} - \dfrac{m}{b}}.$$

若 $\dfrac{l}{a} = \dfrac{m}{b} = \dfrac{n}{c}$，则已知直线的方程变为 $a\alpha + b\beta + c\gamma = 0$，上面的三个值都是无穷的，即这条已知直线与参考三角形的每条边交于分别到 A，B，C 为无穷大距离处. 这条直线称为**无穷远线**(**line at infinity**).

在第 1 卷，目 386 中我们已经证明了无穷远线使用笛卡儿坐标的方程是

$$0 \cdot x + 0 \cdot y + C = 0,$$

或简写为 $C = 0$.

在目 43 中我们注明了，对于到参考三角形的距离为有限的所有点总成立关系式

$$a\alpha + b\beta + c\gamma = \text{一个常数}. \qquad [42]$$

因而在三线方程的情形中无穷远线的方程也化为 $C = 0$.

关系式 $a\alpha + b\beta + c\gamma = 0$ 被与任意无穷远点的各坐标成比例的三个值所满足.

57. 两条直线平行的条件.

设这两条直线是

$$l\alpha+m\beta+n\gamma=0\ldots\ldots(1)$$

和

$$l'\alpha+m'\beta+n'\gamma=0\ldots\ldots(2).$$

在第1卷，目386中，我们已经看到平行直线相交在无穷远线上. 因此这两条直线相交在

$$a\alpha+b\beta+c\gamma=0\ldots\ldots(3)$$

上.

从(1)，(2)，(3)中消去 α，β，γ，我们得到

$$\begin{vmatrix} l & m & n \\ l' & m' & n' \\ a & b & c \end{vmatrix}=0$$

作为平行的条件. 这已经在目53和55中得到过.

推论. 无穷远线的方程 $a\alpha+b\beta+c\gamma=0$，满足这一条以及目54的条件，所以它同时与任意直线 $l\alpha+m\beta+n\gamma=0$ 平行且垂直. 这说明无穷远线的方向是完全不确定的.

58. 经过一个已知点 (α',β',γ') 并分别与直线 $l\alpha+m\beta+n\gamma=0$ (1) 平行或 (2) 垂直的直线.

(1) 按照第1卷，目82，与已知直线平行的任意直线经过已知直线和无穷远线的交点，因此它的方程是

$$l\alpha+m\beta+n\gamma+\lambda(a\alpha+b\beta+c\gamma)=0.$$

如果此外它还经过已知点，则

[43]

$$l\alpha'+m\beta'+n\gamma'+\lambda(a\alpha'+b\beta'+c\gamma')=0.$$

因此，通过消去 λ，所求的方程是

$$\frac{l\alpha+m\beta+n\gamma}{l\alpha'+m\beta'+n\gamma'}=\frac{a\alpha+b\beta+c\gamma}{a\alpha'+b\beta'+c\gamma'}.$$

(2) 设所求的直线是

$$L\alpha+M\beta+N\gamma=0\ldots\ldots(1).$$

因为它经过已知点，所以

$$L\alpha'+M\beta'+N\gamma'=0\ldots\ldots(2).$$

由它垂直于已知直线，我们得到

$$L(l-m\cos C-n\cos B)+M(m-n\cos A-l\cos C)$$
$$+N(n-l\cos B-m\cos A)=0\ldots(3).$$

从 (2) 和 (3) 中解出 L，M，N 并代入 (1)；或等同的，从 (1)，(2) 和 (3) 中消去 L，M，N，我们得到所求垂线的方程

$$\begin{vmatrix} \alpha & \beta & \gamma \\ \alpha' & \beta' & \gamma' \\ l - m\cos C - n\cos B & m - n\cos A - l\cos C & n - l\cos B - m\cos A \end{vmatrix} = 0.$$

59. 已知点 $(\alpha', \beta', \gamma')$ 到已知直线 $l\alpha + m\beta + n\gamma = 0$ 的垂直距离.

当按照目 46 转换为笛卡儿坐标时，这条直线的方程变为

$$x(l\cos\omega_1 + m\cos\omega_2 + n\cos\omega_3) + y(l\sin\omega_1 + m\sin\omega_2 + n\sin\omega_3) \\ -(lp_1 + mp_2 + np_3) = 0.$$

任意点 (x', y') 到这条直线的距离可以这样得到（第 1 卷，目 75），在这个方程中用 x'，y' 替换 x，y，并将所得的结果除以这个方程中 x 和 y 的系数的平方和的平方根.

将分子重写为

$$l(x'\cos\omega_1 + y'\sin\omega_1 - p_1) + m(x'\cos\omega_2 + y'\sin\omega_2 - p_2) \\ +n(x'\cos\omega_3 + y'\sin\omega_3 - p_3)$$

$$= l\alpha' + m\beta' + n\gamma'.$$

[44]

分母中平方根下的值

$$= (l\cos\omega_1 + m\cos\omega_2 + n\cos\omega_3)^2 + (l\sin\omega_1 + m\sin\omega_2 + n\sin\omega_3)^2$$

$$= l^2 + m^2 + n^2 + 2mn\cos(\omega_2 - \omega_3) \\ +2nl\cos(\omega_3 - \omega_1) + 2lm\cos(\omega_1 - \omega_2)$$

$$= l^2 + m^2 + n^2 - 2mn\cos A - 2nl\cos B - 2lm\cos C$$

（利用目 46）.

因此所求的垂线长

$$= \frac{\boldsymbol{l\alpha' + m\beta' + n\gamma'}}{\boldsymbol{\sqrt{l^2 + m^2 + n^2 - 2mn\cos A - 2nl\cos B - 2lm\cos C}}}.$$

60. 例 1. 证明对于任意三角形 ABC，下列各组直线共点:

(1) 各角的内角平分线;

(2) 各顶点与对边中点的连线;

(3) 各顶点到对边的垂线.

设 D 是 BC 边的中点，而 D_1 和 L 是 $\angle A$ 的平分线和 A 到 BC 的垂线与 BC 的的交点.

如果一条直线经过点 A，则它的方程必有 $\dfrac{\beta}{\gamma}$ = 常数的形式. [因为如果一般方程 $l\alpha + m\beta + n\gamma = 0$ 被点 A 的坐标满足，这里 β 和 γ 都为零，则一定有 $l = 0$，因此这个

方程变为 $\dfrac{\beta}{\gamma}=-\dfrac{n}{m}=$ 常数.]

（1）AD_1 的方程是

$$\frac{\beta}{\gamma}=\text{常数}=AD_1\text{ 上任意点的 }\frac{\beta}{\gamma}\text{ 的值}$$

$$=\text{对于 }D_1\text{ 的值}=\frac{D_1A\sin\dfrac{A}{2}}{D_1A\sin\dfrac{A}{2}}=1.$$

因此 AD_1 的方程是 $\beta-\gamma=0$，而对应直线 BE_1，CF_1 的方程是 $\gamma-\alpha=0$ 和 $\alpha-\beta=0$. 这些直线都交于点 $(1,1,1)$.

（2）AD 的方程是

[45]

$$\frac{\beta}{\gamma}=\text{常数}=\text{点 }D\text{ 的 }\frac{\beta}{\gamma}\text{ 的值}=\frac{CD\sin C}{BD\sin B}=\frac{c}{b}.$$

因此 AD 的方程是 $b\beta-c\gamma=0$，类似的，对应直线 BE，CF 的方程是 $c\gamma-a\alpha=0$ 和 $a\alpha-b\beta=0$. 这些直线都交于 $a\alpha=b\beta=c\gamma$.

（3）AL 的方程是

$$\frac{\beta}{\gamma}=\text{常数}=\frac{CL\sin C}{BL\sin B}=\frac{b\cos C\sin C}{c\cos B\sin B}=\frac{\cos C}{\cos B}.$$

因此 AL 以及两条对应直线的方程是

$$\beta\cos B-\gamma\cos C=0,\ \gamma\cos C-\alpha\cos A=0\text{ 和 }\alpha\cos A-\beta\cos B=0.$$

这些直线交于 $\alpha\cos A=\beta\cos B=\gamma\cos C$，即交于点

$$(\cos B\cos C,\cos C\cos A,\cos A\cos B).$$

例 2. *求以参考三角形的 BC 边为直径所作圆的方程.*

经过 B 的任意直线是 $\alpha-p\gamma=0$，而经过 C 的任意直线是 $\alpha-q\beta=0$.

根据目 54，这两条直线成直角的条件是

$$1-pq\cos A+p\cos B+q\cos C=0.$$

消去 p 和 q，我们得到对于它们的交点有

$$\beta\gamma+\alpha(\beta\cos B+\gamma\cos C-\alpha\cos A)=0,$$

这是所求的方程.

例 3. *若 p, q, r 是参考三角形的各顶点到任一条直线的垂线长，证明*

$$a^2p^2+b^2q^2+c^2r^2-2bcqr\cos A-2carp\cos B-2abpq\cos C=4\Delta^2,$$

这里 Δ 是参考三角形的面积，而点 $(\alpha_0,\beta_0,\gamma_0)$ 到这条直线的垂线长是

$$\frac{pa\alpha_0+qb\beta_0+rc\gamma_0}{2\Delta}.$$

设这条直线的方程是 $l\alpha+m\beta+n\gamma=0$.

因为参考三角形的顶点 A 的坐标是 $\left(\dfrac{2\Delta}{a},\ 0,\ 0\right)$，所以我们利用目 59 可得

$$p=\frac{l\cdot\dfrac{2\Delta}{a}}{\sqrt{l^2+m^2+n^2-2mn\cos A-2nl\cos B-2lm\cos C}}\cdots\cdots\cdots\text{(i)},$$

以及对于 q 和 r 的类似表达式.

因此 $$a^2p^2+\cdots+\cdots-2bcqr\cos A-\cdots-\cdots=4\Delta^2.$$

另外从 $(\alpha_0,\beta_0,\gamma_0)$ 所作的垂线长

$$=\frac{l\alpha_0+m\beta_0+n\gamma_0}{\sqrt{l^2+m^2+n^2-2mn\cos A-2nl\cos B-2lm\cos C}}$$

$$=\frac{ap\alpha_0+bq\beta_0+cr\gamma_0}{2\Delta}.$$

[46]

推论. 因为根据 (i) 有 $l:m:n=pa:qb:rc$，所以这条直线的方程是

$$pa\alpha+qb\beta+rc\gamma=0.$$

例 4. *P, Q, R 是三角形 ABC 的边 BC, CA, AB 上使得 $BP\cdot CQ\cdot AR=PC\cdot QA\cdot RB$ 的点；证明 AP, BQ, CR 共点.(塞瓦定理.)*

若 $BP\cdot CQ\cdot AR=-PC\cdot QA\cdot RB$, 证明 P, Q, R 共线.(梅涅劳斯定理.)

设 $\dfrac{BP}{PC}=\lambda$，$\dfrac{CQ}{QA}=\mu$，$\dfrac{AR}{RB}=\nu$，因此在第一种情形中 $\lambda\mu\nu=1$.

AP 的方程是

$$\frac{\beta}{\gamma}=\frac{P\text{ 到 }CA\text{ 垂线长}}{P\text{ 到 }AB\text{ 垂线长}}=\frac{PC\sin C}{BP\sin B},$$

即 $\lambda\beta b=\gamma c$; 同理 BQ 和 CR 的方程是 $\mu\gamma c=\alpha a$ 和 $\nu\alpha a=\beta b$; 将这些方程相乘，我们看到如果有 $\lambda\mu\nu=1$，则它们被 α，β，γ 的共同值所满足，而这个条件是已知的.

在第二种情形中 $\lambda\mu\nu=-1$. 这里对于点 P 有

$$\frac{\beta}{\gamma}=\frac{PC\sin C}{BP\sin B}=\frac{c}{\lambda b}.$$

因此 P 是点 $(0,c,\lambda b)$. 同理 Q 是点 $(\mu c,0,a)$，R 是点 $(b,\nu a,0)$. 这些点共线的条件是

$$\begin{vmatrix}0 & c & \lambda b\\ \mu c & 0 & a\\ b & \nu a & 0\end{vmatrix}=0,$$

即 $\lambda\mu\nu abc+abc=0$，即 $\lambda\mu\nu=-1$，这是已知的.

例 5. *ABC 是一个三角形；过任意点 O 作 AO, BO, CO 分别与 BC, CA, AB 交于点 P, Q, R; QR 和 BC 交于 P', RP 和 CA 交于 Q', PQ 和 AB 交于 R'. 证明 P', Q', R' 共线，并且点列 $(BPCP')$, $(CQAQ')$, $(ARBR')$ 是调和的.*

设 AP 的方程是 $m\beta-n\gamma=0$，BQ 的方程是 $n\gamma-l\alpha=0$.

显然这两个方程被坐标为 $\left(\dfrac{1}{l},\dfrac{1}{m},\dfrac{1}{n}\right)$ 的点所满足，所以这就是点 O. 因此 CR 的方程是 $l\alpha-m\beta=0$.

点 Q 由以下两个方程给出

$$\left.\begin{aligned}n\gamma-l\alpha&=0\\ \beta&=0\end{aligned}\right\}\cdots\cdots\cdots\cdots(1).$$

而点 R 由以下两个方程给出

$$\left.\begin{aligned}l\alpha-m\beta&=0\\ \gamma&=0\end{aligned}\right\}\cdots\cdots\cdots\cdots(2).$$

根据第1卷，目 82，经过点 Q 的任意直线由下式给出

[47]

$$n\gamma - l\alpha + \lambda\beta = 0,$$

若

$$\frac{-l}{l} = \frac{\lambda}{-m}, \text{ 即若 } \lambda = m,$$

则这条直线经过点 R.

所以 QR 的方程是 $-l\alpha + m\beta + n\gamma = 0$. 因此 P' 由以下两个方程给出

$$\left.\begin{aligned} -l\alpha + m\beta + n\gamma = 0 \\ \alpha = 0 \end{aligned}\right\} \cdots\cdots\cdots\cdots (3).$$

同理 Q' 由以下两个方程给出

$$\left.\begin{aligned} l\alpha - m\beta + n\gamma = 0 \\ \beta = 0 \end{aligned}\right\} \cdots\cdots\cdots\cdots (4),$$

而 R' 由以下两个方程给出

$$\left.\begin{aligned} l\alpha + m\beta - n\gamma = 0 \\ \gamma = 0 \end{aligned}\right\}.$$

则任意经过 P' 的直线由

$$-l\alpha + m\beta + n\gamma + \mu\alpha = 0$$

给出，若

$$\frac{\mu - l}{l} = \frac{n}{n}, \text{ 即若 } \mu = 2l,$$

则这条直线经过点 Q'.

因而 $P'Q'$ 的方程是 $l\alpha + m\beta + n\gamma = 0$.

这条直线显然经过点 R'，因此 P'，Q' 和 R' 共线.

对于 AP' 的方程，我们要求的这个方程可由 (3) 中的一个方程的某个倍数加上另一个方程的某个倍数而得到；因为 AP' 经过 A，所以我们还要求这个方程中不含 α. 因此所求的方程可由 (3) 中的第二个方程乘以 l 并加上第一个方程而得到，即 AP' 的方程是 $m\beta + n\gamma = 0$. 另外 AP 的方程是 $m\beta - n\gamma = 0$，利用目 5，或依据我们在目 61 中将看到的，直线

$$\gamma = 0,\ m\beta - n\gamma = 0,\ \beta = 0 \text{ 和 } m\beta + n\gamma = 0$$

组成一个调和线束，即 $(BPCP')$ 是一个调和点列. 同样根据对称性 $(CQAQ')$ 和 $(ARBR')$ 是调和点列.

上面的例题写得非常详细，而在实践中其过程比较简短. 同学们从 (1) 和 (2) 经过探察会看到 $-l\alpha + m\beta + n\gamma = 0$ 同时被 (1) 和 (2) 中的方程满足，因此这就是要求的直线 QR 的方程.

对于 $P'Q'$ 的方程类似，因为它能从 (3) 和 (4) 中得到.

在使用三线坐标时一定要注意考虑对称性. 例如，在上面的例题中，RP 的方程容易由 QR 的方程通过将 α，β，γ 轮换为 β，γ，α，并将 l，m，n 轮换为 m，n，l 而得出.

例 6. 在上一个问题中，证明直线 AO，BQ' 和 CR' 交于一点 U，直线 BO，CR' 和 AP' 交于一点 V，直线 CO，AP' 和 BQ' 交于一点 W，因此已知直线 $P'Q'R'$ 能确定点 O.

AO, BQ', CR' 的方程是 $m\beta - n\gamma = 0$, $n\gamma + l\alpha = 0$ 和 $l\alpha + m\beta = 0$. 这些直线显然交于点 $(-mn, nl, lm)$. 对于其余的三直线组同理. [48]

已知点 P', Q', R', 设 BQ' 和 CR' 给出点 U, CR' 和 AP' 给出点 V, 而 AP' 和 BQ' 给出点 W. 则 AU, BV 和 CW 给出点 O.

直线 $P'Q'R'$ 称为点 O 关于这个三角形的**极线(polar)**, 而点 O 称为直线 $P'Q'R'$ 的**极点(pole)**.

例 7. *若两个三角形 ABC, $A'B'C'$ 使得直线 AA', BB', CC' 相交于一点 O, 则对应边, 即 BC 和 $B'C'$, CA 和 $C'A'$, AB 和 $A'B'$ 的交点共线.*

取三角形 ABC 为参考三角形, 并设点 O 是 (f, g, h). 则点 A' 在直线 $\frac{\beta}{g} = \frac{\gamma}{h}$ 上, 因此它的坐标可以取为 α', g, h. 同理 B' 是点 (f, β', h), C' 是 (f, g, γ'). 故直线 $B'C'$ 的方程是

$$\alpha(\beta'\gamma' - gh) + \beta f(h - \gamma') + \gamma f(g - \beta') = 0.$$

因而它与 BC 的交点由

$$\alpha = 0 \text{ 和 } \frac{\beta}{g - \beta'} + \frac{\gamma}{h - \gamma'} = 0$$

给出.

对于另外两个交点类似. 它们显然都在如下直线上

$$\frac{\alpha}{f - \alpha'} + \frac{\beta}{g - \beta'} + \frac{\gamma}{h - \gamma'} = 0.$$

当 ABC, $A'B'C'$ 这两个三角形满足问题中的条件时称为是**成透视的(in perspective)**. 点 O 称为**透视中心(centre of perspective)**或**同调中心(centre of homology)**, 而这条交点所在的直线称为**透视轴(axis of perspective)**或**同调轴(axis of homology)**.

上面的定理常表述为: **共极的三角形也是共轴的**. 它们的极点是透视中心而它们的轴是透视轴.

更一般的点元素图形 P, Q, R, S, $\cdots$ 称为与图形 P', Q', R', S', $\cdots$ 是成透视的, 是指直线 PP', QQ', RR', SS', $\cdots$ 都相交于一点, 即透视中心.

习题 3

1. 证明各角点为 $(\alpha_1, \beta_1, \gamma_1)$, $(\alpha_2, \beta_2, \gamma_2)$ 和 $(\alpha_3, \beta_3, \gamma_3)$ 的三角形的重心的坐标是

$$\frac{\alpha_1 + \alpha_2 + \alpha_3}{3}, \frac{\beta_1 + \beta_2 + \beta_3}{3} \text{ 和 } \frac{\gamma_1 + \gamma_2 + \gamma_3}{3}.$$

2. 证明直线

$$\alpha a^3 + \beta b^3 + \gamma c^3 = 0 \text{ 和 } \alpha\cos A + \beta\cos B + \gamma\cos C = 0$$

平行.

3. 证明联结参考三角形 ABC 的内心和外心的直线是

$$\alpha(\cos B - \cos C) + \beta(\cos C - \cos A) + \gamma(\cos A - \cos B) = 0,$$ [49]

它上面的任意点是 $(m + n\cos A, m + n\cos B, m + n\cos C)$, 且它垂直于直线

$$\alpha+\beta+\gamma=0.$$

4. 证明经过三角形 ABC 的外心、重心、九点圆心和垂心的直线是

$$\alpha\sin 2A\sin(B-C)+\beta\sin 2B\sin(C-A)+\gamma\sin 2C\sin(A-B)=0,$$

它垂直于直线

$$\alpha\cos A+\beta\cos B+\gamma\cos C=0.$$

还可以证明这两条直线中的前一条经过由联结三角形 ABC 各边的中点而得到的三角形中的四个对应点.

5. 联结参考三角形的顶点 A 与外心、重心、九点圆心和垂心的直线分别是

$$\beta\cos C-\gamma\cos B=0,\qquad \beta\sin B-\gamma\sin C=0,$$

$$\beta\cos(A-B)-\gamma\cos(C-A)=0,\qquad \beta\cos B-\gamma\cos C=0,$$

并证明它们组成一个调和线束.

6. 证明三角形的各边与对角的外角平分线的交点共线，并且它们与外接圆在对顶点处的切线的交点也共线.

7. 证明经过点 (α',β',γ')，并垂直于参考三角形的 BC 边的直线是

$$\begin{vmatrix}\alpha & \beta & \gamma\\ \alpha' & \beta' & \gamma'\\ -1 & \cos C & \cos B\end{vmatrix}=0.$$

8. 证明三角形各边经过中点的垂线共点.

9. 证明与参考三角形的边 BC 平行，且到该边的距离等于它到顶点 A 的距离的两倍的直线是

$$2a\alpha+b\beta+c\gamma=0 \text{ 和 } 2a\alpha+3b\beta+3c\gamma=0.$$

10. 证明直线 $\beta=p\gamma$ 对边 AB 的倾斜角是 $\tan^{-1}\dfrac{\sin A}{p+\cos A}$.

11. 如果经过一个三角形各顶点的三条直线共点，证明与它们对各角平分线所成的角相等的三条直线也共点.

[因为 $\beta-p\gamma=0$ 和 $\gamma-p\beta=0$ 是对应直线.]

特别的，第一组三条直线是中线，则第二组三条直线称为类似中线，而它们的公共点称为类似重心，它的坐标是 (a,b,c).

[50]

12. 若直线 $\dfrac{b\alpha}{c}=\dfrac{c\beta}{a}=\dfrac{a\gamma}{b}$ 交于一点 O，而直线 $\dfrac{c\alpha}{b}=\dfrac{a\beta}{c}=\dfrac{b\gamma}{a}$ 交于一点 O'，证明六个角 $\angle OAB$，$\angle OBC$，$\angle OCA$，$\angle O'AC$，$\angle O'BA$，$\angle O'CB$ 都等于相同的角 ω，并且 $\cot\omega=\cot A+\cot B+\cot C$.

[O 和 O' 称为三角形 ABC 的布洛卡(Brocard)点，而 ω 称为布洛卡角.]

交比

61. 交比. 前一章的命题对于三线坐标如同对于笛卡儿坐标一样成立.

假设我们有一个四条直线的线束，经过参考三角形的顶点 A，它们的方程是

$$\beta = p_1\gamma,\ \beta = p_2\gamma,\ \beta = p_3\gamma,\ \beta = p_4\gamma.$$

设它们被一条平行于 AB 边的直线交于点 P_1，P_2，P_3，P_4，并设这条直线与 AC 交于 O.

这些点有相同的 γ 值，因此点 P_1，P_2，P_3，P_4 的 β 值与 p_1，p_2，p_3，p_4 成比例，从而 OP_1，OP_2，OP_3，OP_4 的值与 p_1，p_2，p_3，p_4 成比例.

所以这个线束的交比 $= (P_1P_2P_3P_4)$

$$= \frac{(p_2 - p_1)(p_4 - p_3)}{(p_3 - p_2)(p_1 - p_4)},$$ 与目 4 一样.

如同目 5，可以推出直线 $\beta = 0$，$\beta = p_1\gamma$，$\gamma = 0$，$\beta = p_2\gamma$ 组成的线束的交比是 $\dfrac{p_1}{p_2}$，而四条直线 $\beta = 0$，$\beta = p_1\gamma$，$\gamma = 0$，$\beta = -p_1\gamma$ 组成一个调和线束.

另外，与目 9 中一样，如果

$$ab' + a'b = 2hh',$$

则直线

$$a\beta^2 + 2h\beta\gamma + b\gamma^2 = 0 \text{ 和 } a'\beta^2 + 2h'\beta\gamma + b'\gamma^2 = 0$$

是调和共轭的.

62. 四条共点直线的方程是

$$l_1\alpha + m_1\beta + n_1\gamma = 0,\quad l_2\alpha + m_2\beta + n_2\gamma = 0,$$
$$l_3\alpha + m_3\beta + n_3\gamma = 0,\quad l_4\alpha + m_4\beta + n_4\gamma = 0,$$

[51]

这个线束的交比等于这四条直线与参考三角形的 BC 边，即 $\alpha = 0$ 的四个交点的交比，等于四条直线

$$m_1\beta + n_1\gamma = 0,\quad m_2\beta + n_2\gamma = 0,$$
$$m_3\beta + n_3\gamma = 0,\quad m_4\beta + n_4\gamma = 0$$

的交比，它们是顶点 A 与这四个交点的连线.

63. 若 $P \equiv l_1\alpha + m_1\beta + n_1\gamma$, $Q \equiv l_2\alpha + m_2\beta + n_2\gamma = 0$, 则由

$$P + \lambda_1 Q = 0,\ P + \lambda_2 Q = 0,\ P + \lambda_3 Q = 0 \text{ 和 } P + \lambda_4 Q = 0$$

给出的四条直线的交比是

$$\frac{(\lambda_2-\lambda_1)(\lambda_4-\lambda_3)}{(\lambda_3-\lambda_2)(\lambda_1-\lambda_4)}.$$

设 X 和 Y 是任意点到直线 $P=0$ 和 $Q=0$ 的垂线长，则有

$$X=\frac{l_1\alpha+m_1\beta+n_1\gamma}{\sqrt{l_1^2+m_1^2+n_1^2-2m_1n_1\cos A-2n_1l_1\cos B-2l_1m_1\cos C}}$$
$$=（设为）\frac{P}{C_1}$$

和 $$Y=\frac{Q}{C_2}.$$

因此四条已知直线的方程是

$$X=-\frac{\lambda_1C_2Y}{C_1},\quad X=-\frac{\lambda_2C_2Y}{C_1},$$
$$X=-\frac{\lambda_3C_2Y}{C_1},\quad X=-\frac{\lambda_4C_2Y}{C_1}.$$

因此根据目 61，其交比如题中所述.

推论. 若

$$(\lambda_1+\lambda_3)(\lambda_2+\lambda_4)=2\lambda_1\lambda_3+2\lambda_2\lambda_4,$$

则这些直线组成一个调和线束.

完全四角形与完全四边形

64. 完全四角形和完全四边形. 设 P，Q，R，S 是构成一个四角形的四个点. 设 PR 和 QS 交于 A，PS 和 QR 交于 B，PQ 和 RS 交于 C，则 A，B，C 是这个四角形的顶点.

[52] 取 ABC 作为参考三角形(图6).

设 S 的坐标是 f，g，h，则 BS 和 CS 的方程分别是

$$\frac{\alpha}{f}-\frac{\gamma}{h}=0\ \cdots\cdots\cdots\cdots\ (1)$$

和 $$\frac{\alpha}{f}-\frac{\beta}{g}=0\ \cdots\cdots\cdots\cdots\ (2).$$

根据目 15，BQ，BA，BS 和 BC 组成一个调和线束，因此 BR 的方程是(目 61)

$$\frac{\alpha}{f}+\frac{\gamma}{h}=0 \cdots\cdots\cdots\cdots (3).$$

由同一条知 $C(PASB)$ 是调和的，因此 CP 的方程是

$$\frac{\alpha}{f}+\frac{\beta}{g}=0 \cdots\cdots\cdots\cdots (4).$$

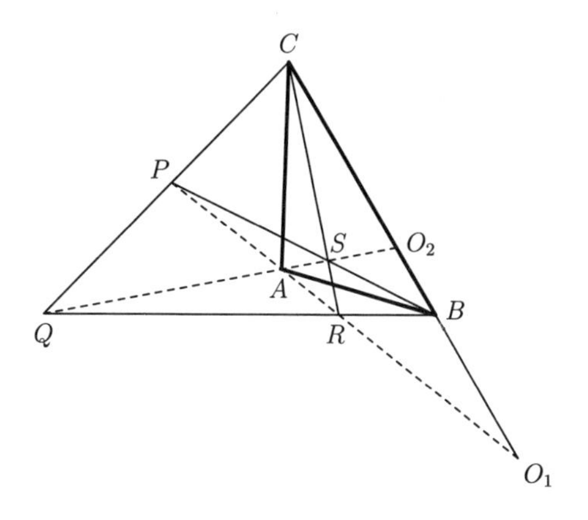

图 6

P 是 (1) 和 (4) 的交点，因此它的坐标与 f，$-g$，h 成比例. 类似的，Q 的坐标由 (3) 和 (4) 给出，与 f，$-g$，$-h$ 成比例，而 (2) 和 (3) 给出 R 的坐标与 f，g，$-h$ 成比例.

例题. 除了上一条中求出的方程，证明下列直线具有紧靠它们所列的方程：

O_1RP：$\frac{\beta}{g}+\frac{\gamma}{h}=0$；　　O_2SQ：$\frac{\beta}{g}-\frac{\gamma}{h}=0$；

O_1Q：$\frac{2\alpha}{f}+\frac{\beta}{g}+\frac{\gamma}{h}=0$；　　O_1S：$-\frac{2\alpha}{f}+\frac{\beta}{g}+\frac{\gamma}{h}=0$；

O_2P：$\frac{2\alpha}{f}+\frac{\beta}{g}-\frac{\gamma}{h}=0$；　　O_2R：$-\frac{2\alpha}{f}+\frac{\beta}{g}-\frac{\gamma}{h}=0$.

[53]

65. 设 PQ，QR，RS 和 SP 是组成一个四边形的四条直线. 设 PQ 和 RS 交于 O_1，PS 和 QR 交于 O_2. 如果对角线 PR，QS，O_1O_2 交于如图 7 所示，则 ABC 是由这个完全四边形的对角线组成的三角形. 取 ABC 作为参考三角形.

设 PQ 的方程是 $l\alpha+m\beta+n\gamma=0$，则 O_1 由这个方程和 $\alpha=0$ 给出. 因此 AO_1 的方程是 $m\beta+n\gamma=0$.

现在线束 $A(O_1CO_2B)$ 是调和的（目 15）. 故 AO_2 的方程是

$$m\beta-n\gamma=0.$$

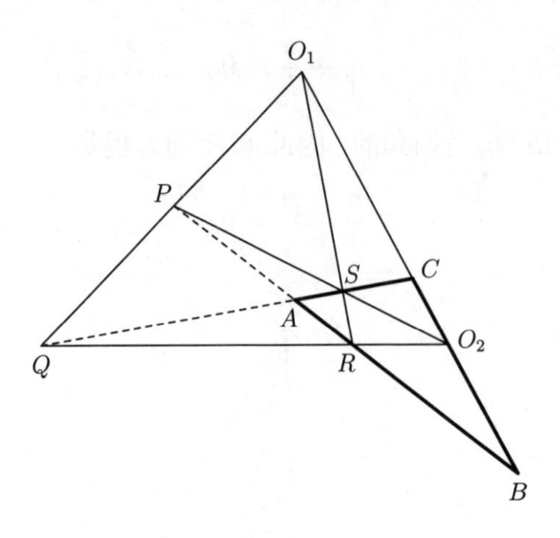

图 7

因此 P 是点 $$\left.\begin{array}{r}l\alpha+m\beta+n\gamma=0\\ \gamma=0\end{array}\right\},$$

而 O_2 是点 $$\left.\begin{array}{r}m\beta-n\gamma=0\\ \alpha=0\end{array}\right\}.$$

因此，PS 的方程是 $l\alpha+m\beta-n\gamma=0$.

同理 Q 是点 $$\left.\begin{array}{r}l\alpha+m\beta+n\gamma=0\\ \beta=0\end{array}\right\},$$

故 QO_2，即 QR 的方程是 $l\alpha-m\beta+n\gamma=0$.

最后 R 是点 $$\left.\begin{array}{r}l\alpha-m\beta+n\gamma=0\\ \gamma=0\end{array}\right\},$$

而 S 是点 $$\left.\begin{array}{r}l\alpha+m\beta-n\gamma=0\\ \beta=0\end{array}\right\}.$$

因此 RS 的方程是 $-l\alpha+m\beta+n\gamma=0$.

因而组成这个**四边形**(**quadrilateral**)的边的四条**直线**(**lines**)的方程，当参照由它的三条**对角线**(**diagonals**)组成的三角形时，具有如下形式

$$l\alpha\pm m\beta\pm n\gamma=0.$$

[54] 而构成一个四角形的角点的四个**点**(**points**)的坐标，当参照由它的三个**顶点**(**vertices**)构成的三角形时，也具有如下形式

$$\pm f,\ \pm g,\ \pm h.$$

必须仔细注意在这两种情形中参考三角形是不同的，使用粗体印刷的单词可能有助于记忆. 注意直线与直线相伴，点与点相伴.

例题. 除了上一条中求出的方程，证明下列直线具有紧靠它们放置的方程：

$$CP\text{：}\ l\alpha+m\beta=0;\qquad CR\text{：}\ l\alpha-m\beta=0;$$
$$BQ\text{：}\ l\alpha+n\gamma=0;\qquad BS\text{：}\ l\alpha-n\gamma=0.$$

66. 例题. 证明一个完全四边形的三条对角线的中点共线.

使用上一条中的记号和图形，设 U，V，W 是对角线 O_1O_2，QS，PR 的中点.

因为 W 是 PR 的中点，所以它和 PR 与无穷远线的交点调和分割 PR. 因此 CW 和过 C 平行于 AB 的直线调和分割 CP 和 CR.

过 C 平行于 AB 的直线是 $a\alpha+b\beta=0$.

另外 R 是点

$$\left.\begin{aligned}l\alpha-m\beta+n\gamma=0\\ \gamma=0\end{aligned}\right\},$$

所以 CR 的方程是 $l\alpha-m\beta=0$. 同理 CP 的方程是 $l\alpha+m\beta=0$. 因此若 CW 的方程是 $\alpha-\lambda\beta=0$，则四条直线

$$l\alpha+m\beta=0,\ \alpha-\lambda\beta=0,\ l\alpha-m\beta=0,\ a\alpha+b\beta=0$$

是一个调和线束.

因而，根据目 63，推论，有

$$0=-\frac{m^2}{l^2}-\lambda\frac{b}{a}.$$

所以 $\lambda=-\dfrac{am^2}{l^2b}$，而 CW 的方程是 $\dfrac{l^2}{a}\alpha+\dfrac{m^2}{b}\beta=0$.

因此 W 由 $\dfrac{l^2}{a}\alpha+\dfrac{m^2}{b}\beta=0$ 和 $\gamma=0$ 给出.

同理 U 由 $\dfrac{m^2}{b}\beta+\dfrac{n^2}{c}\gamma=0$ 和 $\alpha=0$ 给出. 对于 V 类似.

所有这三个点都在下面的直线上

$$\frac{l^2}{a}\alpha+\frac{m^2}{b}\beta+\frac{n^2}{c}\gamma=0.$$

[55]

面积坐标

67. 另外一种常用的坐标系，在其中取代由到基三角形各边的垂线长给出点 P 的位置(目 42)，我们用三角形 PBC，PCA，PAB 的面积与三角形 ABC 的面积的比确定它. 我们将用数值 x，y，z 表示这些坐标，则

$$\frac{x}{\triangle PBC}=\frac{y}{\triangle PCA}=\frac{z}{\triangle PAB}=\frac{1}{\triangle ABC}.$$

现在 $\triangle PBC=\dfrac{1}{2}a\alpha$，等等，因此

$$x=\frac{a\alpha}{2\Delta},\ y=\frac{b\beta}{2\Delta},\ z=\frac{c\gamma}{2\Delta},$$

这里 Δ 是三角形 ABC 的面积. 显然我们总有

$$x+y+z=1.$$

通过用 $\frac{x}{a}$，$\frac{y}{b}$，$\frac{z}{c}$ 分别替换 α，β，γ，我们可以将一个关于 α，β，γ 的方程立即变换成对应的面积坐标方程，反之亦然.

68. 前一章的结论在很多情况中对于三线坐标和面积坐标都是正确的，而无需再重复. 增补的公式和结论在使用面积坐标和三线坐标时有所不同的. 它们可以独立得到，或从对应的三线公式通过代换而得到.

当运用面积坐标时我们总用 x，y，z 表示坐标，而 $px+qy+rz=0$ 是直线的标准方程.

I. 任意一点的面积坐标之间的基本关系式是

$$x+y+z=1,$$

而无穷远线的方程是

[56]

$$x+y+z=0. \qquad [目 43 和 56.]$$

II. 顶点为 (x_1,y_1,z_1)，(x_2,y_2,z_2)，(x_3,y_3,z_3) 的三角形的面积是

$$\Delta\times\begin{vmatrix}x_1 & y_1 & z_1\\ x_2 & y_2 & z_2\\ x_3 & y_3 & z_3\end{vmatrix}. \qquad [目 50.]$$

III. 直线 $px+qy+rz=0$，$p'x+q'y+r'z=0$ 垂直的条件是

$$a^2pp'+b^2qq'+c^2rr'-bc(qr'+q'r)\cos A$$
$$-ca(rp'+r'p)\cos B-ab(pq'+p'q)\cos C=0,$$

而它们平行的条件是

$$\begin{vmatrix}p & q & r\\ p' & q' & r'\\ 1 & 1 & 1\end{vmatrix}=0. \qquad [目 54 和 57.]$$

IV. 一个已知点 (x',y',z') 到直线 $px+qy+rz=0$ 的距离是[目 59]

$$\frac{(px'+qy'+rz')\times 2\Delta}{\sqrt{a^2p^2+b^2q^2+c^2r^2-2bcqr\cos A-2carp\cos B-2abpq\cos C}}.$$

因为参考三角形的角点 A，B，C 的面积坐标是 $(1,0,0)$，$(0,1,0)$，$(0,0,1)$，由此可推得这些角点到这条直线的距离与 p，q，r 成比例. 另外，若 p_1，q_1，r_1 是这些角点到直线的实际距离，则任一点 (x_0,y_0,z_0) 到这条直线的距离是 p_1x_0+

$q_1y_0 + r_1z_0$.

69. 就像通过令 $\alpha = \dfrac{x}{a}$，$\beta = \dfrac{y}{b}$，$\gamma = \dfrac{z}{c}$，可以将三线坐标转换成对应的面积坐标一样，通过令 $l = pa$，$m = qb$，$n = rc$，也就将一条直线的三线方程中的常数转换为面积坐标中的对应常数. [57]

习题 4

1. 证明方程

$$\alpha^2+\beta^2+\gamma^2+\left(\frac{b}{c}+\frac{c}{b}\right)\beta\gamma+\left(\frac{c}{a}+\frac{a}{c}\right)\gamma\alpha+\left(\frac{a}{b}+\frac{b}{a}\right)\alpha\beta=0$$

仅给出一条有穷直线.

2. 求联结由 $\alpha^2 = (m\beta + n\gamma)^2$ 和 $\beta^2 = (m\gamma + n\alpha)^2$ 给出的交点对的第三对直线的方程.

3. 在目 60，例 5 的问题中，如果点 O 在一条定直线上移动，证明它的三线极线 $P'Q'R'$ 与内切于三角形 ABC 的一条二次曲线相切.

还可以证明 BQ'，CR' 和 AP 交于一点 O_1，使得 $(AOPO_1)$ 是调和的.

4. 使用面积坐标，证明直线

$$x\sin^2 A + y\sin^2 B + z\sin^2 C = 0$$

和

$$x\cos^2 A + y\cos^2 B + z\cos^2 C = 0$$

都垂直于联结参考三角形的重心和垂心的直线.

5. 一个三角形的各顶点在三条共点直线上移动，且其中两条边各经过一个定点. 证明第三条边经过一个与两已知定点共线的定点.

6. 一个三角形的各顶点沿着三条定直线移动，且其中的两条边经过两个定点，求第三条边的包络.

7. 一条变化直线经过一个定点，求这条直线上与它和参考三角形的三个交点构成定交比的点的轨迹.

8. ABC 是一个三角形，而 P，Q，R 是边 BC，CA，AB 上的任意点；QR 和 BC 交于 D，RP 和 CA 交于 E，PQ 和 AB 交于 F. 若 DF 和 BQ 交于 G，DE 和 CR 交于 H，证明 EG 和 FH 交于 BC 上一点 P'，使得 $(BPCP')$ 是调和的.

9. 若三角形 ABC 外接于三角形 PQR，使得 BC，CA，AB 分别经过点 P，Q，R，证明能作出无数个三角形内接于三角形 PQR，且外接于三角形 ABC.

[过 A 任作一条直线交 PQ，QR 于 N 和 M，并设 BN 交 QR 于 L；证明 LM 经过 C.]

10. 一个三角形的顶点 A，B，C 到同一平面上另一个三角形的边 $B'C'$，$C'A'$，$A'B'$ 的垂线共点. 证明 A'，B'，C' 分别到边 BC，CA，AB 的垂线也共点.

11. ABC 是一个三角形，AD，BE，CF 是到对边的垂线，EF 交 BC 于 L. 证明：

[58] 如果 O 是垂心，则 OL 垂直于由 A 通向 BC 中点的直线.

12. 在三角形 ABC 的三边上取点 D，E，F，使得 AD，BE 和 CF 共点，而 L，M，N 分别是 EF，FD，DE 的中点. 证明 AL，BM 和 CN 相交于一点.

[设 AD，BE，CF 的方程是 $\beta - p\gamma = 0$，$\gamma - q\alpha = 0$ 和 $\alpha - r\beta = 0$，则 $pqr = 1$，而 EF 的方程是 $q\alpha - qr\beta - \gamma = 0$. 现在(目 6)，因为 L 是 EF 的中点，所以 AL，过 A 平行于 EF 的直线，与 AB，AC 组成一个调和线束. 另外容易知道这条平行线的方程是

$$q\beta(b + ar) + \gamma(a + cq) = 0.$$

因此(目 61) AL 的方程是

$$q\beta(b + ar) = \gamma(a + cq).$$

对于 BM，CN 同理，等等.]

13. 求一点 P 的轨迹，使得若 D，E，F 是它到参考三角形 ABC 各边的垂线的垂足，则 AD，BE 和 CF 共点.

14. 三角形 PQR 外接于三角形 ABC 且与它成透视；证明 A 与三角形 PQR 各顶点的连线调和共轭于 AB 和 AC.

15. 过 $l\alpha + m\beta + n\gamma = 0$ 和 $l'\alpha + m'\beta + n'\gamma = 0$ 的交点作 $\alpha = 0$，$\beta = 0$ 的平行线，证明若

$$c^2(lm' + l'm) + 2abnn' = bc(nl' + n'l) + ca(mn' + m'n),$$

则这四条直线组成一个调和线束.

16. 证明四条直线

$$\lambda\beta + \mu\gamma = 0,\ \lambda_1\beta + \mu\gamma = 0,\ \lambda\beta + \mu_1\gamma = 0,\ \lambda_1\beta + \mu_1\gamma = 0$$

的交比是

$$\frac{\mu\mu_1(\lambda_1 - \lambda)^2}{(\lambda\mu - \lambda_1\mu_1)(\lambda\mu_1 - \lambda_1\mu)}.$$

17. 从一动点向四个不共线的已知点所作的直线组成一个有已知交比的线束，证明该动点的轨迹是一条经过四个已知点的二次曲线.

[取这四个点为 $(\pm f, \pm g, \pm h)$.]

18. 证明在一个完全四角形中，调和三角形的三条边与这个四角形的各边除调和三角形顶点外的六个交点，三个三个地在四条直线上，因此这六个点是一个完全四边形的顶点，它的对角线三角形是由这个完全四角形的顶点构成的.

19. 在由一个完全四边形的对角线组成的三角形中，将每个顶点与不经过该顶点的对

[59] 角线的两个端点相连. 证明这六条连线三条三条地经过四个点.

第 3 章

三线坐标. 二次方程

70. 我们将一般方程取为如下形式

$$a\alpha^2+b\beta^2+c\gamma^2+2f\beta\gamma+2g\gamma\alpha+2h\alpha\beta=0,$$

并常将其写为 $\phi(\alpha,\beta,\gamma)=0$.

这个形式的主要优点是与笛卡儿坐标的一般方程一致; 因为通过令 $\gamma=1$, 并将 α, β 替换为 x, y, 则这个方程将化为标准的笛卡儿方程.

它有一个缺点, 这个一般方程中的值 a, b, c 可能会被误认为是参考三角形的边长. 每当有误解的可能时, 参考三角形的边长将记为符号 a_0, b_0, c_0.

71. *求二次曲线*

$$\phi(\alpha,\beta,\gamma)\equiv a\alpha^2+b\beta^2+c\gamma^2+2f\beta\gamma+2g\gamma\alpha+2h\alpha\beta=0$$

在任意已知点 (α',β',γ') *处的切线的方程.*

与第 1 卷, 目 373 一样, 联结这条曲线上点 (α',β',γ') 和 $(\alpha'',\beta'',\gamma'')$ 的直线的方程是

$$\begin{aligned}&a(\alpha-\alpha')(\alpha-\alpha'')+b(\beta-\beta')(\beta-\beta'')+c(\gamma-\gamma')(\gamma-\gamma'')\\&+2f(\beta-\beta')(\gamma-\gamma'')+2g(\gamma-\gamma')(\alpha-\alpha'')+2h(\alpha-\alpha')(\beta-\beta'')\\&\qquad=\phi(\alpha,\beta,\gamma).\end{aligned}$$

因为它被值 $\alpha=\alpha'$, $\beta=\beta'$, $\gamma=\gamma'$ 满足, 也被值 $\alpha=\alpha''$, $\beta=\beta''$, $\gamma=\gamma''$ 满足. 另外每边的二次项可以消去, 因此这个方程表示一条直线. 从而这是所求的直线.

现在令点 $(\alpha'',\beta'',\gamma'')$ 向点 (α',β',γ') 运动并最终与它重合, 则这条直线变为点 (α',β',γ') 处的切线. [60]

通过令 $\alpha''=\alpha'$, $\beta''=\beta'$, $\gamma''=\gamma'$, 并由 $\phi(\alpha',\beta',\gamma')=0$, 故该方程变为

$$\boldsymbol{a\alpha\alpha'+b\beta\beta'+c\gamma\gamma'+f(\beta\gamma'+\beta'\gamma)+g(\gamma\alpha'+\gamma'\alpha)+h(\alpha\beta'+\alpha'\beta)=0.}$$

这可以写为如下两种形式中的任一种

$$\alpha(a\alpha'+h\beta'+g\gamma')+\beta(h\alpha'+b\beta'+f\gamma')+\gamma(g\alpha'+f\beta'+c\gamma')=0,$$

或 $$\alpha'(a\alpha+h\beta+g\gamma)+\beta'(h\alpha+b\beta+f\gamma)+\gamma'(g\alpha+f\beta+c\gamma)=0,$$

此外，使用微分法的记号，它可以表述为

$$\alpha\frac{\mathrm{d}\phi}{\mathrm{d}\alpha'}+\beta\frac{\mathrm{d}\phi}{\mathrm{d}\beta'}+\gamma\frac{\mathrm{d}\phi}{\mathrm{d}\gamma'}=0,$$

或 $$\alpha'\frac{\mathrm{d}\phi}{\mathrm{d}\alpha}+\beta'\frac{\mathrm{d}\phi}{\mathrm{d}\beta}+\gamma'\frac{\mathrm{d}\phi}{\mathrm{d}\gamma}=0.$$

一般二次曲线的切线式方程

72. *求直线*

$$l\alpha+m\beta+n\gamma=0\ldots\ldots(1)$$

与二次曲线

$$a\alpha^2+b\beta^2+c\gamma^2+2f\beta\gamma+2g\gamma\alpha+2h\alpha\beta=0\ldots\ldots(2)$$

相切的条件.

联结参考三角形的角点 A 与这条直线和二次曲线的交点的直线的方程，可以通过从这两个方程中消去 α 得到，因此它是

$$a(m\beta+n\gamma)^2+l^2(b\beta^2+c\gamma^2+2f\beta\gamma)-2l(g\gamma+h\beta)(m\beta+n\gamma)=0,$$

即 $$\beta^2(am^2+bl^2-2hlm)+2\beta\gamma(amn+fl^2-glm-hln)$$
$$+\gamma^2(an^2+cl^2-2gln)=0\ldots\ldots(3).$$

因为它是从直线和二次曲线的方程中得到的，因此被它们共同所在的各处，即它们的交点所满足；另外它被点 A 满足，且能分解为两个线性因子，实的或虚的，因而它是两条直线.

如果已知直线是切线，则由 (3) 给出的两条直线重合，因而 (3) 是一个完全平方式. 这一情形成立的条件是

$$(amn+fl^2-glm-hln)^2=(am^2+bl^2-2hlm)(an^2+cl^2-2gln),$$

即 $$l^2(bc-f^2)+m^2(ca-g^2)+n^2(ab-h^2)+2mn(gh-af)$$
[61] $$+2nl(hf-bg)+2lm(fg-ch)=0\ldots\ldots(4),$$

即

$$\boldsymbol{Al^2+Bm^2+Cn^2+2Fmn+2Gnl+2Hlm=0}\ldots\ldots(5),$$

这里 A，B，C，F，G，H 是行列式

$$\Delta = \begin{vmatrix} a & h & g \\ h & b & f \\ g & f & c \end{vmatrix}$$

中 a，b，c，f，g，h 的余子式.

方程 (4) 或 (5) 称为这条二次曲线的**切线式方程(tangential equation)**，这条二次曲线的点式方程是 (2). 它可以写为如下形式

$$\begin{vmatrix} a & h & g & l \\ h & b & f & m \\ g & f & c & n \\ l & m & n & 0 \end{vmatrix} = 0 \quad\cdots\cdots\cdots\cdots (6).$$

这一形式也可以直接得到. 因为若

$$l\alpha + m\beta + n\gamma = 0$$

是点 $(\alpha', \beta', \gamma')$ 处切线的方程，则将它与前一条中切线的方程进行比较，则我们能得到

$$\frac{a\alpha' + h\beta' + g\gamma'}{l} = \frac{h\alpha' + b\beta' + f\gamma'}{m} = \frac{g\alpha' + f\beta' + c\gamma'}{n} = \text{（设为）}\lambda,$$

所以

$$a\alpha' + h\beta' + g\gamma' - \lambda l = 0,$$
$$h\alpha' + b\beta' + f\gamma' - \lambda m = 0,$$
$$g\alpha' + f\beta' + c\gamma' - \lambda n = 0.$$

另外

$$l\alpha' + m\beta' + n\gamma' = 0.$$

从这些方程中消去 α'，β'，γ' 和 λ 我们得到 (6).

一些特殊情形的切线式方程如下：

外接二次曲线 $L\beta\gamma + M\gamma\alpha + N\alpha\beta = 0$; 切线式方程是

$$L^2l^2 + M^2m^2 + N^2n^2 - 2MNmn - 2NLnl - 2LMlm = 0,$$

即

$$\sqrt{Ll} + \sqrt{Mm} + \sqrt{Nn} = 0.$$

内切二次曲线 $\sqrt{L\alpha} + \sqrt{M\beta} + \sqrt{N\gamma} = 0$; 切线式方程是 $Lmn + Mnl + Nlm = 0$.

自共轭二次曲线 $L\alpha^2 + M\beta^2 + N\gamma^2 = 0$; 切线式方程是 $\dfrac{l^2}{L} + \dfrac{m^2}{M} + \dfrac{n^2}{N} = 0$.

二次曲线 $\beta\gamma - k\alpha^2 = 0$; 切线式方程是 $l^2 - 4kmn = 0$. **[62]**

73. 容易知道由二次曲线的切线式方程，即线式方程得出这条二次曲线的点式方程，可以严格按照由点式方程推出切线式方程相同的方法来进行.

由前一条中的方程 (5) 开始，我们能得到

$$BC - F^2 = (ca - g^2)(ab - h^2) - (gh - af)^2$$
$$= a(abc + 2fgh - af^2 - bg^2 - ch^2) = a\Delta.$$

类似的， $CA-G^2=b\Delta$，$AB-H^2=c\Delta$.

另外有

$$GH-AF=(hf-bg)(fg-ch)-(bc-f^2)(gh-af)$$
$$=f(abc+2fgh-af^2-bg^2-ch^2)=f\Delta.$$

类似的有 $HF-BG=g\Delta$，和 $FG-CH=h\Delta$.

因此，如果对于 (5) 的系数，我们运用从 (2) 的系数得出 (4) 的系数相同的步骤，我们将得到 (2).

这可以按照第1卷，目437，通过求直线 (1) 在条件 (5) 下的包络来独立地证明.

因为消去 l，我们得到

$$m^2(A\beta^2+B\alpha^2-2H\alpha\beta)+2mn(A\beta\gamma+F\alpha^2-G\alpha\beta-H\gamma\alpha)$$
$$+n^2(A\gamma^2+C\alpha^2-2G\gamma\alpha)=0,$$

这条直线的包络是

$$(A\beta\gamma+F\alpha^2-G\alpha\beta-H\gamma\alpha)^2$$
$$=(A\beta^2+B\alpha^2-2H\alpha\beta)(A\gamma^2+C\alpha^2-2G\gamma\alpha),$$

即

$$\alpha^2(BC-F^2)+\cdots+\cdots+2(GH-AF)\beta\gamma+\cdots+\cdots=0\ldots.(6),$$

利用上面证明的关系式，此即

$$a\alpha^2+b\beta^2+c\gamma^2+2f\beta\gamma+2g\gamma\alpha+2h\alpha\beta=0,$$

这就是 (2).

显然从方程 (5) 的系数推出方程 (6) 的系数的步骤，与从方程 (1) 的系数得到方程 (4) 的系数的步骤相同. [63]

74. *二次曲线是一条抛物线的条件.*

如果这条二次曲线是一条抛物线，则它与无穷远线 $a_0\alpha+b_0\beta+c_0\gamma=0$ 相切. 因此 a_0，b_0，c_0 一定满足目72的切线式方程，即

$$Aa_0^2+Bb_0^2+Cc_0^2+2Fb_0c_0+2Gc_0a_0+2Ha_0b_0=0,$$

或

$$(bc-f^2)a_0^2+\cdots+\cdots+2(gh-af)b_0c_0+\cdots+\cdots=0.$$

这条二次曲线是一个椭圆或双曲线的条件，可以通过求它与无穷远线的交点，并引入它们都为虚点或实点的条件而得到. 通过在目72的方程 (3) 中用 a_0，b_0，c_0 替换 l，m，n，我们能求出这条二次曲线是一个椭圆还是双曲线取决于

$$Aa_0^2+Bb_0^2+Cc_0^2+2Fb_0c_0+2Gc_0a_0+2Ha_0b_0$$

是正的还是负的.

极点与极线

75. 一个已知点的极线.

如同第1卷，目375，现在能证明点 (α',β',γ') 关于 $\phi(\alpha,\beta,\gamma)=0$ 的极线是

$$\alpha(a\alpha'+h\beta'+g\gamma')+\beta(h\alpha'+b\beta'+f\gamma')+\gamma(g\alpha'+f\beta'+c\gamma')=0 \quad\cdots\cdots\cdots\cdots(1),$$

即点 (α',β',γ') 的极线在形式上与当点 (α',β',γ') 在这条曲线上时该点处的切线相同.

这可以写为

$$\alpha\frac{\mathrm{d}\phi}{\mathrm{d}\alpha'}+\beta\frac{\mathrm{d}\phi}{\mathrm{d}\beta'}+\gamma\frac{\mathrm{d}\phi}{\mathrm{d}\gamma'}=0,$$

或写为

$$\alpha'\frac{\mathrm{d}\phi}{\mathrm{d}\alpha}+\beta'\frac{\mathrm{d}\phi}{\mathrm{d}\beta}+\gamma'\frac{\mathrm{d}\phi}{\mathrm{d}\gamma}=0.$$

因而若 α''，β''，γ'' 满足方程 (1)，即若

$$a\alpha'\alpha''+b\beta'\beta''+c\gamma'\gamma''+f(\beta'\gamma''+\beta''\gamma')+g(\gamma'\alpha''+\gamma''\alpha')+h(\alpha'\beta''+\alpha''\beta')=0,$$

则点 (α',β',γ') 的极线经过点 $(\alpha'',\beta'',\gamma'')$，即这两个点是共轭的. **[64]**

76. 一条已知直线的极点.

设这条已知直线是

$$l\alpha+m\beta+n\gamma=0\cdots\cdots\cdots\cdots(1),$$

如果它的极点是 (α',β',γ')，则这个方程一定与前一条中的方程 (1) 相同.

因此，对于 λ 的某个值，有

$$a\alpha'+h\beta'+g\gamma'=l\lambda,$$
$$h\alpha'+b\beta'+f\gamma'=m\lambda,$$

和

$$g\alpha'+f\beta'+c\gamma'=n\lambda.$$

若 A，B，C，等等是按目 72 中定义的，则我们有

$$\frac{\alpha'}{Al+Hm+Gn}=\frac{\beta'}{Hl+Bm+Fn}=\frac{\gamma'}{Gl+Fm+Cn}=\frac{\lambda}{\Delta}.$$

因此直线 (1) 的极点是

$$(Al+Hm+Cn,\ Hl+Bm+Fn,\ Gl+Fm+Cn).$$

这个点在以下直线上

$$l'\alpha+m'\beta+n'\gamma=0\ldots\ldots\ldots\ldots\ldots\ldots\ldots(2),$$

即直线 (1) 与 (2) 是共轭的条件是

$$l'(Al+Hm+Gn)+m'(Hl+Bm+Fn)+n'(Gl+Fm+Cn)=0,$$

即 $$All'+Bmm'+Cnn'+F(mn'+m'n)+G(nl'+n'l)+H(lm'+l'm)=0.$$

77. 证明二次曲线

$$\phi(\alpha,\beta,\gamma)\equiv a\alpha^2+b\beta^2+c\gamma^2+2f\beta\gamma+2g\gamma\alpha+2h\alpha\beta=0$$

中平分与直线 $l\alpha+m\beta+n\gamma=0$ 平行的各条弦的直径是

$$\frac{\mathrm{d}\phi}{\mathrm{d}\alpha}(mc-nb)+\frac{\mathrm{d}\phi}{\mathrm{d}\beta}(na-lc)+\frac{\mathrm{d}\phi}{\mathrm{d}\gamma}(lb-ma)=0.$$

所求的直径是与这些已知弦共轭的直径，因此是已知直线与无穷远线交点的极线. 这个点由已知直线与 $a\alpha+b\beta+c\gamma=0$ 的交点给出，因而是 $(mc-nb,\ na-lc,\ lb-ma)$. 这个点的极线是(利用目 75)

$$(mc-nb)(a\alpha+h\beta+g\gamma)+(na-lc)(h\alpha+b\beta+f\gamma)+(lb-ma)(g\alpha+f\beta+c\gamma)=0.$$

[65]

78. 二次曲线中心的坐标.

设 $(\alpha_1,\beta_1,\gamma_1)$ 是中心. 则它的极线是无穷远线，即

$$a_0\alpha+b_0\beta+c_0\gamma=0,$$

这里 a_0，b_0，c_0 是参考三角形的边长.

将这与目 75 的方程 (1) 进行比较，我们得到

$$\frac{a\alpha_1+h\beta_1+g\gamma_1}{a_0}=\frac{h\alpha_1+b\beta_1+f\gamma_1}{b_0}=\frac{g\alpha_1+f\beta_1+c\gamma_1}{c_0}\ldots\ldots(1),$$

这些方程给出所求的坐标.

别法. 这个中心是直线

$$a_0\alpha+b_0\beta+c_0\gamma=0$$

的极点，因此根据目 76，它的坐标是

$$(Aa_0+Hb_0+Gc_0,\ Ha_0+Bb_0+Fc_0,\ Ga_0+Fb_0+Cc_0).$$

或通过解方程 (1) 能得到这些坐标.

特殊情形.

外接二次曲线　$L\beta\gamma + M\gamma\alpha + N\alpha\beta = 0$

的中心为

$$[L(Mb_0 + Nc_0 - La_0),\ M(Nc_0 + La_0 - Mb_0),\ N(La_0 + Mb_0 - Nc_0)].$$

内切二次曲线　$\sqrt{L\alpha} + \sqrt{M\beta} + \sqrt{N\gamma} = 0$

的中心为　$(Mc_0 + Nb_0,\ Na_0 + Lc_0,\ Lb_0 + Ma_0)$.

自共轭二次曲线　$L\alpha^2 + M\beta^2 + N\gamma^2 = 0$

的中心为　$\left(\frac{a_0}{L},\ \frac{b_0}{M},\ \frac{c_0}{N}\right)$.

二次曲线　$\beta\gamma - k\alpha^2 = 0$

的中心为　$(-a_0,\ 2kc_0,\ 2kb_0)$.

过一个已知点的切线的方程

79. 过一个已知点的切线的方程.

如同第1卷，目389，点 (α',β',γ') 到二次曲线 $\phi(\alpha,\beta,\gamma)$ 的切线对的方程是

$$\phi(\alpha,\beta,\gamma) \times \phi(\alpha',\beta',\gamma') = u^2 \ldots\ldots\ldots\ldots\ldots\ldots (1),$$

这里

$$u \equiv \alpha(a\alpha' + h\beta' + g\gamma') + \beta(h\alpha' + b\beta' + f\gamma') + \gamma(g\alpha' + f\beta' + c\gamma').$$

通过化简，使用目72中的记号，这个方程变为

$$\alpha^2(C\beta'^2 + B\gamma'^2 - 2F\beta'\gamma') + \cdots + \cdots$$
$$+2\beta\gamma(-F\alpha'^2 - A\beta'\gamma' + H\gamma'\alpha' + G\alpha'\beta') + \cdots + \cdots = 0. \qquad \textbf{[66]}$$

准圆. 利用目54，推论，这两条直线成直角的条件是

$$(C\beta'^2 + B\gamma'^2 - 2F\beta'\gamma') + \cdots + \cdots$$
$$+2(F\alpha'^2 + A\beta'\gamma' - H\gamma'\alpha' - G\alpha'\beta')\cos A + \cdots + \cdots = 0.$$

因此 (α',β',γ') 的轨迹，即准圆，是

$$\alpha^2(B + C + 2F\cos A) + \cdots + \cdots$$
$$+2\beta\gamma(A\cos A - F - G\cos C - H\cos B) + \cdots + \cdots = 0 \ldots\ldots (2).$$

特殊情形.

外接二次曲线　$L\beta\gamma + M\gamma\alpha + N\alpha\beta = 0$

的准圆为

$$\alpha^2(M^2 + N^2 - 2MN\cos A) + \cdots + \cdots$$
$$+2\beta\gamma[L(L\cos A + M\cos B + N\cos C) + MN] + \cdots + \cdots = 0.$$

内切二次曲线　$\sqrt{L\alpha} + \sqrt{M\beta} + \sqrt{N\gamma} = 0$

的准圆为

$$L\cos A\alpha^2+\cdots+\cdots-\beta\gamma(L+M\cos C+N\cos B)-\cdots-\cdots=0.$$

自共轭二次曲线 $$L\alpha^2+M\beta^2+N\gamma^2=0$$

的准圆为

$$L(M+N)\alpha^2+\cdots+\cdots+2MN\cos A\cdot\beta\gamma+\cdots+\cdots=0.$$

二次曲线 $$\beta\gamma-k\alpha^2=0$$

的准圆为

$$-4k\cos A\alpha^2+\beta^2+\gamma^2+2\beta\gamma(2k+\cos A)+4k\gamma\alpha\cos C+4k\alpha\beta\cos B=0.$$

80. *二次曲线是直角双曲线的条件.*

依照目 46，将一般方程变换为笛卡儿坐标，x^2 和 y^2 的系数分别是

$$a\cos^2\omega_1+b\cos^2\omega_2+c\cos^2\omega_3+2f\cos\omega_2\cos\omega_3$$
$$+2g\cos\omega_3\cos\omega_1+2h\cos\omega_1\cos\omega_2,$$

和

$$a\sin^2\omega_1+b\sin^2\omega_2+c\sin^2\omega_3+2f\sin\omega_2\sin\omega_3$$
$$+2g\sin\omega_3\sin\omega_1+2h\sin\omega_1\sin\omega_2.$$

因此根据第 1 卷，目 358，它表示一条直角双曲线的条件是

$$a+b+c+2f\cos(\omega_2-\omega_3)+2g\cos(\omega_3-\omega_1)+2h\cos(\omega_1-\omega_2)=0,$$

或根据目 46，即

[67] $$a+b+c-2f\cos A-2g\cos B-2h\cos C=0.$$

81. *一般方程表示两条直线的条件.*

如同第 1 卷，目 116，如果

$$abc+2fgh-af^2-bg^2-ch^2=0,$$

则这个方程能分解为线性因子，因而表示两条直线.

一般二次曲线的渐近线

82. *一般二次曲线的渐近线的方程.*

渐近线是从二次曲线的中心所作的切线，因而由目 79 中的第一个方程给出，这里 (α',β',γ') 由

$$\frac{a\alpha'+h\beta'+g\gamma'}{a_0}=\frac{h\alpha'+b\beta'+f\gamma'}{b_0}=\frac{g\alpha'+f\beta'+c\gamma'}{c_0}=\lambda$$

给出，因此使用目 72 的记号，有

$$\frac{\alpha'}{Aa_0+Hb_0+Gc_0}=\frac{\beta'}{Ha_0+Bb_0+Fc_0}=\frac{\gamma'}{Ga_0+Fb_0+Cc_0}=\frac{\lambda}{\Delta}.$$

则

$$\phi(\alpha',\beta',\gamma')=\alpha'\cdot a_0\lambda+\beta'\cdot b_0\lambda+\gamma'\cdot c_0\lambda$$

$$=\frac{\lambda^2}{\Delta}[a_0(Aa_0+Hb_0+Gc_0)+b_0(Ha_0+Bb_0+Fc_0)+c_0(Ga_0+Fb_0+Cc_0)]$$

$$=\frac{\lambda^2}{\Delta}(Aa_0^2+Bb_0^2+Cc_0^2+2Fb_0c_0+2Gc_0a_0+2Ha_0b_0).$$

另外

$$u=\alpha(a_0\lambda)+\beta(b_0\lambda)+\gamma(c_0\lambda)=\lambda(a_0\alpha+b_0\beta+c_0\gamma).$$

因此目 79 的方程 (1) 变为

$$\phi(\alpha,\beta,\gamma)(Aa_0^2+Bb_0^2+Cc_0^2+2Fb_0c_0+2Gc_0a_0+2Ha_0b_0)$$
$$=\Delta(a_0\alpha+b_0\beta+c_0\gamma)^2,$$

故这就是所求的渐近线的方程.

与参考三角形有关的圆

83. *参考三角形外接圆的方程.*

设 P 是任意点 (α',β',γ')，所处的位置使得 β' 是负的，且 α'，γ' 都是正的. 作 PL，PM，PN 分别垂直于 BC，CA，AB，则 $\angle MPN=A$，$\angle NPL=\pi-B$，$\angle LPM=C$. [68]

因此三角形 MPN，NPL，LPM 的面积分别是

$$\tfrac{1}{2}PM\cdot PN\sin A,\ \tfrac{1}{2}PN\cdot PL\sin B \text{ 和 } \tfrac{1}{2}PL\cdot PM\sin C,$$

即

$$-\tfrac{1}{2}\beta'\gamma'\sin A,\ \tfrac{1}{2}\gamma'\alpha'\sin B,\ -\tfrac{1}{2}\alpha'\beta'\sin C.$$

所以

$$\triangle LMN=\triangle PMN+\triangle PML-\triangle PNL$$
$$=-\tfrac{1}{2}(\beta'\gamma'\sin A+\gamma'\alpha'\sin B+\alpha'\beta'\sin C).$$

[会发现对于 P 的所有位置，对于这一三角形面积的值都有同样的结论成立.]

如果点 P 在三角形 ABC 的外接圆上，则这些垂线的垂足 L，M，N 在一条直线上，即 P 的垂足线或西姆松线，因此三角形 LMN 的面积为零.

因此，在这一情形中，有

$$\beta'\gamma'\sin A+\gamma'\alpha'\sin B+\alpha'\beta'\sin C=0,$$

即外接圆的方程是

$$\beta\gamma\sin A+\gamma\alpha\sin B+\alpha\beta\sin C=0,$$

或
$$a_0\beta\gamma+b_0\gamma\alpha+c_0\alpha\beta=0.$$

根据目 72，容易知道外接圆的切线式方程是

$$\sqrt{la_0}+\sqrt{mb_0}+\sqrt{nc_0}=0.$$

84. 我们在第 1 卷的目 387 和 388 中已经看到，如果 $S=0$ 是任一个圆的方程，则任一另外圆的方程具有 $S=\lambda_1 u$ 的形式，这里 u 是一次式，而它的任一同心圆的方程具有 $S=\mu_1$ 的形式，这里 μ_1 是一个常数.

应用目 44，将这些方程齐次化，我们看到任意圆的方程是

$$S=(l\alpha+m\beta+n\gamma)(a_0\alpha+b_0\beta+c_0\gamma),$$

而任意同心圆的方程是

$$S=\mu(a_0\alpha+b_0\beta+c_0\gamma)^2,$$

[69] 这里 l, m, n 和 μ 是任意常数，而 $S=0$ 是任一个圆的方程.

85. *求一般二次方程*

$$\phi(\alpha,\beta,\gamma)\equiv a\alpha^2+b\beta^2+c\gamma^2+2f\beta\gamma+2g\gamma\alpha+2h\alpha\beta=0\ldots\ldots(1)$$

表示一个圆的条件.

取 $S=0$ 为外接圆，我们看到任意圆的方程的形式为

$$a_0\beta\gamma+b_0\gamma\alpha+c_0\alpha\beta=(l\alpha+m\beta+n\gamma)(a_0\alpha+b_0\beta+c_0\gamma).$$

将这与方程 (1) 进行比较，可得

$$\frac{a}{la_0}=\frac{b}{mb_0}=\frac{c}{nc_0}=\frac{2f}{mc_0+nb_0-a_0}=\frac{2g}{na_0+lc_0-b_0}$$
$$=\frac{2h}{lb_0+ma_0-c_0}=(\text{设为})\ \lambda.$$

因而所求的条件是

$$bc_0^2+cb_0^2-2fb_0c_0=ca_0^2+ac_0^2-2gc_0a_0=ab_0^2+ba_0^2-2ha_0b_0;$$

这些值中的每个都等于 $a_0b_0c_0\lambda$.

86. *任意圆的方程是*

$$a\beta\gamma+b\gamma\alpha+c\alpha\beta=(l\alpha+m\beta+n\gamma)(a\alpha+b\beta+c\gamma),$$

证明 $l=\dfrac{t_1^2}{bc}$, $m=\dfrac{t_2^2}{ca}$, $n=\dfrac{t_3^2}{ab}$, *这里* t_1, t_2, t_3 *是从参考三角形的顶点* A, B, C *对这个圆所作切线的长度，而* a, b, c *是参考三角形的边长.*

设这个圆与参考三角形的 BC 边交于点 A_1 和 A_2. 在这个圆的方程中令 $\alpha=0$，则这两个点由下面的方程给出

$$mb\beta^2+(mc+nb-a)\beta\gamma+nc\gamma^2=0\ldots\ldots\ldots\ldots\ldots(1).$$

设 x 是点 A_1 到 B 的距离，则

$$\frac{\beta}{\gamma}=\frac{A_1C\sin C}{BA_1\sin B}=\frac{(a-x)\cdot c}{xb}.$$

由此 (1) 给出

$$mbc^2(a-x)^2+(mc+nb-a)bcx(a-x)+nb^2cx^2=0,$$

即
$$x^2-x(mc-nb+a)+mca=0.$$

这个二次方程的两根是 BA_1 和 BA_2；因此 $mca=$ 两根的乘积 $=BA_1\cdot BA_2=t_2^2$.　[70]

对于其他的值同理.

所以
$$l=\frac{t_1^2}{bc},\ m=\frac{t_2^2}{ca},\ n=\frac{t_3^2}{ab}.$$

推论. 这个圆与参考三角形外接圆的根轴是

$$\frac{t_1^2}{bc}\alpha+\frac{t_2^2}{ca}\beta+\frac{t_3^2}{ab}\gamma=0.$$

87. 由上一条我们能够容易地写出一些重要圆的方程.

内切圆. 这里 $t_1=s-a$，$t_2=s-b$，$t_3=s-c$.

因此它的方程是

$$a\beta\gamma+b\gamma\alpha+c\alpha\beta=\left[\frac{(s-a)^2}{bc}\alpha+\frac{(s-b)^2}{ca}\beta+\frac{(s-c)^2}{ab}\gamma\right](a\alpha+b\beta+c\gamma),$$

即

$$a^2(s-a)^2\alpha^2+\cdots+\cdots+bc\beta\gamma[(s-b)^2+(s-c)^2-a^2]+\cdots+\cdots=0.$$

现在

$$(s-b)^2+(s-c)^2+2(s-b)(s-c)=(s-b+s-c)^2=a^2.$$

从而这个方程是

$$a^2(s-a)^2\alpha^2+b^2(s-b)^2\beta^2+c^2(s-c)^2\gamma^2-2bc(s-b)(s-c)\beta\gamma$$
$$-2ca(s-c)(s-a)\gamma\alpha-2ab(s-a)(s-b)\alpha\beta=0,$$

即
$$\sqrt{a(s-a)\alpha}+\sqrt{b(s-b)\beta}+\sqrt{c(s-c)\gamma}=0,$$

或
$$\sqrt{\alpha\cos^2\frac{A}{2}}+\sqrt{\beta\cos^2\frac{B}{2}}+\sqrt{\gamma\cos^2\frac{C}{2}}=0.$$

利用目 72，能求出切线式方程是

$$mn\cos^2\frac{A}{2}+nl\cos^2\frac{B}{2}+lm\cos^2\frac{C}{2}=0.$$

与 A 相对的旁切圆. 这里 $t_1 = s$，$t_2 = s - c$，$t_3 = s - b$.

因此它的方程是

[71] $$a\beta\gamma + b\gamma\alpha + c\alpha\beta = \left[\frac{s^2}{bc}\alpha + \frac{(s-c)^2}{ca}\beta + \frac{(s-b)^2}{ab}\gamma\right](a\alpha + b\beta + c\gamma),$$

即

$$a^2s^2\alpha^2 + b^2(s-c)^2\beta^2 + c^2(s-b)^2\gamma^2 + \beta\gamma[(s-b)^2 + (s-c)^2 - a^2]bc$$
$$+\gamma\alpha[(s-b)^2 + s^2 - b^2]ca + \alpha\beta[(s-c)^2 + s^2 - c^2]ab = 0,$$

按照前面，此即

$$a^2s^2\alpha^2 + b^2(s-c)^2\beta^2 + c^2(s-b)^2\gamma - 2bc(s-b)(s-c)\beta\gamma$$
$$+2cas(s-b)\gamma\alpha + 2abs(s-c)\alpha\beta = 0,$$

即 $$\sqrt{-as\alpha} + \sqrt{b(s-c)\beta} + \sqrt{c(s-b)\gamma} = 0,$$

或 $$\sqrt{-\alpha\cos^2\frac{A}{2}} + \sqrt{\beta\sin^2\frac{B}{2}} + \sqrt{\gamma\sin^2\frac{C}{2}} = 0.$$

切线式方程是(目72)

$$-mn\cos^2\frac{A}{2} + nl\cos^2\frac{B}{2} + lm\cos^2\frac{C}{2} = 0.$$

九点圆. 这个圆经过三角形各边的中点，并经过各顶点到对边的垂线的垂足. 因此 $t_1^2 = \frac{b}{2}\cdot c\cos A$，等等，从而这个圆的方程是

$$a\beta\gamma + b\gamma\alpha + c\alpha\beta = \tfrac{1}{2}(\alpha\cos A + \beta\cos B + \gamma\cos C)(a\alpha + b\beta + c\gamma),$$

即

$$a\cos A\cdot\alpha^2 + b\cos B\cdot\beta^2 + c\cos C\cdot\gamma^2 - a\beta\gamma - b\gamma\alpha - c\alpha\beta = 0.$$

切线式方程是(目72)

$$l^2b^2c^2(b^2 - c^2)^2 + \cdots + \cdots + 2mna^2bc[a^4 - (b^2c^2 + c^2a^2 + a^2b^2)]$$
$$+\cdots+\cdots = 0.$$

这可以写成如下形式

$$a\sqrt{\frac{m}{b} + \frac{n}{c}} + b\sqrt{\frac{n}{c} + \frac{l}{a}} + c\sqrt{\frac{l}{a} + \frac{m}{b}} = 0.$$

自共轭圆. 设 AD，BE，CF 是到对边的垂线，相交于 O，这个圆以 O 为圆心，且半径为 $\sqrt{OA\cdot OD}$，仅当三角形的一个角是钝角时它是实的.

现在 $$\sqrt{OA\cdot OD} = \sqrt{-2R\cos A\cdot 2R\cos B\cos C}.$$

所以
$$t_1^2 = OA^2 - (\text{半径})^2 = OA^2 - OA \cdot OD$$
$$= 4R^2\cos^2 A + 4R^2 \cos A\cos B\cos C = 4R^2\cos A\sin B\sin C$$
$$= bc\cos A,$$

[72]

对于另两个值类似. 因此所求的方程是
$$a\beta\gamma + b\gamma\alpha + c\alpha\beta = (\alpha\cos A + \beta\cos B + \gamma\cos C)(a\alpha + b\beta + c\gamma),$$
即
$$a\cos A\alpha^2 + b\cos B\beta^2 + c\cos C\gamma^2 = 0,$$
即
$$\alpha^2\sin 2A + \beta^2\sin 2B + \gamma^2\sin 2C = 0.$$

切线式方程是(目 72)
$$\frac{l^2}{\sin 2A} + \frac{m^2}{\sin 2B} + \frac{n^2}{\sin 2C} = 0.$$

以 BC 为直径的圆. 这个圆经过 E 和 F. 所以 $t_1^2 = AC \cdot AE = b \cdot c\cos A$. 另外 $t_2^2 = 0$ 且 $t_3^2 = 0$. 因此所求的方程是
$$a\beta\gamma + b\gamma\alpha + c\alpha\beta = (a\alpha + b\beta + c\gamma)\cdot\alpha\cos A,$$
即
$$\alpha^2\cos A - \beta\gamma - \gamma\alpha\cos C - \alpha\beta\cos B = 0.$$

(参见目 60，例 2.)

88. 例 1. 证明经过参考三角形的三个旁心的圆的方程是
$$a\alpha^2 + b\beta^2 + c\gamma^2 + (a+b+c)(\beta\gamma + \gamma\alpha + \alpha\beta) = 0,$$
而经过内心和两个旁心的圆的方程是
$$a\alpha^2 + b\beta^2 - c\gamma^2 - (a+b-c)(\beta\gamma + \gamma\alpha - \alpha\beta) = 0.$$

任意圆的方程是
$$a\beta\gamma + b\gamma\alpha + c\alpha\beta = (a\alpha + b\beta + c\gamma)(l\alpha + m\beta + n\gamma).$$

如果这个圆经过三个旁心，它们的坐标与 $(1,1,-1)$，$(1,-1,1)$ 和 $(-1,1,1)$ 成比例，因此有
$$l + m - n = \frac{-a-b+c}{a+b-c} = -1,$$
$$l - m + n = \qquad = -1,$$
$$-l + m + n = \qquad = -1.$$
所以
$$l = m = n = -1.$$
故这个方程是
$$a\beta\gamma + b\gamma\alpha + c\alpha\beta + (a\alpha + b\beta + c\gamma)(\alpha + \beta + \gamma) = 0.$$

类似的，若这个圆经过内心及与点 A 和 B 相对的两个旁心，则它们的坐标与 $(1,1,1)$，$(-1,1,1)$，$(1,-1,1)$ 成比例，所以我们有 $l = 1$，$m = 1$，$n = -1$，因此得到前面的表达式.

例 2. 证明三角形的九点圆、自共轭圆和外接圆相交于相同的两个点.

根据前面的条目，这三个圆每对之间的根轴是
$$\alpha\cos A + \beta\cos B + \gamma\cos C = 0.$$
因此这三个圆都相交于这条直线与它们中任一个的交点.

[73]

例 3. 证明圆心是点 $(\alpha_1, \beta_1, \gamma_1)$，半径为 r 的圆的切线式方程是

$$(l\alpha_1+m\beta_1+n\gamma_1)^2=r^2(l^2+m^2+n^2-2mn\cos A-2nl\cos B-2lm\cos C),$$

因此它的点式方程是

$$\alpha^2[r^2\sin^2 A-(\beta_1^2+\gamma_1^2+2\beta_1\gamma_1\cos A)]+\cdots+\cdots$$
$$+2\beta\gamma(r^2\sin B\sin C+\beta_1\gamma_1+\gamma_1\alpha_1\cos C+\alpha_1\beta_1\cos B-\alpha_1^2\cos A)$$
$$+\cdots+\cdots=0.$$

若 $l\alpha+m\beta+n\gamma=0$ 是任意切线的方程，则圆心 $(\alpha_1,\beta_1,\gamma_1)$ 到它的垂线长等于 r，因此根据目 59，有

$$(l\alpha_1+m\beta_1+n\gamma_1)^2=r^2(l^2+m^2+n^2-2mn\cos A-2nl\cos B-2lm\cos C),$$

这是所求的方程，即

$$l^2(\alpha_1^2-r^2)+\cdots+\cdots+2mn(\beta_1\gamma_1+r^2\cos A)+\cdots+\cdots=0.$$

由此，利用目 73，点式方程中 α^2 的系数

$$=(\beta_1^2-r^2)(\gamma_1^2-r^2)-(\beta_1\gamma_1+r^2\cos A)^2$$
$$=r^2[r^2\sin^2 A-(\beta_1^2+\gamma_1^2+2\beta_1\gamma_1\cos A)],$$

而 $2\beta\gamma$ 的系数

$$=(\gamma_1\alpha_1+r^2\cos B)(\alpha_1\beta_1+r^2\cos C)-(\alpha_1^2-r^2)(\beta_1\gamma_1+r^2\cos A)$$
$$=r^2(r^2\sin B\sin C+\beta_1\gamma_1+\gamma_1\alpha_1\cos C+\alpha_1\beta_1\cos B-\alpha_1^2\cos A).$$

对于其他的项类似.

因此点式方程如所述.

推论. 若 p，q，r 是参考三角形的各角点到圆心为 $(\alpha_1,\beta_1,\gamma_1)$，半径为 ρ 的圆的任意切线的垂线长，则

$$pa\alpha_1+qb\beta_1+rc\gamma_1=\rho(a\alpha_1+b\beta_1+c\gamma_1),$$

或使用面积坐标为

$$px_1+qy_1+rz_1=\rho(x_1+y_1+z_1).$$

例 4. 证明以一个完全四边形的三条对角线为直径的三个圆共轴.

使用目 65 的图形和记号，有 AO_2 和 AO_1 的方程是 $m\beta-n\gamma=0$ 和 $m\beta+n\gamma=0$.

因此 $\dfrac{BO_2\sin B}{O_2C\sin C}=\dfrac{m}{n}$，即 $\dfrac{BO_2}{O_2C}=\dfrac{m}{\sin B}\div\dfrac{n}{\sin C}=-\dfrac{BO_1}{O_1C}$.

从而，根据熟知的几何命题，以 O_2O_1 为直径的圆是满足以下条件时点 K 的轨迹，

$$\frac{BK}{KC}=\frac{m}{\sin B}\div\frac{n}{\sin C},$$

即
$$\frac{m^2\sin^2 C}{n^2\sin^2 B}=\frac{BK^2}{KC^2}=\frac{(\gamma^2+\alpha^2+2\alpha\gamma\cos B)\div\sin^2 B}{(\alpha^2+\beta^2+2\alpha\beta\cos C)\div\sin^2 C},$$

即以 O_1O_2 为直径的圆的方程是

[74]
$$\frac{\gamma^2+\alpha^2+2\alpha\gamma\cos B}{m^2}=\frac{\alpha^2+\beta^2+2\alpha\beta\cos C}{n^2}.$$

同理，以 PR 和 QS 为直径的圆的方程类似为

$$\frac{\beta^2+\gamma^2+2\beta\gamma\cos A}{l^2}=\frac{\gamma^2+\alpha^2+2\alpha\gamma\cos B}{m^2}$$

和
$$\frac{\beta^2+\gamma^2+2\beta\gamma\cos A}{l^2}=\frac{\alpha^2+\beta^2+2\alpha\beta\cos C}{n^2}.$$

显然这三个圆相交于相同的两个点. 因为，对于前两个圆的交点 K，我们有

$$\frac{BK^2}{KC^2}=\frac{m^2}{\sin^2 B}\div\frac{n^2}{\sin^2 C}\ 和\ \frac{CK^2}{KA^2}=\frac{n^2}{\sin^2 C}\div\frac{l^2}{\sin^2 A},$$

因此

$$\frac{BK^2}{KA^2}=\frac{m^2}{\sin^2 B}\div\frac{l^2}{\sin^2 A},$$

即 K 也在第三个圆上.

在目 99，例 6 中将看到，这个命题是一个更一般性命题的一个特殊情形.

例 5. 证明费尔巴哈(Feuerbach)定理：任意三角形的九点圆与内切圆以及三个旁切圆相切.

若 $S=0$ 是外接圆的方程，$L=0$ 是无穷远线的方程，则根据目 87，九点圆的方程是

$$S=\tfrac{1}{2}L(\alpha\cos A+\beta\cos B+\gamma\cos C),$$

而内切圆的方程是

$$S=L\left[\frac{(s-a)^2}{bc}\alpha+\frac{(s-b)^2}{ca}\beta+\frac{(s-c)^2}{ab}\gamma\right].$$

由此相减可得它们的根轴是

$$a\alpha[bc\cos A-2(s-a)^2]+\cdots+\cdots=0,$$

即

$$a\alpha[b^2+c^2-a^2-(b+c-a)^2]+\cdots+\cdots=0,$$

即

$$\frac{a\alpha}{b-c}+\frac{b\beta}{c-a}+\frac{c\gamma}{a-b}=0.$$

这条直线与内切圆

$$\sqrt{a(s-a)\alpha}+\sqrt{b(s-b)\beta}+\sqrt{c(s-c)\gamma}=0$$

相切的条件是(根据目 87)

$$a(s-a)\frac{bc}{(c-a)(a-b)}+\cdots+\cdots=0,$$

即

$$(s-a)(b-c)+(s-b)(c-a)+(s-c)(a-b)=0,$$

这是成立的.

因为这两个圆的根轴与它们中的一个相切，显然它们一定相切.

类似的，九点圆与相对 A 的旁切圆的根轴是

$$a\alpha(bc\cos A-2s^2)+b\beta[ca\cos B-2(s-c)^2]+c\gamma[ab\cos C-2(s-b)^2]=0,$$

[75]

通过化简，即

$$\frac{a\alpha}{b-c}+\frac{b\beta}{c+a}+\frac{c\gamma}{a+b}=0.$$

根据目 87 这条直线与旁切圆

$$\sqrt{-as\alpha}+\sqrt{b(s-c)\beta}+\sqrt{c(s-b)\gamma}=0$$

相切的条件是

$$\frac{as\cdot bc}{(c+a)(a+b)}-\frac{b(s-c)ca}{(b-c)(a+b)}+\frac{c(s-b)ab}{(b-c)(c+a)}=0,$$

这是成立的. 对于另两个旁切圆类似.

例 6. 证明联结参考三角形的顶点 A 与两个无穷远圆环点的直线的方程是 $\beta^2+\gamma^2+2\beta\gamma\cos A=0$，且它们与 AB 和 AC 组成的线束的交比等于 $\cos 2A+\sqrt{-1}\sin 2A$. 再证

明它们与平面上每一条直线成相等的角 $\tan^{-1}\sqrt{-1}$.

两个无穷远圆环点是 $a\alpha+b\beta+c\gamma=0$ 与任意圆，如外接圆 $a\beta\gamma+b\gamma\alpha+c\alpha\beta=0$，的交点. 从它们中消去 α，我们看到所求的直线是

$$-a^2\beta\gamma+(b\gamma+c\beta)(b\beta+c\gamma)=0,$$

即

$$\beta^2+\gamma^2+2\beta\gamma\cos A=0.$$

这是直线 $\dfrac{\beta}{\gamma}=-(\cos A\pm\mathrm{i}\sin A)=-\mathrm{e}^{\pm A\mathrm{i}}$，根据目 61，所求的交比

$$=\mathrm{e}^{A\mathrm{i}}\div\mathrm{e}^{-A\mathrm{i}}=\mathrm{e}^{2A\mathrm{i}}=\cos 2A+\mathrm{i}\sin 2A.$$

类似的，使用笛卡儿坐标，原点与两个圆环点的连线是 $x^2+y^2=0$，即

$$y=\pm x\sqrt{-1}.$$

直线 $y=x\mathrm{i}$ 与任意直线 $y=mx+c$ 所成的角 θ，满足

$$\theta=\tan^{-1}\frac{m-\mathrm{i}}{1+m\mathrm{i}}=\tan^{-1}(-\mathrm{i}).$$

同理另一条连线与它所成的角为 $\tan^{-1}(\mathrm{i})$.

推论. 通过解方程

$$\beta^2+\gamma^2+2\beta\gamma\cos A=0 \text{ 和 } a\alpha+b\beta+c\gamma=0,$$

我们可以容易地证明无穷远圆环点的坐标可以取为

$$(\cos B\pm\sqrt{-1}\sin B,\ \cos A\mp\sqrt{-1}\sin A,\ -1).$$

例 7. 求由一般方程

$$S_1=a_1\alpha^2+b_1\beta^2+c_1\gamma^2+2f_1\beta\gamma+2g_1\gamma\alpha+2h_1\alpha\beta=0$$

和

$$S_2=a_2\alpha^2+b_2\beta^2+c_2\gamma^2+2f_2\beta\gamma+2g_2\gamma\alpha+2h_2\alpha\beta=0$$

给出的两个圆的根轴.

根据目 85，我们知道一般方程 $S_1=0$ 必须由一个值 λ_1 给出，将这个方程变为如下形式

[76]

$$S=L\cdot L_1,$$

这里 S 是外接圆的方程，而 L 是无穷远线的方程，因此

$$\frac{S_1}{\lambda_1}=S-L\cdot L_1.$$

类似的

$$\frac{S_2}{\lambda_2}=S-L\cdot L_2.$$

相减得

$$\frac{S_1}{\lambda_1}-\frac{S_2}{\lambda_2}=-L(L_1-L_2).$$

但是 $L_1-L_2=0$ 是这两个圆的根轴. 因而 $\dfrac{S_1}{\lambda_1}-\dfrac{S_2}{\lambda_2}=0$ 给出根轴与无穷远线的乘积.

另外，根据目 85，λ_1 和 λ_2 由

$$b_1c_0^2+c_1b_0^2-2f_1b_0c_0=c_1a_0^2+a_1c_0^2-2g_1c_0a_0=a_1b_0^2+b_1a_0^2-2h_1a_0b_0=a_0b_0c_0\lambda_1$$

以及对于 λ_2 的类似表达式给出.

习题 5

1. 证明经过参考三角形的顶点 B 和 C 以及 (1) 垂心, (2) 外心, (3) 内心的圆的方程是

$$a\beta\gamma + b\gamma\alpha + c\alpha\beta = l\alpha(a\alpha + b\beta + c\gamma),$$

这里
$$(1)\ l = 2\cos A,\ (2)\ l = \frac{1}{2\cos A},\ (3)\ l = 1.$$

2. 求以参考三角形的顶点 A 到边 BC 的垂线为直径的圆的方程. 再求出这个圆与外接圆的根轴.

3. AD, BE 是参考三角形的顶点到对边的垂线; 证明以 (1) DE, (2) 过 A 的中线为直径的圆的方程是

(1) $a\beta\gamma + b\gamma\alpha + c\alpha\beta = (a\alpha + b\beta + c\gamma)[(\alpha\cos A + \beta\cos B)\sin^2 C + \gamma\cos^3 C]$

和　(2) $a\beta\gamma + b\gamma\alpha + c\alpha\beta = \frac{1}{2}(a\alpha + b\beta + c\gamma)(\beta\cos B + \gamma\cos C)$.

4. 由任意点 P 作一个三角形各边的垂线, 由联结它们垂足构成的三角形的面积是定值, 则 P 的轨迹是这个三角形外接圆的一个同心圆.

[利用目 83, 得到的方程是 $S = (a\alpha + b\beta + c\gamma)^2\times$ 一个常数, 这是外接圆的一个同心圆.]

5. 证明方程 $\beta^2 + \gamma^2 + 2\beta\gamma\cos A = k^2$ 表示一个圆, 而它与参考三角形外接圆的根轴是

$$bc\sin^2 A(c\beta + b\gamma) = k^2(a\alpha + b\beta + c\gamma),$$

因此它平行于外接圆在 A 处的切线.　**[77]**

6. 一个三角形内接于一个圆; 证明每一个角点与另外两个角点处切线的交点的连线共点.

7. O 是三角形 ABC 外接圆上的一点, 且 OA, OB, OC 分别与对边交于 a, b, c. 证明对于 O 的所有位置, ab 和 AB, bc 和 BC, ca 和 CA 的交点所在的直线经过同一个点.

8. 设三角形 ABC 的垂心三角形的边延长与对边交于 D, E, F, 则直线 DEF 是三角形 ABC 的外接圆与自共轭圆的根轴.

9. 证明半径为 ρ, 且与参考三角形的外接圆同心的圆的方程是

$$abc(a\beta\gamma + b\gamma\alpha + c\alpha\beta) = (R^2 - \rho^2)(a\alpha + b\beta + c\gamma)^2.$$

10. 证明方程为

$$a\beta\gamma + b\gamma\alpha + c\alpha\beta = k\alpha(a\alpha + b\beta + c\gamma)$$

的圆的半径是 $R\sqrt{1 - 2k\cos A + k^2}$, 这里 R 是参考三角形的外接圆的半径.

11. 若方程 $\alpha\gamma = k\beta^2$ 表示一个圆, 证明 $k = 1$, 并给出其几何解释.

12. 证明使用面积坐标, 方程

$$a^2(y + z - x)^{-1} + b^2(z + x - y)^{-1} + c^2(x + y - z)^{-1} = 0$$

表示一个圆, 并描述它关于基三角形的位置.

13. 求参考三角形的内切圆与三个旁切圆的第四公切线的方程，并证明它们平行于外接圆在三角形顶点处的切线.

14. 将参考三角形的九点圆的方程表示为如下形式

$$\begin{vmatrix} 0 & \gamma & \beta & \sin A \\ \gamma & 0 & \alpha & \sin B \\ \beta & \alpha & 0 & \sin C \\ \cos A & \cos B & \cos C & 0 \end{vmatrix} = 0.$$

这个方程表达了这个圆的什么几何性质？

15. 证明参考三角形的外接圆上任意点 (α',β',γ') 的垂足线的方程是

[78]

$$\alpha\alpha'\frac{(\beta'+\gamma'\cos A)(\gamma'+\beta'\cos A)}{\sin A}+\cdots+\cdots=0.$$

一般二次曲线的焦点与轴

89. *由一般方程给出的二次曲线的焦点.*

按照第1卷，目393方法来求这些焦点. 利用目79写出由任意点 (α',β',γ') 所作的切线的方程，并引入在目85中求出的它们满足是一个圆的条件. 我们看到 α'，β'，γ' 由以下个方程给出

$$(b_0^2c+c_0^2b-2b_0c_0f)\phi(\alpha,\beta,\gamma)-[b_0(g\alpha+f\beta+c\gamma)-c_0(h\alpha+b\beta+f\gamma)]^2$$

$=$ 两个类似的表达式，

即由下述各方程给出

$$4(b_0^2c+c_0^2b-2b_0c_0f)\phi(\alpha,\beta,\gamma)-\left(b_0\frac{\mathrm{d}\phi}{\mathrm{d}\gamma}-c_0\frac{\mathrm{d}\phi}{\mathrm{d}\beta}\right)^2$$

$$=4(c_0^2a+a_0^2c-2c_0a_0g)\phi(\alpha,\beta,\gamma)-\left(c_0\frac{\mathrm{d}\phi}{\mathrm{d}\alpha}-a_0\frac{\mathrm{d}\phi}{\mathrm{d}\gamma}\right)^2$$

$$=4(a_0^2b+b_0^2a-2a_0b_0h)\phi(\alpha,\beta,\gamma)-\left(a_0\frac{\mathrm{d}\phi}{\mathrm{d}\beta}-b_0\frac{\mathrm{d}\phi}{\mathrm{d}\alpha}\right)^2.$$

当焦点求出后，准线作为它们的极线可以立即写出.

如果我们从这些方程中消去 $\phi(\alpha,\beta,\gamma)$，我们将得到一个如下形式的方程

$$K\left(b_0\frac{\mathrm{d}\phi}{\mathrm{d}\gamma}-c_0\frac{\mathrm{d}\phi}{\mathrm{d}\beta}\right)^2+L\left(c_0\frac{\mathrm{d}\phi}{\mathrm{d}\alpha}-a_0\frac{\mathrm{d}\phi}{\mathrm{d}\gamma}\right)^2$$

$$+M\left(a_0\frac{\mathrm{d}\phi}{\mathrm{d}\beta}-b_0\frac{\mathrm{d}\phi}{\mathrm{d}\alpha}\right)^2=0\ldots\ldots(1),$$

这里 K, L, M 是常数.

这是一条经过各焦点的二次曲线. 它也经过中心, 因为根据给出中心的方程（目 78）, 知道方程 (1) 的每一项被中心所满足. 因为它经过四个焦点和中心, 所以它只能表示这条二次曲线的两轴. 因此从上面给出各焦点的方程中通过消去 $\phi(\alpha,\beta,\gamma)$ 就得到了两轴.

外接二次曲线与内切二次曲线

90. *参考三角形的外接二次曲线的方程.*

二次曲线的一般方程是

$$a\alpha^2+b\beta^2+c\gamma^2+2f\beta\gamma+2g\gamma\alpha+2h\alpha\beta=0.$$

如果这条二次曲线经过顶点 A, 则这个方程一定被 $\beta=0$, $\gamma=0$ 和 $\alpha=$ 一个常数所满足. 因此 $a=0$. 同理, 若它经过点 B 和 C, 则我们能得到 $b=0$ 和 $c=0$. **[79]**

因而一条外接二次曲线的方程是

$$2f\beta\gamma+2g\gamma\alpha+2h\alpha\beta=0,$$

或者写为

$$L\beta\gamma+M\gamma\alpha+N\alpha\beta=0.$$

根据目 72, 容易知道直线 $l\alpha+m\beta+n\gamma=0$ 与这条二次曲线相切的条件是

$$L^2l^2+M^2m^2+N^2n^2-2MNmn-2NLnl-2LMlm=0,$$

即

$$\sqrt{Ll}+\sqrt{Mm}+\sqrt{Nn}=0.$$

例题. 联结这条外接二次曲线上点(α',β',γ') 和 $(\alpha'',\beta'',\gamma'')$ 的直线的方程是 $\dfrac{L\alpha}{\alpha'\alpha''}+\dfrac{M\beta}{\beta'\beta''}+\dfrac{N\gamma}{\gamma'\gamma''}=0$, 而 (α',β',γ') 处的切线是 $\dfrac{L\alpha}{\alpha'^2}+\dfrac{M\beta}{\beta'^2}+\dfrac{N\gamma}{\gamma'^2}=0$.

因为这两个点都在曲线上, 所以有

$$L\beta'\gamma'+M\gamma'\alpha'+N\alpha'\beta'=0 \text{ 和 } L\beta''\gamma''+M\gamma''\alpha''+N\alpha''\beta''=0.$$

因此

$$\frac{L}{\alpha'\alpha''(\beta'\gamma''-\beta''\gamma')}=\frac{M}{\beta'\beta''(\gamma'\alpha''-\gamma''\alpha')}=\frac{N}{\gamma'\gamma''(\alpha'\beta''-\alpha''\beta')}.$$

但是根据目 51, 联结这两个已知点的直线的方程是

$$\alpha(\beta'\gamma''-\beta''\gamma')+\beta(\gamma'\alpha''-\gamma''\alpha')+\gamma(\alpha'\beta''-\alpha''\beta')=0,$$

即

$$\frac{L\alpha}{\alpha'\alpha''}+\frac{M\beta}{\beta'\beta''}+\frac{N\gamma}{\gamma'\gamma''}=0.$$

通过令 $\alpha''=\alpha'$, $\beta''=\beta'$, $\gamma''=\gamma'$, 我们得到点 (α',β',γ') 处切线的方程.

91. 参考三角形的内切二次曲线.

二次曲线的一般方程是

$$a\alpha^2+b\beta^2+c\gamma^2+2f\beta\gamma+2g\gamma\alpha+2h\alpha\beta=0.$$

这条二次曲线与 BC，即 $\alpha=0$ 交于 $b\beta^2+c\gamma^2+2f\beta\gamma=0$，因此若

$$f^2=bc,\text{ 即若 } f=\pm\sqrt{bc},$$

则这条二次曲线与这条边相切.

同理，若有

$$g=\pm\sqrt{ca},\text{ 和 } h=\pm\sqrt{ab},$$

[80] 则这条二次曲线与另两条边相切.

令 $a=L^2$，$b=M^2$，$c=N^2$，我们得到内切二次曲线的方程

$$L^2\alpha^2+M^2\beta^2+N^2\gamma^2\pm2MN\beta\gamma\pm2NL\gamma\alpha\pm2LM\alpha\beta=0.$$

但是这些不明确的符号并不都是不相关的，因为若将它们都替换为正号，或替换为两个负号和一个正号，则在每一种情形中我们都得到一个完全平方式，而给出的轨迹是两条重合的直线.

[两条重合的直线显然满足经过三角形边上两个重合点的条件.]

因此这些不明确的符号只能替换为（1）三个负号，或替换为（2）一个负号和两个正号.

这个方程可以写为如下形式

$$\sqrt{L\alpha}+\sqrt{M\beta}+\sqrt{N\gamma}=0.$$

取方程

$$\sqrt{L\alpha}+\sqrt{M\beta}+\sqrt{N\gamma}=0,$$

即

$$L^2\alpha^2+M^2\beta^2+N^2\gamma^2-2MN\beta\gamma-2NL\gamma\alpha-2LM\alpha\beta=0,$$

从目 72 中知道直线

$$l\alpha+m\beta+n\gamma=0$$

与它相切的条件是

$$Lmn+Mnl+Nlm=0,$$

即我们知道如果点 (l,m,n) 在对应的外接二次曲线

$$L\beta\gamma+M\gamma\alpha+N\alpha\beta=0$$

上，则直线 (l,m,n) 与内切二次曲线

$$\sqrt{L\alpha}+\sqrt{M\beta}+\sqrt{N\gamma}=0$$

相切.

另外类似的，由目 90，我们知道如果点 (l,m,n) 在对应的内切二次曲线

$$\sqrt{L\alpha}+\sqrt{M\beta}+\sqrt{N\gamma}=0$$

上，则直线 (l,m,n) 与外接二次曲线

$$L\beta\gamma + M\gamma\alpha + N\alpha\beta = 0$$

相切.

例题. 联结内切二次曲线上点 $(\alpha', \beta', \gamma')$ 和 $(\alpha'', \beta'', \gamma'')$ 的弦的方程是

$$\alpha\sqrt{L}(\sqrt{\beta'\gamma''} + \sqrt{\gamma'\beta''}) + \beta\sqrt{M}(\sqrt{\gamma'\alpha''} + \sqrt{\alpha'\gamma''}) + \gamma\sqrt{N}(\sqrt{\alpha'\beta''} + \sqrt{\beta'\alpha''}) = 0, \quad [81]$$

而点 $(\alpha', \beta', \gamma')$ 处的切线是 $\alpha\sqrt{\dfrac{L}{\alpha'}} + \beta\sqrt{\dfrac{M}{\beta'}} + \gamma\sqrt{\dfrac{N}{\gamma'}} = 0.$

因为这两个点在内切二次曲线上，所以有

$$\sqrt{L\alpha'} + \sqrt{M\beta'} + \sqrt{N\gamma'} = 0 \text{ 和 } \sqrt{L\alpha''} + \sqrt{M\beta''} + \sqrt{N\gamma''} = 0.$$

所以

$$\frac{\sqrt{L}}{\sqrt{\beta'\gamma''} - \sqrt{\beta''\gamma'}} = \frac{\sqrt{M}}{\sqrt{\gamma'\alpha''} - \sqrt{\gamma''\alpha'}} = \frac{\sqrt{N}}{\sqrt{\alpha'\beta''} - \sqrt{\alpha''\beta'}}.$$

因此

$$\frac{\beta'\gamma'' - \beta''\gamma'}{\sqrt{L}(\sqrt{\beta'\gamma''} + \sqrt{\beta''\gamma'})} = \frac{\gamma'\alpha'' - \gamma''\alpha'}{\sqrt{M}(\sqrt{\gamma'\alpha''} + \sqrt{\gamma''\alpha'})} = \frac{\alpha'\beta'' - \alpha''\beta'}{\sqrt{N}(\sqrt{\alpha'\beta''} + \sqrt{\alpha''\beta'})}.$$

因此所求弦的方程(目 51)是

$$\alpha\sqrt{L}(\sqrt{\beta'\gamma''} + \sqrt{\beta''\gamma'}) + \beta\sqrt{M}(\sqrt{\gamma'\alpha''} + \sqrt{\gamma''\alpha'}) + \gamma\sqrt{N}(\sqrt{\alpha'\beta''} + \sqrt{\alpha''\beta'}) = 0.$$

通过令 $\alpha'' = \alpha'$，$\beta'' = \beta'$，$\gamma'' = \gamma'$，则点 $(\alpha', \beta', \gamma')$ 处的切线是

$$\alpha\sqrt{L\beta'\gamma'} + \beta\sqrt{M\gamma'\alpha'} + \gamma\sqrt{N\alpha'\beta'} = 0,$$

即

$$\alpha\sqrt{\frac{L}{\alpha'}} + \beta\sqrt{\frac{M}{\beta'}} + \gamma\sqrt{\frac{N}{\gamma'}} = 0.$$

92. 例 1. 一条二次曲线外接于一个已知三角形，且它的一条渐近线经过一个定点；证明它的另一条渐近线与内切于这个三角形的一条定二次曲线相切.

设
$$l_1\alpha + m_1\beta + n_1\gamma = 0 \text{ 和 } l_2\alpha + m_2\beta + n_2\gamma = 0$$

是这两条渐近线. 则这条二次曲线的方程一定是

$$(l_1\alpha + m_1\beta + n_1\gamma)(l_2\alpha + m_2\beta + n_2\gamma) = k(a\alpha + b\beta + c\gamma)^2,$$

因为这条二次曲线与两条渐近线在它们与无穷远线的交点处相切.

因为这条二次曲线外接于参考三角形，所以它的方程中没有包含 α^2，β^2，γ^2 的项，所以

$$l_1l_2 - ka^2 = 0,\ m_1m_2 - kb^2 = 0,\ n_1n_2 - kc^2 = 0.$$

因为一条渐近线经过一个定点 (f, g, h)，

所以
$$l_1f + m_1g + n_1h = 0.$$

所以
$$\frac{a^2f}{l_2} + \frac{b^2g}{m_2} + \frac{c^2h}{n_2} = 0.$$

所以
$$a^2fm_2n_2 + b^2gn_2l_2 + c^2hl_2m_2 = 0.$$

因此另外一条渐近线与内切二次曲线

$$\sqrt{a^2f\alpha} + \sqrt{b^2g\beta} + \sqrt{c^2h\gamma} = 0$$

相切.　(目 91.)　[82]

例 2. 证明与四条已知直线相切的二次曲线的焦点的轨迹一般是一条三次曲线.

取这些切线中的三条作为参考三角形，并设第四条切线是

$$l\alpha+m\beta+n\gamma=0.$$

设焦点是 (α',β',γ') 和 $(\alpha'',\beta'',\gamma'')$. 则由于两个焦点到任一条切线的距离积是定值，

因此 $$\alpha'\alpha''=\beta'\beta''=\gamma'\gamma''=\frac{(l\alpha'+m\beta'+n\gamma')(l\alpha''+m\beta''+n\gamma'')}{L^2}=k^2,$$

这里 $$L^2\equiv l^2+m^2+n^2-2mn\cos A-2nl\cos B-2lm\cos C.$$

所以 $$k^2L^2=(l\alpha'+m\beta'+n\gamma')\left(\frac{k^2l}{\alpha'}+\frac{k^2m}{\beta'}+\frac{k^2n}{\gamma'}\right).$$

因此 (α',β',γ') 的轨迹是三次曲线

$$\begin{aligned}&(l\alpha+m\beta+n\gamma)(l\beta\gamma+m\gamma\alpha+n\alpha\beta)\\&\qquad=L^2\alpha\beta\gamma=\alpha\beta\gamma(l^2+m^2+n^2-2mn\cos A-2nl\cos B-2lm\cos C).\end{aligned}$$

这条曲线经过四条已知直线的六个交点.

如果 $\frac{l}{a}=\frac{m}{b}=\frac{n}{c}$，即如果第四条切线是无穷远线，因而这些二次曲线是抛物线，则这条轨迹化为

$$a\beta\gamma+b\gamma\alpha+c\alpha\beta=0,$$

即由另三条切线组成的三角形的外接圆.

如果这四条切线组成一个平行四边形，则如同第1卷，第316页，题11，这条轨迹是一条直角双曲线.

例 3. 若内切二次曲线 $\sqrt{L\alpha}+\sqrt{M\beta}+\sqrt{N\gamma}=0$ 是一条抛物线，证明它的焦点是点 $\left(\frac{a^2}{L},\frac{b^2}{M},\frac{c^2}{N}\right)$，而它的准线的方程是 $L\alpha\cot A+M\beta\cot B+N\gamma\cot C=0$.

再证明所有这样的抛物线的准线经过参考三角形的垂心，且它们焦点的轨迹是外接圆.

这条二次曲线的切线式方程是

$$Lmn+Mnl+Nlm=0,$$

因此如果有

$$Lbc+Mca+Nab=0\ \cdots\cdots(1),$$

则无穷远线是它的一条切线，从而这条二次曲线是一条抛物线.

对于参考三角形的任一条内切二次曲线，我们有

$$\alpha_1\alpha_2=\beta_1\beta_2=\gamma_1\gamma_2=(\text{半短轴})^2\ \cdots\cdots(2),$$

[83] 这里 $(\alpha_1,\beta_1,\gamma_1)$ 和 $(\alpha_2,\beta_2,\gamma_2)$ 是焦点.

如果这条二次曲线是一条抛物线，则它的一个焦点是无穷远线的切点，因此由下式给出

$$\frac{L(L\alpha_2-M\beta_2-N\gamma_2)}{a}=\frac{M(-L\alpha_2+M\beta_2-N\gamma_2)}{b}=\frac{N(-L\alpha_2-M\beta_2+N\gamma_2}{c}.$$

因而根据等式 (1) 有 $\alpha_2:\beta_2:\gamma_2=Mc+Nb:Na+Lc:Lb+Ma=\frac{L}{a^2}:\frac{M}{b^2}:\frac{N}{c^2}$.

因此 (2) 给出 $$\alpha_1:\beta_1:\gamma_1=\frac{a^2}{L}:\frac{b^2}{M}:\frac{c^2}{N}\ \cdots\cdots(3).$$

准线是焦点的极线，因而是

$$L\alpha(L\alpha_1 - M\beta_1 - N\gamma_1) + \cdots + \cdots = 0,$$

即
$$L\alpha(a^2 - b^2 - c^2) + \cdots + \cdots = 0,$$

即
$$L\alpha\cot A + M\beta\cot B + N\gamma\cot C = 0.$$

从 (1) 和 (3) 我们得到 $a\beta_1\gamma_1 + b\gamma_1\alpha_1 + c\alpha_1\beta_1 = 0$，因此焦点在外接圆上.

另外显然准线经过垂心，即点 $(\cos B\cos C, \cos C\cos A, \cos A\cos B)$，因为它使得 (1) 成立.

例 4. 证明内切于参考三角形的直角双曲线的中心的轨迹是自共轭圆

$$\alpha^2\sin 2A + \beta^2\sin 2B + \gamma^2\sin 2C = 0.$$

内切直角双曲线是

$$l^2\alpha^2 + m^2\beta^2 + n^2\gamma^2 - 2mn\beta\gamma - 2nl\gamma\alpha - 2lm\alpha\beta = 0 \ldots\ldots\ldots\ldots (1),$$

这里
$$l^2 + m^2 + n^2 + 2mn\cos A + 2nl\cos B + 2lm\cos C = 0 \ldots\ldots\ldots\ldots (2).$$

(1) 的中心由下式给出

$$\frac{l(l\bar{\alpha} - m\bar{\beta} - n\bar{\gamma})}{a} = \frac{m(m\bar{\beta} - n\bar{\gamma} - l\bar{\alpha})}{b} = \frac{n(n\bar{\gamma} - l\bar{\alpha} - m\bar{\beta})}{c}.$$

所以
$$\frac{2l\bar{\alpha}}{\dfrac{b}{m} + \dfrac{c}{n}} = \frac{2m\bar{\beta}}{\dfrac{c}{n} + \dfrac{a}{l}} = \frac{2n\bar{\gamma}}{\dfrac{a}{l} + \dfrac{b}{m}}.$$

所以
$$\frac{bn + cm}{\bar{\alpha}} = \frac{cl + an}{\bar{\beta}} = \frac{am + bl}{\bar{\gamma}}.$$

所以
$$\frac{lbc}{b\bar{\beta} + c\bar{\gamma} - a\bar{\alpha}} = \frac{mca}{c\bar{\gamma} + a\bar{\alpha} - b\bar{\beta}} = \frac{nab}{a\bar{\alpha} + b\bar{\beta} - c\bar{\gamma}}.$$

代入 (2)，我们得到

$$a^2(b\bar{\beta} + c\bar{\gamma} - a\bar{\alpha})^2 + \cdots + \cdots$$
$$+2\cos A \cdot bc(c\bar{\gamma} + a\bar{\alpha} - b\bar{\beta})(a\bar{\alpha} + b\bar{\beta} - c\bar{\gamma}) + \cdots + \cdots = 0.$$

由此通过化简，所求的轨迹是

$$\alpha^2\sin 2A + \beta^2\sin 2B + \gamma^2\sin 2C = 0,$$

这是自共轭圆.（目 87.）　[84]

习题 6

1. 证明外接于参考三角形，使得每个角点处的切线平行于对边的二次曲线的方程是 $bc\beta\gamma + ca\gamma\alpha + ab\alpha\beta = 0$.

2. 从如下事实中推导出参考三角形外接圆的方程：角点 A 处的切线与 AC 所成的角等于 B，对于另外两个角点类似.

3. 两条二次曲线外接于参考三角形 ABC. 过 A 任作一条直线与它们交于 P 和 Q，证明 P 和 Q 处的切线分 BC 成定交比.

4. 证明方程

$$\frac{l}{\alpha} + \frac{m}{\beta} + \frac{n}{\gamma} = 0 \text{ 和 } \sqrt{\frac{\beta}{m} + \frac{\gamma}{n}} + \sqrt{\frac{\gamma}{n} + \frac{\alpha}{l}} + \sqrt{\frac{\alpha}{l} + \frac{\beta}{m}} = 0$$

表示同一条二次曲线，并给出其几何解释.

5. 一条二次曲线外接于参考三角形并与直线 $l\alpha+m\beta+n\gamma=0$ 相切，证明直线 $\lambda\alpha+\mu\beta+\nu\gamma=0$ 关于这条二次曲线的极点的轨迹是

$$\sqrt{l\alpha(\mu\beta+\nu\gamma-\lambda\alpha)}+\sqrt{m\beta(\nu\gamma+\lambda\alpha-\mu\beta)}+\sqrt{n\gamma(\lambda\alpha+\mu\beta-\nu\gamma)}=0.$$

推出其中心的轨迹.

6. 如果外接二次曲线 $l\beta\gamma+m\gamma\alpha+n\alpha\beta=0$ 是一条抛物线，证明它的准线的方程是

$$bc(m^2+n^2-2mn\cos A)\alpha+ca(n^2+l^2-2nl\cos B)\beta$$
$$+ab(l^2+m^2-2lm\cos C)\gamma=0.$$

如果它与参考三角形的外接圆在 A 处相切，证明它是两条轴成直角的抛物线中的一条.

7. 如果二次曲线 $l\beta\gamma+m\gamma\alpha+n\alpha\beta=0$ 在参考三角形各顶点处的法线共点，证明

$$(m-n\cos A)(n-l\cos B)(l-m\cos C)$$
$$=(n-m\cos A)(l-n\cos B)(m-l\cos C).$$

8. 证明与二次曲线 $l\beta\gamma+m\gamma\alpha+n\alpha\beta=0$ 在参考三角形的顶点 A 处有二次切点，并经过顶点 B 和内心的二次曲线的方程是

$$(m+n)(l\beta\gamma+m\gamma\alpha+n\alpha\beta)=(l+m+n)(n\beta+m\gamma)\gamma.$$

9. 三角形 ABC 内接于一条二次曲线. BC 上的一点 A_1 的极线与 CA，AB 交于 B_1 和 C_1. 证明 AA_1，BB_1 和 CC_1 相交于一点.

[85]

10. 证明外接二次曲线 $L\beta\gamma+M\gamma\alpha+N\alpha\beta=0$ 上任意点的坐标可以写为如下形式

$$(L\csc^2\theta,\ M\sec^2\theta,\ -N),$$

且该点处的切线是

$$\frac{\alpha}{L}\sin^4\theta+\frac{\beta}{M}\cos^4\theta+\frac{\gamma}{N}=0.$$

同理内切二次曲线 $\sqrt{L\alpha}+\sqrt{M\beta}+\sqrt{N\gamma}=0$ 上的点可写为

$$\left(\frac{\cos^4\theta}{L},\ \frac{\sin^4\theta}{M},\ \frac{1}{N}\right),$$

而该点处的切线是

$$\frac{L\alpha}{\cos^2\theta}+\frac{M\beta}{\sin^2\theta}-N\gamma=0.$$

11. 无论 l，m，n 的值是什么，证明方程

$$(m-n)\sqrt{\beta+l\gamma}+(n-l)\sqrt{\beta+m\gamma}+(l-m)\sqrt{\beta+n\gamma}=0$$

表示的仅是直线 $\gamma=0$.

阐释方程 $\lambda\sqrt{L}+\mu\sqrt{M}+\nu\sqrt{N}=0$，这里 L，M，N 是 (1) 一般的，(2) 共点的，直线.

12. 证明 $\sqrt{lx}+\sqrt{my}+\sqrt{nz}=0$ 与

$$(-lx+my+nz)^{-1}+(lx-my+nz)^{-1}+(lx+my-nz)^{-1}=0$$

表示同一条二次曲线，并给出其几何解释.

13. 一条二次曲线内切于一个已知三角形并经过一个已知点. 证明其中心的轨迹是一条二次曲线，与联结已知三角形各边中点的三条直线相切.

14. ABC 是一个三角形，P 是一条定直线上的任意点. 证明 PA 关于 PB 和 PC 的调和共轭线的包络是一条与三角形 ABC 的各边以及定直线相切的二次曲线.

15. 一些抛物线内切于一个已知三角形；证明联结任意两边上切点的直线经过一个定点.

16. 证明方程

$$\sqrt{a(b-c)\alpha}+b\sqrt{-\beta}+c\sqrt{\gamma}=0$$

表示一条抛物线，它的轴是 $\angle ABC$ 的外角平分线.

17. 证明方程

$$\sqrt{a\alpha}+\sqrt{b\beta}+\sqrt{-c\gamma}=0$$

表示一条双曲线，该双曲线的两条渐近线平行于直线 $\alpha=0$ 和 $\beta=0$. **[86]**

18. 一条二次曲线与三角形 ABC 的边 BC，CA，AB 切于 P，Q，R. 证明 AP，BQ 和 CQ 共点，且线束 $P(QARB)$ 是调和的.

如果 AP，BQ，CR 与这条二次曲线又交于 P'，Q'，R'，证明 P'，Q'，R' 处的切线与边 BC，CA，AB 交于共线点.

19. 一条二次曲线，中心是 O，分别与三角形 ABC 的边 BC，CA，AB 切于点 D，E，F；DO，EO，FO 分别与 EF，FD，DE 交于 L，M，N，且 MN，NL，LM 分别与 BC，CA，AB 交于 X，Y，Z. 证明 X，Y，Z 共线.

若 D'，E'，F' 是过 D，E，F 的直径的另一个端点，证明 AD'，BE'，CF' 共点.

20. 证明由一个已知三角形各边中点的连线关于一条内切二次曲线的极点构成的三角形有定面积.

21. 证明：使用面积坐标，如果 p，q，r 由

$$Lqr+Mrp+Npq=0$$

和

$$p(M+N)+q(N+L)+r(L+M)=0$$

给出，则直线 $px+qy+rz=0$ 是二次曲线

$$\sqrt{Lx}+\sqrt{My}+\sqrt{Nz}=0$$

的一条渐近线.

22. 二次曲线内切于一个三角形. 证明如果长轴经过一个定点，或中心在一条定直线上，则它的焦点在一条外接于该三角形的三次曲线上.

23. 二次曲线内切于参考三角形；若它的短轴有已知长度 2λ，则它的焦点的轨迹是三次曲线

$$4\Delta^2\alpha\beta\gamma=\lambda^2(a\alpha+b\beta+c\gamma)(a\beta\gamma+b\gamma\alpha+c\alpha\beta),$$

这里 Δ 是参考三角形的面积.

如果它的轴平行于直线 $l\alpha+m\beta+n\gamma=0$，则焦点的轨迹是三次曲线

$$\alpha(\beta^2-\gamma^2)(mc-nb)+\beta(\gamma^2-\alpha^2)(na-lc)+\gamma(\alpha^2-\beta^2)(lb-ma)=0.$$

24. 使用面积坐标，求与参考三角形的各边切于中点的二次曲线的方程，并证明这条

二次曲线的中心是该三角形的重心.

证明这条二次曲线的两轴的方程可以写为如下形式

[87] $$(b^2-c^2)(y-z)^2+(c^2-a^2)(z-x)^2+(a^2-b^2)(x-y)^2=0.$$

自共轭二次曲线

93. *参考三角形关于它是自共轭的二次曲线.*

点 A 即 $(\alpha',0,0)$ 关于二次曲线

$$\phi(\alpha,\beta,\gamma)\equiv a\alpha^2+b\beta^2+c\gamma^2+2f\beta\gamma+2g\gamma\alpha+2h\alpha\beta$$

的极线是

$$\alpha'(a\alpha+h\beta+g\gamma)=0. \qquad (目 75)$$

若 $g=h=0$，则这是对边 BC，即 $\alpha=0$. 同理若 $h=f=0$，则点 B 的极线是对边 CA.

因为点 A 和 B 的极线经过 C，所以根据第1卷，目 375，C 的极线经过 A 和 B.

因此，若 $f=g=h=0$，则三角形 ABC 关于这条二次曲线是自共轭的.

这样的二次曲线的方程常写为如下形式

$$L\alpha^2+M\beta^2+N\gamma^2=0.$$

一条二次曲线，一个三角形关于它是自共轭的，或自配极的，通常称为是一条关于这个三角形的自共轭二次曲线，或简称为“一条自共轭二次曲线”，当使用后一种表达时，理解时隐含的词语是“关于参考三角形的”.

94. *$l\alpha+m\beta+n\gamma=0$ 是 $L\alpha^2+M\beta^2+N\gamma^2=0$ 的一条切线的条件.*

这条二次曲线在任意点 (α',β',γ') 处的切线是

$$L\alpha\alpha'+M\beta\beta'+N\gamma\gamma'=0.$$

如果这是已知直线，则

$$\frac{L\alpha'}{l}=\frac{M\beta'}{m}=\frac{N\gamma'}{n},$$

因此 $$\alpha':\beta':\gamma'=\frac{l}{L}:\frac{m}{M}:\frac{n}{N}.$$

因为 (α',β',γ') 在这条二次曲线上，

所以 $$\frac{l^2}{L}+\frac{m^2}{M}+\frac{n^2}{N}=0.$$

这是所求的相切的条件.

显然如果 $l\alpha+m\beta+n\gamma=0$ 是一条切线，则四条直线 $\pm l\alpha\pm m\beta\pm n\gamma=0$ 都是切线.

[88]

推论. 如果这条二次曲线与无穷远线 $a\alpha+b\beta+c\gamma=0$ 相切，则它是一条抛物线，这个条件是

$$\frac{a^2}{L}+\frac{b^2}{M}+\frac{c^2}{N}=0.$$

这条抛物线也与下面三条直线相切

$$a\alpha+b\beta-c\gamma=0,\ a\alpha-b\beta+c\gamma=0,\ -a\alpha+b\beta+c\gamma=0.$$

而这是联结参考三角形各边中点的三条直线.

因此：如果一条抛物线关于三角形 ABC 是自共轭的，则它内切于由联结三角形 ABC 各边的中点构成的三角形.

95. 例题. 如果一个三角形关于一条直角双曲线是自共轭的，则它的外接圆经过这条双曲线的中心. 如果它内接于这条直角双曲线，则它的九点圆经过双曲线的中心.

在第一种情形中这条二次曲线是

$$L\alpha^2+M\beta^2+N\gamma^2=0,$$

根据目 80，这里有

$$L+M+N=0\ldots\ldots\ldots\ldots\ldots\ldots(1).$$

中心由 $\dfrac{L\bar{\alpha}}{a}=\dfrac{M\bar{\beta}}{b}=\dfrac{N\bar{\gamma}}{c}$ 给出.

由此利用 (1) 可得　$a\bar{\beta}\bar{\gamma}+b\bar{\gamma}\bar{\alpha}+c\bar{\alpha}\bar{\beta}=0,$

即这个中心在外接圆上.

在第二种情形中这条二次曲线是

$$L\beta\gamma+M\gamma\alpha+N\alpha\beta=0,$$

这里

$$L\cos A+M\cos B+N\cos C=0\ldots\ldots\ldots\ldots\ldots\ldots(2).$$

中心由下式给出

$$\frac{M\bar{\gamma}+N\bar{\beta}}{a}=\frac{N\bar{\alpha}+L\bar{\gamma}}{b}=\frac{L\bar{\beta}+M\bar{\alpha}}{c}.$$

所以

$$\frac{L\bar{\beta}\bar{\gamma}}{-a\bar{\alpha}+b\bar{\beta}+c\bar{\gamma}}=\frac{M\bar{\gamma}\bar{\alpha}}{a\bar{\alpha}-b\bar{\beta}+c\bar{\gamma}}=\frac{N\bar{\alpha}\bar{\beta}}{a\bar{\alpha}+b\bar{\beta}-c\bar{\gamma}}.$$

因此 (2) 给出

$$\bar{\alpha}(-a\bar{\alpha}+b\bar{\beta}+c\bar{\gamma})\cos A+\cdots+\cdots=0,$$

即

$$a\bar{\beta}\bar{\gamma}+b\bar{\gamma}\bar{\alpha}+c\bar{\alpha}\bar{\beta}-a\cos A\bar{\alpha}^2-b\cos B\bar{\beta}^2-c\cos C\bar{\gamma}^2=0,$$

即这个中心在九点圆上.

第二部分可立即由第一部分推出；因为如果一条直角双曲线外接于一个三角形，则容易证明后者的垂心三角形关于这条双曲线是自共轭的.

[89]

96. 证明：一般的，任意两条二次曲线有一个共同的自共轭三角形，并求何时它是实的，何时它是虚的.

两条二次曲线的交点是下列情形中的一种：(1) 都是实的；(2) 都是虚的；或 (3) 两个实的和两个虚的. 因为虚解总是成对出现的.

(1) 如果交点 P，Q，R，S 都是实的，如目 64 的图 6 所示，则三角形 ABC 是一个自共轭三角形. 因为，如果 AC 交 PS 于 M，并交 QR 于 N，则由于线束 $C(PASB)$ 是调和的，所以 $(BSMP)$ 和 $(BRNQ)$ 是调和的，因而根据第 1 卷，目 401，CA 是 B 的极线. 类似的，C 是 AB 的极点，A 是 BC 的极点.

(2) 如果交点都是虚的，

设 P 是　　$(x_1+x_2\mathrm{i},\ y_1+y_2\mathrm{i})$，

设 Q 是　　$(x_1-x_2\mathrm{i},\ y_1-y_2\mathrm{i})$，

设 R 是　　$(x_3+x_4\mathrm{i},\ y_3+y_4\mathrm{i})$，

设 S 是　　$(x_3-x_4\mathrm{i},\ y_3-y_4\mathrm{i})$，

这些坐标是笛卡儿坐标，且 $\mathrm{i}=\sqrt{-1}$.

则 PQ 的方程是

$$x_2(y-y_1)=y_2(x-x_1)\ldots\ldots(1),$$

且 RS 的方程是

$$x_4(y-y_3)=y_4(x-x_3)\ldots\ldots(2).$$

PR 的方程是 $L+M\mathrm{i}=0$，QS 的方程是 $L-M\mathrm{i}=0$，这里 L 和 M 都是实的. PS 的方程是 $L'+M'\mathrm{i}=0$，QR 的方程是 $L'-M'\mathrm{i}=0$，这里 L' 和 M' 都是实的.

现在 PQ 和 RS 交于一个实点 C；PR 和 QS 交于一个实点 A，由 $L=0$ 和 $M=0$ 给出；PS 和 QR 交于一个实点 B，由 $L'=0$ 和 $M'=0$ 给出.

因而在这种情形中，自共轭三角形完全是实的，但是公共弦中仅有两条是实的.

(3) 接下来，设 P，Q 是实的，而 R，S 是虚的.

设 P 是 (x_1,y_1)，Q 是 (x_2,y_2)，R 是 $(x_3+x_4\mathrm{i},\ y_3+y_4\mathrm{i})$，$S$ 是 $(x_3-$ [90] $x_4\mathrm{i},\ y_3-y_4\mathrm{i})$.

则 PQ 是

$$y(x_1-x_2)-x(y_1-y_2)-(x_1y_2-x_2y_1)=0,$$

而 RS 是　　$x_4(y-y_3)=y_4(x-x_3)$.

PR 的方程是　　$L_1+M_1\mathrm{i}=0$，

PS 的方程是　　$L_1-M_1\mathrm{i}=0$，

QR 的方程是　　$L_1'+M_1'\mathrm{i}=0$，

QS 的方程是　　$L_1'-M_1'\mathrm{i}=0$，

这里 L_1，M_1，L_1'，M_1' 都是实的. PQ 和 RS 交于一个实点 C. 现在，由于 PR 经过实点 P，所以它不可能再经过其余任意的实点. 因为如果这样的话则这条直线完全是实的，由假设这是不可能的. 同理 QS 上除了 Q 外没有实点. 因此 PR 和 QS 不交于实点. 故在这种情形中，目 64 的图 6 中的点 A 是虚的. 类似的，PS 和 QR 不交于实点.

因此在这种情形中自共轭三角形只有一个顶点是实的，而另外两个顶点是虚的，但是公共弦中有两条是实的.

如果这两条二次曲线有单一切点，则交点中的两个，P 和 Q 重合，容易看出目 64 中的三角形 ABC 变成纤细的，点 A 和 B 都与 P 和 Q 重合.

如果这两条二次曲线有双重切点，则交点中的两个，P 和 Q 重合，且另两个交点，R 和 S 也重合. 则 PQ 和 RS 给出一个实点 C，而直线 PR 和 QS 重合，PS 和 QR 也重合，在每中情况中都给出无数个交点，因此有无数个自共轭三角形. 我们取 CPR 为参考三角形，则这两条二次曲线的方程是 $k\gamma^2-2\alpha\beta=0$ 和 $k'\gamma^2-2\alpha\beta=0$. 容易证明，如果 K 和 L 是 PR 上使得 $(PKRL)$ 是调和的任意点，则 CKL 是一个关于这两条二次曲线自共轭的三角形.

因此在这种情形中有无数个自共轭三角形.　**[91]**

若这两条二次曲线有三重或四重切点，则自共轭三角形退化为切点处的无穷小三角形.

例题. 使用任意坐标系，求关于方程为

$$S\equiv a(b-c)yz+b(c-a)zx+c(a-b)xy=0$$

和

$$S'\equiv a^2(b-c)yz+b^2(c-a)zx+c^2(a-b)xy=0$$

的两条二次曲线自共轭的三角形.

显然，当 $k=-a$ 或 $-b$ 或 $-c$ 时，$kS+S'=0$ 是一对直线.

当 $k=-a$ 时，我们得到 $bzx-cxy=0$，给出两条直线 $x=0$ 和 $bz-cy=0$，它们交于点 $(0,b,c)$.

同理，当 $k=-b$ 或 $-c$ 时，我们得到两条相交于点 $(a,0,c)$ 和 $(a,b,0)$ 的直线. 这三个点是自共轭三角形的顶点.

容易知道它三条边的方程是

$$X\equiv -xbc+yca+zab=0,$$
$$Y\equiv xbc-yca+zab=0,$$
$$Z\equiv xbc+yca-zab=0,$$

因而我们有

$$S=[(b-c)X^2+(c-a)Y^2+(a-b)Z^2]\div 4abc,$$

及

$$S'=[a(b-c)X^2+b(c-a)Y^2+c(a-b)Z^2]\div 4abc.$$

习题 7

1. 一个已知三角形关于一条二次曲线是自共轭的. 证明如果这条二次曲线与第四条已知直线相切，则这类二次曲线中心的轨迹是一条直线，而如果这条二次曲线经过一个已知点，则中心的轨迹是已知三角形的一条外接二次曲线.

2. 证明有一个已知自共轭三角形的所有抛物线与这个三角形各边中点的连线相切，并且存在一条这样的抛物线还与已知三角形的垂心三角形的各边相切.

3. 作出一组有一个共同的自共轭三角形的二次曲线，如果每条二次曲线的一条渐近线经过一个定点，证明另外一条渐近线包络出一条二次曲线.

4. 证明如果有

$$\sqrt{bc'-b'c}+\sqrt{ca'-c'a}+\sqrt{ab'-a'b}=0,$$

则二次曲线 $ax^2+by^2+cz^2=0$ 的一条渐近线平行于二次曲线 $a'x^2+b'y^2+c'z^2=0$ 的一条渐近线，这里坐标是面积坐标.

[92] [对于这两条二次曲线有一个无穷远点是相同的.]

5. 证明二次曲线

$$l\alpha^2+m\beta^2+n\gamma^2=0$$

的准圆的方程是

$$l(m+n)\alpha^2+m(n+l)\beta^2+n(l+m)\gamma^2+2mn\beta\gamma\cos A$$
$$+2nl\gamma\alpha\cos B+2lm\alpha\beta\cos C=0.$$

并且这个圆与三角形外接圆的根轴是

$$l(m+n)bc\alpha+m(n+l)ca\beta+n(l+m)ab\gamma=0,$$

6. 如果二次曲线 $l\alpha^2+m\beta^2+n\gamma^2=0$ 是一条抛物线，证明其准线的方程是

$$l(m+n)bc\alpha+m(n+l)ca\beta+n(l+m)ab\gamma=0,$$

而它的焦点是

$$\left(\frac{m+n}{a},\ \frac{n+l}{b},\ \frac{l+m}{c}\right).$$

证明所有这类抛物线的准线经过外接圆的圆心，且它们的焦点在九点圆上.

7. 证明二次曲线 $L\alpha^2+M\beta^2+N\gamma^2=0$ 上任意点的坐标是

$$\left(\frac{\cos\theta}{\sqrt{L}},\ \frac{\sin\theta}{\sqrt{M}},\ \frac{1}{\sqrt{-N}}\right),$$

而该点处的切线是

$$\sqrt{L}\alpha\cos\theta+\sqrt{M}\beta\sin\theta-\sqrt{-N}\gamma=0.$$

8. 证明二次曲线

$$\frac{\alpha^2}{b+1}+\frac{\beta^2}{a+1}=\frac{\gamma^2}{a+b}$$

的任一条切线被二次曲线 $\alpha^2+\beta^2=\gamma^2$ 和 $a\alpha^2+b\gamma^2=\gamma^2$ 截得的两对点是调和共轭的.

[第一条二次曲线上任意点是

$$(\sqrt{b+1}\cos\theta,\ \sqrt{a+1}\sin\theta,\ \sqrt{a+b}).]$$

9. 如果二次曲线 $l\alpha^2+m\beta^2=n\gamma^2$ 的一个内接三角形的两条边与二次曲线 $ll'\alpha^2+mm'\beta^2=nn'\gamma^2$ 相切，证明第三条边的包络是二次曲线

$$l\alpha^2(-m'n'+n'l'+l'm')^2+m\beta^2(m'n'-n'l'+l'm')^2=n\gamma^2(m'n'+n'l'-l'm')^2.$$

10. 一个三角形关于一条直角双曲线是自共轭的. 证明内切于这个三角形的任意二次曲线的两个焦点是关于这条双曲线的共轭点.

[93]

11. 证明与二次曲线

$$\frac{x^2}{l}+\frac{y^2}{m}+\frac{z^2}{n}=0 \text{ 和 } \frac{x^2}{l'}+\frac{y^2}{m'}+\frac{z^2}{n'}=0$$

的四条公切线相切的所有二次曲线由下式给出

$$\frac{x^2}{l+kl'}+\frac{y^2}{m+km'}+\frac{z^2}{n+kn'}=0,$$

这里 k 是任意参数.

12. 如果一束二次曲线有一个共同的自共轭三角形，则过该三角形一个顶点的任意直线被这束曲线截得的点成对合，而过任一个顶点向这些二次曲线所作的切线组成一个对合线束.

13. 求下述各情形中由笛卡儿坐标给出的二次曲线的自共轭三角形的顶点，并将这些曲线表示为自共轭形式:

（1） $x^2-y^2-2y+1=0$ 和 $y^2+4xy=4x$;

（2） $7xy+y^2-4x-y=0$ 和 $2x^2+xy+5y^2-7y+2=0$;

（3） $4x^2+y^2+6x-4y=0$ 和 $4xy+3y^2-8x+6y+1=0$.

14. 如果两条二次曲线使用任意齐次坐标系的方程是

$$y^2+yz-zx+xy=0$$

和

$$x^2+y^2-2z^2-2yz-2zx+4xy=0,$$

求自共轭三角形各边的方程，并将这两条二次曲线的方程表示为自共轭形式.

15. 如果三条二次曲线 $\phi_1(x,y,z)=0$，$\phi_2(x,y,z)=0$ 和 $\phi_3(x,y,z)=0$ 有一个共同的自共轭三角形，证明它们的雅克比行列式，即

$$\begin{vmatrix} \dfrac{\mathrm{d}\phi_1}{\mathrm{d}x} & \dfrac{\mathrm{d}\phi_1}{\mathrm{d}y} & \dfrac{\mathrm{d}\phi_1}{\mathrm{d}z} \\ \dfrac{\mathrm{d}\phi_2}{\mathrm{d}x} & \dfrac{\mathrm{d}\phi_2}{\mathrm{d}y} & \dfrac{\mathrm{d}\phi_2}{\mathrm{d}z} \\ \dfrac{\mathrm{d}\phi_3}{\mathrm{d}x} & \dfrac{\mathrm{d}\phi_3}{\mathrm{d}y} & \dfrac{\mathrm{d}\phi_3}{\mathrm{d}z} \end{vmatrix},$$

等于零表示三条直线，它们是这个自共轭三角形的边.

由此，通过考虑两条二次曲线和它们的调和轨迹 **F**（目 113），我们能求出自共轭三角形各边的方程.

四点二次曲线与四线二次曲线

97. 经过一个四角形的四个角点的二次曲线.

我们在目 64 中已经证明，如果取这个四角形的三个顶点构成的三角形为参考三角形，则这四个角点的坐标与 (f,g,h), $(f,g,-h)$, $(f,-g,h)$, $(-f,g,h)$ 成比例. [94]

一条二次曲线的最一般的方程是

$$a\alpha^2+b\beta^2+c\gamma^2+2f_1\beta\gamma+2g_1\gamma\alpha+2h_1\alpha\beta=0,$$

它被这四个角点所满足的条件是有

$$af^2+bg^2+ch^2+2f_1gh+2g_1hf+2h_1fg=0,$$
$$af^2+bg^2+ch^2-2f_1gh-2g_1hf+2h_1fg=0,$$
$$af^2+bg^2+ch^2-2f_1gh+2g_1hf-2h_1fg=0,$$
$$af^2+bg^2+ch^2+2f_1gh-2g_1hf-2h_1fg=0.$$

显然有 $f_1=g_1=h_1=0$，而这条二次曲线的方程为 $a\alpha^2+b\beta^2+c\gamma^2=0$，或与目 93 一样，写为 $L\alpha^2+M\beta^2+N\gamma^2=0$，这里 $Lf^2+Mg^2+Nh^2=0$.

因此：由任意完全四角形的三个顶点构成的三角形关于经过这个四角形的各角点的所有二次曲线是自共轭的.

98. 与一个四边形的四条边相切的二次曲线.

我们在目 65 中证明了，如果我们将这个四边形的三条对角线组成的三角形取为参考三角形，则各边的方程可以写为如下形式

$$l\alpha\pm m\beta\pm n\gamma=0.$$

一条二次曲线的最一般的方程是

$$a\alpha^2+b\beta^2+c\gamma^2+2f\beta\gamma+2g\gamma\alpha+2h\alpha\beta=0\ldots\ldots\ldots\ldots(1),$$

根据目 72，它与这四条直线相切的条件是

$$Al^2+Bm^2+Cn^2\pm2Fmn\pm2Gnl\pm2Hlm=0.$$

因此，与目 97 一样，我们有 $F=0$，$G=0$ 和 $H=0$.

所以 $gh-af=0$，$hf-bg=0$，$fg-ch=0\ldots\ldots\ldots\ldots(2)$.

故 $f=g=h=0$.

[或者 $f=\pm\sqrt{bc}$，$g=\pm\sqrt{ca}$，$h=\pm\sqrt{ab}$，其中不确定的符号可以都替换为正号，或者替换为两个负号和一个正号. 对于任一种情形 (1) 都是一个完全平方式，故只给出两条重合的直线. [95]

(2) 还有另一个解 $f=0$，$g=0$，$c=0$，在这种情形中 (1) 化为一对经过顶点 C 的直线.]

因而唯一容许的情形是

$$a\alpha^2+b\beta^2+c\gamma^2=0，因此\ bcl^2+cam^2+abn^2=0.$$

我们将使用如下形式

$$L\alpha^2+M\beta^2+N\gamma^2=0，这里\ \frac{l^2}{L}+\frac{m^2}{M}+\frac{n^2}{N}=0.$$

因此：由一个完全四边形的三条对角线组成的三角形关于与这个四边形的各边相切的所有二次曲线是自共轭的.

99. 例 1. 证明一条已知直线关于一束经过四个已知点的二次曲线的极点的轨迹是一条二次曲线.

设这四个点是 $(\pm f,\pm g,\pm h)$. 经过它们的二次曲线是

$$L\alpha^2+M\beta^2+N\gamma^2=0,$$

这里

$$Lf^2+Mg^2+Nh^2=0\ \dots\dots\dots\dots\ (1).$$

一条已知直线

$$l\alpha+m\beta+n\gamma=0\ \dots\dots\dots\dots\ (2)$$

的极点 (α',β',γ') 由

$$\frac{L\alpha'}{l}=\frac{M\beta'}{m}=\frac{N\gamma'}{n}$$

给出. 将 L，M，N 的值代入 (1)，我们看到所求的极点的轨迹是

$$lf^2\beta\gamma+mg^2\gamma\alpha+nh^2\alpha\beta=0\ \dots\dots\dots\dots\ (3).$$

这条二次曲线外接于参考三角形 ABC（目 64 的图6）.

另外，使用相同的图形，PQ 的方程是 $\frac{\alpha}{f}+\frac{\beta}{g}=0$. 这条直线和 (2) 的交点与点 A 的连线是

$$(lf-mg)\beta=ng\gamma.$$

这条直线关于 AP，AQ 这两条直线（它们的方程是 $\frac{\beta}{\gamma}=\mp\frac{g}{h}$）的第四调和线是

$$nh^2\beta=g(lf-mg)\gamma,$$

而这条直线与 PQ，即 $\frac{\alpha}{f}+\frac{\beta}{g}=0$，的交点是位于 (3) 上的一个点.

类似的，它经过另外五条直线 PR，PS，QR，QS，RS 与直线 (2) 的交点的第四调和点.

最后，它一定经过这束曲线中与已知直线相切的两条二次曲线的切点，因为这两个点是已知直线关于这两条二次曲线的极点.

[在例 4 中将看到这两个点是由已知直线和这束曲线确定的对合的二重点.]　**[96]**

我们共计得到十一个这条二次曲线经过的点. 所以它以**十一点二次曲线(eleven-point conic)**著称.

特殊情形. 设 $l\alpha+m\beta+n\gamma=0$ 是无穷远线，因此 $l=a$，$m=b$，$n=c$. 现在极点是曲线的中心，因而这些二次曲线中心的轨迹是

$$af^2\beta\gamma+bg^2\gamma\alpha+ch^2\alpha\beta=0.$$

一般情形中的第四调和点现在变成了线段 PQ，PR，$\cdots$ 的中点. 因为 PQ 的中点是 P，Q 关于 PQ 和无穷远线交点的第四调和点.

例 2. 求与四条已知直线相切的二次曲线的中心的轨迹.

这四条直线是 $l\alpha \pm m\beta \pm n\gamma = 0$，依据目 98，这条二次曲线的方程是

$$L\alpha^2 + M\beta^2 + N\gamma^2 = 0,$$

这里

$$\frac{l^2}{L} + \frac{m^2}{M} + \frac{n^2}{N} = 0 \cdots\cdots (1).$$

中心，是无穷远线的极点，由下式给出

$$\frac{L\bar{\alpha}}{a} = \frac{M\bar{\beta}}{b} = \frac{N\bar{\gamma}}{c}.$$

据此，通过将 L，M，N 代入 (1) 中，中心的轨迹是直线

$$\frac{l^2}{a}\alpha + \frac{m^2}{b}\beta + \frac{n^2}{c}\gamma = 0.$$

根据目 66，这是联结各对角线中点的直线.

这从几何上可立即推出，一条对角线的中点在这条中心的轨迹上. 因为一个非常扁的椭圆，几乎与线段 PR 重合，满足与这四条直线相切的二次曲线的条件，而它的中心是 PR 的中点.

使用类似的方法我们能够证明，一条已知直线关于这束二次曲线的极点的轨迹是一条直线，它经过每条对角线上与这条对角线和已知直线的交点调和分割该对角线的点.

例 3. 如果一条二次曲线内切于一个四边形，证明对于由这个四边形的对角线组成的三角形的每个顶点，在由二次曲线的切点构成的四角形中有两条边经过该顶点，并且与交于该点的两条对角线组成一个调和线束.

设这个四边形的各边是 $l\alpha \pm m\beta \pm n\gamma = 0$，则这条二次曲线是

$$L\alpha^2 + M\beta^2 + N\gamma^2 = 0,$$

[97] 这里

$$\frac{l^2}{L} + \frac{m^2}{M} + \frac{n^2}{N} = 0.$$

设 F，G，H，K 是边 PQ，QR，RS，SP 上的切点. 则 F 是点 $\left(\frac{l}{L}, \frac{m}{M}, \frac{n}{N}\right)$，$G$ 是 $\left(\frac{l}{L}, -\frac{m}{M}, \frac{n}{N}\right)$，$H$ 是 $\left(-\frac{l}{L}, \frac{m}{M}, \frac{n}{N}\right)$，而 K 是 $\left(\frac{l}{L}, \frac{m}{M}, -\frac{n}{N}\right)$. 因此 FH 和 GK 的方程是

$$\frac{M\beta}{m} = \frac{N\gamma}{n} \text{ 和 } \frac{M\beta}{m} = -\frac{N\gamma}{n}.$$

这两条直线都经过顶点 A，并与 AB 和 AC 组成一个调和线束，它们是外切四边形中经过 A 的两条对角线.（目 65 的图 7.）

类似的 FK 和 GH 经过 C，而 FG 和 HK 经过 B.

由此可得四角形 $FGHK$ 的对角点三角形与四边形 $PQRS$ 的对角线三角形是相同的.

这也可以由以下事实推出，内切于一个四边形的一束二次曲线有且仅有一个共同的自共轭三角形.

例 4. 一束二次曲线经过四个已知点，证明它们被任一条截线所截得的点对构成一个对合点列. [笛沙格(Desargues)定理.]

使用目 97 中的图形与记号.

这个曲线束中的任一条二次曲线由

$$L\alpha^2+M\beta^2+N\gamma^2=0 \text{ 给出，这里 } Lf^2+Mg^2+Nh^2=0,$$

即它的方程是

$$L(\alpha^2h^2-f^2\gamma^2)+M(\beta^2h^2-g^2\gamma^2)=0,$$

即

$$\alpha^2h^2-f^2\gamma^2+\lambda(\beta^2h^2-g^2\gamma^2)=0, \quad \cdots\cdots(1),$$

其中 λ 是一个任意常数.

一条任意直线是

$$l\alpha+m\beta+n\gamma=0 \quad \cdots\cdots(2),$$

联结参考三角形的顶点 A 与它和曲线 (1) 的交点的两条直线的方程是

$$h^2(m\beta+n\gamma)^2-f^2l^2\gamma^2+\lambda l^2(\beta^2h^2-g^2\gamma^2)=0.$$

根据目 39，推论，对应于所有的 λ 值这些直线给出一个由直线对

$$\beta^2h^2-g^2\gamma^2=0$$

和

$$h^2(m\beta+n\gamma)^2-f^2l^2\gamma^2=0$$

确定的对合线束. 第一对直线给出 A 与直线 (2) 和 PR，QS 的交点的连线，而第二对直线给出 A 与 (2) 和 PS 以及 QR 的交点的连线. 因此直线 (2) 交这个曲线束中的任意二次曲线，包括经过这四个点的任一直线对，所得的点对是成对合的. **[98]**

容易知道这束曲线中有两条二次曲线与已知直线相切，因而这两个切点是这个对合的二重点.

例 5. 一束二次曲线与四条已知直线相切，证明由任意点 (α',β',γ') 对它们所作的切线对组成一个对合线束. (笛沙格定理的对偶.)

使用目 98 的记号，与这四条已知直线相切的任意二次曲线是

$$L\alpha^2+M\beta^2+N\gamma^2=0 \quad \cdots\cdots(1),$$

这里

$$\frac{l^2}{L}+\frac{m^2}{M}+\frac{n^2}{N}=0,$$

即

$$l^2MN+m^2NL+n^2LM=0 \quad \cdots\cdots(2).$$

由 (α',β',γ') 到曲线 (1) 的切线对是

$$(L\alpha'^2+M\beta'^2+N\gamma'^2)(L\alpha^2+M\beta^2+N\gamma^2)=(L\alpha\alpha'+M\beta\beta'+N\gamma\gamma')^2 \cdots(3).$$

联结参考三角形的顶点 A 与 (3) 和 BC 的交点的直线的方程可以通过在 (3) 中令 $\alpha=0$ 得到，因此是

$$\frac{\beta^2\alpha'^2}{N}+\frac{\gamma^2\alpha'^2}{M}+\frac{(\beta\gamma'-\beta'\gamma)^2}{L}=0,$$

利用 (2) 消去 L，即

$$l^2\gamma^2\alpha'^2-m^2(\beta\gamma'-\beta'\gamma)^2+\frac{M}{N}[l^2\beta^2\alpha'^2-n^2(\beta\gamma'-\beta'\gamma)^2]=0.$$

因此根据目 39，推论，这给出一个由直线对

$$l^2\gamma^2\alpha'^2-m^2(\beta\gamma'-\beta'\gamma)^2=0 \quad \cdots\cdots(4)$$

和

$$l^2\beta^2\alpha'^2-n^2(\beta\gamma'-\beta'\gamma)^2=0 \quad \cdots\cdots(5)$$

确定的对合线束. 容易知道 (4) 是联结 A，BC 与 (α',β',γ') 和 P 以及 R 的连线的交点的直线，而类似的 (5) 是联结 A，BC 与 (α',β',γ') 和 Q 以及 S 的连线的交点的直线. 这点是意料之中的，对于与四条已知直线相切的一条二次曲线是一个几乎完全与线段 PR 重合的非常窄的椭圆，在 P 和 R 处是圆滑的，这个椭圆的两条切线显然是 (α',β',γ') 与 P 及 R 的连线. 对于这组曲线中的另外两条二次曲线，几乎与 QS 和 O_1O_2 重合的两个椭圆同理. 因此 (α',β',γ') 到与四条直线相切的所有二次曲线(包括线椭圆 PR，QS 和 O_1O_2)的切线对组成一个对合线束.

显然在这束曲线中有两条二次曲线经过点 (α',β',γ')，它们由 (2) 和

$$L\alpha'^2+M\beta'^2+N\gamma'^2=0$$

给出. 因此到这两条二次曲线的两条切线是这个对合线束的二重直线.

[99] **推论 1.** 任意一点与由四条直线组成的四边形的六个顶点的连线是成对合的.

推论 2. *推导：如果一条抛物线内切于一个三角形，则它的准线经过该三角形的垂心.*

设这个三角形是 ABC，O 是它的垂心，并设 $\infty\infty'$ 是无穷远线. 则根据上一条推论，一对成对合的直线是 OA，以及 O 与 BC 和 $\infty\infty'$ 的交点的连线，即 OA 与过 O 垂直于 OA 的直线. 同理第二对直线是 OB 与过 O 垂直于 OB 的直线；而第三对直线是 OC 与过 O 垂直于 OC 的直线. 因此在这个对合中有超过两对的直线是成直角的. 因而(目 37)所有的对合直线对都是成直角的，即由 O 向这些抛物线所作的所有切线对都是成直角的，所以 O 在所有抛物线的准线上.

例 6. *证明与四条直线相切的所有二次曲线的准圆有一条共同的根轴，它是属于这束曲线的抛物线的准线.*

任一条这样的二次曲线的方程是

$$L\alpha^2+M\beta^2+N\gamma^2=0,$$

这里

$$\frac{l^2}{L}+\frac{m^2}{M}+\frac{n^2}{N}=0,$$

即

$$l^2MN+m^2NL+n^2LM=0\ldots\ldots(1).$$

根据目 79，准圆的方程是

$$MN(\beta^2+\gamma^2+2\beta\gamma\cos A)+NL(\gamma^2+\alpha^2+2\gamma\alpha\cos B)+LM(\alpha^2+\beta^2+2\alpha\beta\cos C)=0\ldots\ldots(2).$$

根据 (1)，这个圆经过由

$$\frac{\beta^2+\gamma^2+2\beta\gamma\cos A}{l^2}=\frac{\gamma^2+\alpha^2+2\gamma\alpha\cos B}{m^2}=\frac{\alpha^2+\beta^2+2\alpha\beta\cos C}{n^2}$$

给出的点，根据目 88，例 4，即经过以三条对角线为直径所作的三个圆的公共点. 因此对于 L，M，N 的所有值圆 (2) 是共轴的.

这组曲线中存在一条抛物线，即

$$L_1\alpha^2+M_1\beta^2+N_1\gamma^2=0,$$

由

$$\frac{l^2}{L_1}+\frac{m^2}{M_1}+\frac{n^2}{N_1}=0 \text{ 和 } \frac{a^2}{L_1}+\frac{b^2}{M_1}+\frac{c^2}{N_1}=0\ldots\ldots(3)$$

给出，而它的准线是上面准圆组中的一个特殊情形，所以一定经过它们的两个公共点.

在抛物线的情形中方程 (2) 定可化为 $(a\alpha+b\beta+c\gamma)\times$ 准线的方程 $=0$. 因此准线的方程是

$$\frac{\alpha}{a}L_1(M_1+N_1)+\frac{\beta}{b}M_1(N_1+L_1)+\frac{\gamma}{c}N_1(L_1+M_1)=0,$$

通过从 (3) 中解出 L_1，M_1，N_1，即

$$\frac{\alpha}{a}[l^2(b^2-c^2)-a^2(m^2-n^2)]+\cdots+\cdots=0,$$ **[100]**

因而这是这个准圆组的共同根轴的方程.

上面的定理也可以从例 5 的对合定理中推出.

取目 65 的图 7，设 O 是以 PR 和 QS 为直径的圆的一个交点，则 $\angle POR$ 和 $\angle QOS$ 是直角. 因此这个对合线束（例 5，推论 1）有两对对应射线成直角. 因而根据目 37，所有的对应射线都成直角. 故 $\angle O_1OO_2$ 是一个直角，而以 O_1O_2 为直径的圆经过以 PR 和 QS 为直径的圆的两个交点.

另外，如果我们从 O 作出内切于由这四条直线组成的四边形的任一条二次曲线的一对切线，则这两条切线构成这个对合线束中的一对射线，因而成直角. 于是这条二次曲线的准圆经过点 O，从而与这四条直线相切的所有另外的二次曲线的准圆也经过点 O，故所有这样的二次曲线的准圆共轴.

因为这些准圆是共轴的，所以它们的圆心一定在一条直线上，即与四条直线相切的所有二次曲线的中心的轨迹，是一条经过由这四条直线组成的四边形的对角线中点的直线.

习题 8

1. 如果经过四个定点作一些二次曲线，证明一个定点 P 关于它们的极线经过另一个定点 Q；并且 PQ 是这束二次曲线中经过 P 的二次曲线在 P 处的切线.

2. 证明一个已知点关于一束内切于一个已知四边形的二次曲线的极线的包络是一条内切于该四边形的对角线三角形的二次曲线. 证明这条二次曲线是抛物线当且仅当这束曲线的中心轨迹经过该已知点.

3. 一束二次曲线经过四个定点. 证明由另一个定点向它们所作切线切点的轨迹是一条经过这五个定点的三次曲线.

4. 证明一条已知直线上的一点关于两条二次曲线的极线相交在关于这两条二次曲线自共轭的三角形的一条外接二次曲线上.

5. 从目 99，例 1 的命题推出：

（1）经过一个三角形的各个顶点和垂心的二次曲线的中心在这个三角形的九点圆上；

（2）经过一个三角形的内心和三个旁心的二次曲线的中心在这个三角形的外接圆上. **[101]**

6. 如果在一个完全四边形的每条对角线上取一对调和分割该对角线的点，则这样得到的六个点在一条二次曲线上.

7. 证明被一个四边形的两组对边调和相截的直线的包络是一条与该四边形两边相切的二次曲线.

8. 两条二次曲线 S 和 S' 相交于 A，B，C，D. 如果 S 在 A，B 处的切线相交在 S' 上，则 S 在 C，D 处的切线也相交在 S' 上.

9. 若三条二次曲线外接于一个四边形，则任两条曲线的一条公切线被第三条曲线调和分割.

[切线的两个切点是由这条切线确定的对合的二重点.]

10. 若三条二次曲线内切于一个四角形，则它们中的两条在一个公共点处的两条切线，与该点到第三条二次曲线的两条切线组成一个调和线束.

11. 设两条二次曲线内切于同一个四边形，证明它们在一个公共点处的两条切线调和分割任一条对角线.

12. 若两个四角形有共同的调和三角形，则它们的八个顶点在一条二次曲线上，这条二次曲线在某些条件下变为两条直线.

13. 若两个四边形有共同的调和三角形，则它们的八条边与一条二次曲线相切，这条二次曲线在某些条件下退化为两个点.

14. 如果一个完全四边形的两条对角线中每一条的两个端点是关于一条已知二次曲线的共轭点，证明第三条对角线的两个端点也是关于这条二次曲线的共轭点.

15. 证明由两条二次曲线的公共点构成的四角形的调和三角形重合于由它们的公切线组成的四边形的调和三角形.

[两条二次曲线有且仅有一个共同的自共轭三角形.]

16. 若一条二次曲线的弦 PQ，QR，RS 经过三个共线的定点，则弦 PS 经过一个定点.

[运用笛沙格定理.]

17. 一个定点 P 关于与四条已知直线相切的一束二次曲线的极线的包络是一条二次曲线，它与以下直线相切：(1) 这束二次曲线的自共轭三角形的三条边；(2) 联结 P 与这四条直线的任一个交点 Q，并取 PQ 对于经过 Q 的两条公切线的调和共轭线，这样得到的六条直线；(3) 这束曲线中经过点 P 的两条二次曲线在 P 处的切线. [**十一线二次曲线(eleven-line conic)**.]

[102]

18. 从四边形 $PQRS$ 的第三条对角线上的一个定点 O 作一束内切于这个四边形的二次曲线的切线. 证明它们切点的轨迹是一条经过 P，Q，R，S 的二次曲线.

19. 由一点(或一条直线) P 关于一束四点(或四线)二次曲线的极线(或极点)组成的线束(或点列)的交比，对于点 P 的所有位置是相同的.

20. 证明四边形 $l\alpha \pm m\beta \pm n\gamma = 0$ 的内切二次曲线的焦点的轨迹是三次曲线

$$(a\alpha+b\beta+c\gamma)(l^2\alpha^2\cot A+m^2\beta^2\cot B+n^2\gamma^2\cot C)$$
$$=(a\beta\gamma+b\gamma\alpha+c\alpha\beta)\left(\frac{l^2\alpha}{\sin A}+\frac{m^2\beta}{\sin B}+\frac{n^2\gamma}{\sin C}\right).$$

[这条三次曲线经过两个无穷远圆环点以及四条已知直线的六个交点.]

21. 一条二次曲线与一个四边形 $PQRS$ 的边 PQ，QR，RS，SP 相切，并与经过一个对角点的任意直线交于 T 和 T'；证明 P，Q，R，S，T，T' 在一条二次曲线上.

22. 设 p, q 是一个四边形的一对顶点到这个四边形的一条内切二次曲线的任一条切线的垂线长，而 r，s 是另一对顶点到这条切线的垂线长，证明 $pr = kqs$，这里 k 是一个定值.

若这条二次曲线是一条抛物线，证明 $k = 1$.

两条切线与切点弦

100. 参照由两条切线和它们的切点弦组成的三角形的二次曲线.

设参考三角形的顶点 B 和 C 是一条二次曲线上的两点，并设 B 和 C 处的切线交于第三个顶点 A（图 8）.

则根据第 1 卷，目 409，这条二次曲线的方程可以写为 $\beta\gamma = k\alpha^2$ 的形式.

这条曲线上任意点的坐标可以取为 (t, k, t^2). 因为这些值显然满足该方程.

事实上，这条曲线上的任意点可以由一个变化的参数给出，使得这一形式的方程在很多情形中非常有用.

点 (t, k, t^2) 可以称为点“t”.　**[103]**

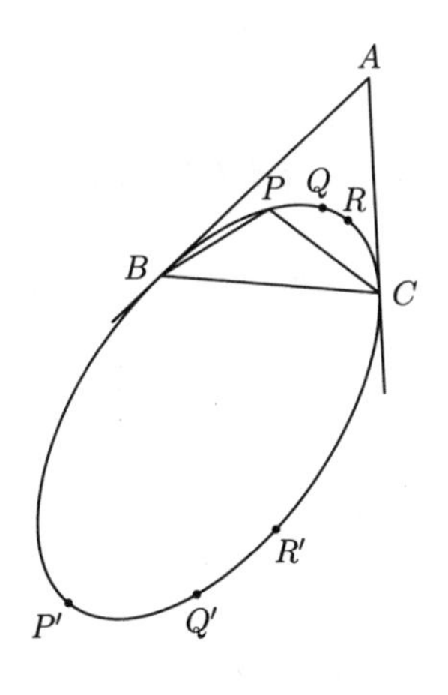

图 8

联结点“t”和“t'”的直线的方程是

$$\begin{vmatrix} \alpha & \beta & \gamma \\ t & k & t^2 \\ t' & k & t'^2 \end{vmatrix} = 0,$$

除以因子 $t' - t$，即

$$k\alpha(t' + t) - \beta tt' - k\gamma = 0 \dots\dots\dots\dots (1).$$

在 (1) 中令 $t'=t$，我们得到点"t"处切线的方程

$$2k\alpha t-\beta t^2-k\gamma=0.$$

点"t"和"t_1"处的切线相交于点 $(t+t_1,2k,2tt_1)$.

直线 $l\alpha+m\beta+n\gamma=0$ 是一条切线的条件是

$$\frac{2kt}{l}=\frac{-t^2}{m}=\frac{-k}{n},$$

即 $l^2=4kmn$.

因此若 $a^2=4kbc$，则这条二次曲线是一条抛物线.

101. 设 P 是点"t"，则 BP 的方程是 $t\alpha-\gamma=0$，而 CP 的方程是 $k\alpha-\beta t=0$.

由此可得，若 t 是已知的，则直线 BP 和 CP 的位置都是唯一的，因此 P 是唯一确定的；类似的，当 P 已知时，t 也是明确给定的. 所以在"t"和 P 之间存在一一对应性.

若 t 是正的，则点 P 位于曲线上与 A 在 BC 同侧的部分上；若它是负的，则 P 位于 BC 的另一侧，如图 8 中 P' 所在的位置. 当 t 是零时，P 位于点 B 位置；当 t 是无穷的时 P 在 C 处；因为 BP 的方程是 $\alpha-\dfrac{\gamma}{t}=0$，将变为 $\alpha=0$，即 BP 和 BC 重合，因此 P 在 C 的位置.

102. 例 1. 一个三角形的底边与一条已知二次曲线相切；它的两个端点在该二次曲线的两条定切线上移动，而另外两条边经过两个定点；证明顶点的轨迹是一条经过两个已知点的二次曲线.

[104] 设两条定切线的切点是 B 和 C，并设它们交于 A. 取 ABC 为参考三角形，则这条二次曲线的方程是 $\beta\gamma=k\alpha^2$.

设这个变化的三角形是 LMN，这里 M 在 AC 上，而 N 在 AB 上.

因为 MN 与这条二次曲线相切，所以它的方程是

$$2kt\alpha-t^2\beta-k\gamma=0.$$

因此 M 是点 $(1,0,2t)$，而 N 是点 $(t,2k,0)$.

设 LM 和 LN 经过的定点是 $(\alpha_1,\beta_1,\gamma_1)$ 和 $(\alpha_2,\beta_2,\gamma_2)$.

LM 的方程是

$$\begin{vmatrix}\alpha & \beta & \gamma\\ \alpha_1 & \beta_1 & \gamma_1\\ 1 & 0 & 2t\end{vmatrix}=0,$$

即

$$2t(\alpha\beta_1-\alpha_1\beta)=-(\beta\gamma_1-\beta_1\gamma).$$

同理 LN 的方程是

$$t(\beta\gamma_2-\beta_2\gamma)=2k(\alpha\gamma_2-\alpha_2\gamma).$$

因此，通过消去 t，我们得到 L 的轨迹是

$$(\beta\gamma_1-\beta_1\gamma)(\beta\gamma_2-\beta_2\gamma)+4k(\alpha\beta_1-\alpha_1\beta)(\alpha\gamma_2-\alpha_2\gamma)=0,$$

这是一条经过两个定点的二次曲线.

例 2. 证明二次曲线 $\beta\gamma = k\alpha^2$ 上点 B 处的曲率圆的方程是

$$kb(\alpha^2 + \gamma^2 + 2\alpha\gamma\cos B) = \gamma(a\alpha + b\beta + c\gamma),$$

而曲率半径是 $\dfrac{R\sin A\sin C}{k\sin^2 B}$，这里 R 是参考三角形外接圆的半径.

点 B 处的切线是 $\gamma = 0$. 因此根据第 1 卷，目 385，III，与已知二次曲线在 B 处有二次切点的二次曲线的方程是

$$\beta\gamma - k\alpha^2 + \gamma(\lambda\alpha + \mu\gamma) = 0,$$

即

$$-k\alpha^2 + \mu\gamma^2 + \beta\gamma + \lambda\gamma\alpha = 0.$$

这是一个圆的条件是

$$\mu b^2 - bc = \mu a^2 - kc^2 - \lambda ca = -kb^2. \qquad (目 85.)$$

所以

$$\mu b = c - bk \text{ 且 } \lambda b = a - 2kb\cos B.$$

因此所求的方程是

$$kb(\alpha^2 + \gamma^2 + 2\alpha\gamma\cos B) = \gamma(a\alpha + b\beta + c\gamma) \cdots\cdots (1).$$

但是，若 P 是这个曲率圆上的任意点，则有

$$BP^2 = \text{该圆的直径} \times P \text{ 到 } B \text{ 处切线的垂线长},$$

因此根据目 49，这个圆的方程是

$$\frac{\alpha^2 + \gamma^2 + 2\alpha\gamma\cos B}{\sin^2 B} = 2\rho\gamma = \frac{\rho}{\Delta}(a\alpha + b\beta + c\gamma)\gamma.$$

将此与 (1) 进行比较，我们得到

$$\rho = \frac{\Delta}{kb\sin^2 B} = \frac{R\sin A\sin C}{k\sin^2 B}.$$

[105]

习题 9

1. 一个三角形的底边经过一个定点，而底边的两个端点在一条二次曲线的两条定切线上移动，同时剩下的两条边与这条二次曲线相切. 证明顶点的轨迹是一条与已知二次曲线有双重切点的二次曲线.

2. 一个三角形的各边与二次曲线 $\beta\gamma = k\alpha^2$ 相切，且它的两个顶点分别在直线 $\beta - \lambda_1\gamma = 0$ 和 $\beta - \lambda_2\gamma = 0$ 上. 证明第三个顶点的轨迹是

$$(\lambda_1 + \lambda_2)^2\beta\gamma = 4k\lambda_1\lambda_2\alpha^2.$$

3. 一条直线与一条二次曲线的交点以及它与该曲线的一对定切线的交点构成一个定交比的点列. 证明这条直线的包络是一条与已知二次曲线有双重切点的二次曲线.

4. 已知一条二次曲线上的点 B 和 C，弦 PQ 使得 B，P，C，Q 与这条二次曲线上任一点连得的线束有定交比，证明弦 PQ 的包络是一条与已知二次曲线在 B 和 C 相切的二次曲线.

5. 一个三角形内接于一条二次曲线且两条边经过定点 M，N. 证明第三条边的包络是一条与已知二次曲线在它与直线 MN 的两交点处有双重切点的二次曲线.

6. 过定点 A 作一条二次曲线的弦 APP'，交这条二次曲线于 P 和 P'，并在它上面

取一点 Q 使得 $(APQP')$ 是定值. 证明 Q 的轨迹是一条与已知二次曲线有双重切点的二次曲线.

7. PP', QQ' 和 RR' 是一条二次曲线中交于一点 A 的弦，而 S 是这条二次曲线上任一另外的点. 证明 QR 和 SP' 的交点，RP 和 SQ' 的交点，PQ 和 SR' 的交点，在一条经过 A 的直线上.

8. 一束二次曲线在两个已知点 B 和 C 处有双重切点，证明沿一个已知方向所作的切线的切点的轨迹是一条经过 B, C 以及 B 和 C 处切线的交点的二次曲线.

9. 有两个三角形，每个都是由一条二次曲线的两条切线和它们的切点弦所组成，证明它们的六个角点在一条二次曲线上，且它们的六条边与另一条二次曲线相切.

10. 使用面积坐标，求与基三角形的边 AB, AC 在 B 和 C 处相切的抛物线的方程，并证明它的焦点是点 $(b^2+c^2-a^2, b^2, c^2)$.

[106]

103. 例 1. *若两个三角形 ABC, $A'B'C'$ 内接于一条二次曲线，则它们的六条边与一条二次曲线相切，且它们关于第三条二次曲线是自共轭的.*

取 ABC 作为参考三角形，并设 A', B', C' 是点

$$(\alpha_1,\beta_1,\gamma_1),\ (\alpha_2,\beta_2,\gamma_2),\ (\alpha_3,\beta_3,\gamma_3).$$

设第一条二次曲线是

$$L\beta\gamma+M\gamma\alpha+N\alpha\beta=0\ldots\ldots(1).$$

则根据目 90, $B'C'$ 的方程是

$$\frac{L\alpha}{\alpha_2\alpha_3}+\frac{M\beta}{\beta_2\beta_3}+\frac{N\gamma}{\gamma_2\gamma_3}=0\ldots\ldots(2).$$

三角形 ABC 的任一条内切二次曲线是

$$\sqrt{L_1\alpha}+\sqrt{M_1\beta}+\sqrt{N_1\gamma}=0\ldots\ldots(3),$$

而根据目 91, (2) 与 (3) 相切的条件是

$$L_1\frac{MN}{\beta_2\beta_3\gamma_2\gamma_3}+M_1\frac{NL}{\gamma_2\gamma_3\alpha_2\alpha_3}+N_1\frac{LM}{\alpha_2\alpha_3\beta_2\beta_3}=0,$$

因为点 A' 在曲线 (1) 上，所以这被

$$L_1=\frac{L^2}{\alpha_1\alpha_2\alpha_3},\ M_1=\frac{M^2}{\beta_1\beta_2\beta_3}\text{ 和 }N_1=\frac{N^2}{\gamma_1\gamma_2\gamma_3}$$

所满足.

因此 $B'C'$ 与二次曲线

$$L\sqrt{\frac{\alpha}{\alpha_1\alpha_2\alpha_3}}+M\sqrt{\frac{\beta}{\beta_1\beta_2\beta_3}}+N\sqrt{\frac{\gamma}{\gamma_1\gamma_2\gamma_3}}=0$$

相切，而根据对称性，这条二次曲线也与 $C'A'$, $A'B'$ 相切.

此外，任一条关于三角形 ABC 自共轭的二次曲线是

$$L_2\alpha^2+M_2\beta^2+N_2\gamma^2=0,$$

而如果有

$$\frac{L_2\alpha_1}{\frac{L}{\alpha_2\alpha_3}}=\frac{M_2\beta_1}{\frac{M}{\beta_2\beta_3}}=\frac{N_2\gamma_1}{\frac{N}{\gamma_2\gamma_3}},$$

则点 $(\alpha_1,\beta_1,\gamma_1)$，即点 A'，是 $B'C'$ 关于这条二次曲线的极点，即关于二次曲线

$$\frac{L\alpha^2}{\alpha_1\alpha_2\alpha_3}+\frac{M\beta^2}{\beta_1\beta_2\beta_3}+\frac{N\gamma^2}{\gamma_1\gamma_2\gamma_3}=0$$

的极点. 而同样的，根据对称性，B' 和 C' 是 $C'A'$ 和 $A'B'$ 关于它的极点.

由此得到内接于二次曲线

$$L\beta\gamma+M\gamma\alpha+N\alpha\beta=0$$

并与二次曲线 $\sqrt{l\alpha}+\sqrt{m\beta}+\sqrt{n\gamma}=0$ 相切的所有三角形，关于二次曲线

$$\frac{l}{L}\alpha^2+\frac{m}{M}\beta^2+\frac{n}{N}\gamma^2=0$$

是自共轭的. **[107]**

例 2. 如果三角形 ABC, $A'B'C'$ 的各边与一条二次曲线相切，则它们的角点在一条二次曲线上，并且它们是关于第三条二次曲线自共轭的.

取 ABC 为参考三角形，则第一条二次曲线的方程是

$$\sqrt{L\alpha}+\sqrt{M\beta}+\sqrt{N\gamma}=0\ldots\ldots\ldots\ldots(1).$$

设 $B'C'$，$C'A'$，$A'B'$ 的切点的坐标是

$$(\alpha_1,\beta_1,\gamma_1)，(\alpha_2,\beta_2,\gamma_2)，(\alpha_3,\beta_3,\gamma_3).$$

则根据目 91，$B'C'$ 和 $C'A'$ 的方程是

$$\alpha\sqrt{\frac{L}{\alpha_1}}+\beta\sqrt{\frac{M}{\beta_1}}+\gamma\sqrt{\frac{N}{\gamma_1}}=0$$

和

$$\alpha\sqrt{\frac{L}{\alpha_2}}+\beta\sqrt{\frac{M}{\beta_2}}+\gamma\sqrt{\frac{N}{\gamma_2}}=0.$$

因为 $B'C'$, $C'A'$ 的切点的坐标满足 (1)，所以这两条切线交于点 $(\sqrt{\alpha_1\alpha_2},\sqrt{\beta_1\beta_2},\sqrt{\gamma_1\gamma_2})$.

同理另外切线的交点 A' 和 B' 是

$$(\sqrt{\alpha_2\alpha_3},\sqrt{\beta_2\beta_3},\sqrt{\gamma_2\gamma_3})\text{ 和 }(\sqrt{\alpha_3\alpha_1},\sqrt{\beta_3\beta_1},\sqrt{\gamma_3\gamma_1}).$$

这三个点都在二次曲线

$$\sqrt{L\alpha_1\alpha_2\alpha_3}\beta\gamma+\sqrt{M\beta_1\beta_2\beta_3}\gamma\alpha+\sqrt{N\gamma_1\gamma_2\gamma_3}\alpha\beta=0$$

上，这是一条外接于三角形 ABC 的二次曲线.

如同前一个例题，容易知道这两个三角形关于二次曲线

$$\sqrt{\frac{L}{\alpha_1\alpha_2\alpha_3}}\alpha^2+\sqrt{\frac{M}{\beta_1\beta_2\beta_3}}\beta^2+\sqrt{\frac{N}{\gamma_1\gamma_2\gamma_3}}\gamma^2=0$$

都是自共轭的.

由此可得所有外切于二次曲线

$$\sqrt{L\alpha}+\sqrt{M\beta}+\sqrt{N\gamma}=0,$$

并内接于二次曲线

$$l\beta\gamma+m\gamma\alpha+n\alpha\beta=0$$

的三角形，都是关于二次曲线

$$\frac{L}{l}\alpha^2+\frac{M}{m}\beta^2+\frac{N}{n}\gamma^2=0$$

自共轭的.

例 3. 如果两个三角形 ABC, $A'B'C'$ 关于一条二次曲线是自共轭的, 则它们的六个顶点在第二条二次曲线上, 而它们的六条边与第三条二次曲线相切.

设 ABC 是参考三角形，则第一条二次曲线是

[108]

$$l\alpha^2+m\beta^2+n\gamma^2=0\ldots\ldots\ldots\ldots\ldots\ldots\ldots\ldots(1).$$

设 A'，B'，C' 是点

$$(\alpha_1,\beta_1,\gamma_1),\ (\alpha_2,\beta_2,\gamma_2),\ (\alpha_3,\beta_3,\gamma_3).$$

因为每一点都是另外两点连线的极点，所以有

$$l\alpha_2\alpha_3+m\beta_2\beta_3+n\gamma_2\gamma_3=0\ldots\ldots\ldots\ldots\ldots\ldots(2),$$

$$l\alpha_3\alpha_1+m\beta_3\beta_1+n\gamma_3\gamma_1=0\ldots\ldots\ldots\ldots\ldots\ldots(3),$$

$$l\alpha_1\alpha_2+m\beta_1\beta_2+n\gamma_1\gamma_2=0\ldots\ldots\ldots\ldots\ldots\ldots(4).$$

而这些是点 A'，B'，C' 在下面二次曲线上的条件

$$\frac{l\alpha_1\alpha_2\alpha_3}{\alpha}+\frac{m\beta_1\beta_2\beta_3}{\beta}+\frac{n\gamma_1\gamma_2\gamma_3}{\gamma}=0,$$

这条曲线显然经过点 A，B，C.

另外 $B'C'$ 是 A' 关于 (1) 的极线，方程是

$$l\alpha\alpha_1+m\beta\beta_1+n\gamma\gamma_1=0,$$

而根据目 91，它与二次曲线

$$\sqrt{L\alpha}+\sqrt{M\beta}+\sqrt{N\gamma}=0$$

相切的条件是

$$Lmn\beta_1\gamma_1+Mnl\gamma_1\alpha_1+Nlm\alpha_1\beta_1=0.$$

因为 (2) 成立，所以如果有

$$L=l^2\alpha_1\alpha_2\alpha_3,\ M=m^2\beta_1\beta_2\beta_3\ \text{和}\ N=n^2\gamma_1\gamma_2\gamma_3,$$

则这个条件得以满足.

因此 $B'C'$ 与二次曲线

$$l\sqrt{\alpha_1\alpha_2\alpha_3\alpha}+m\sqrt{\beta_1\beta_2\beta_3\beta}+n\sqrt{\gamma_1\gamma_2\gamma_3\gamma}=0\ldots\ldots\ldots\ldots(6)$$

相切，同样的，根据对称性，$C'A'$ 和 $A'B'$ 也与这条二次曲线相切. 这条二次曲线也与三角形 ABC 的各边相切.

例 4. 如果两条二次曲线 S_1, S_2 使得一个三角形可以内接于 S_1 并外切于 S_2, 则能作出无数个这样的三角形. (Poncelet 定理.)

设 ABC 是内接于 S_1 并外切于 S_2 的已知三角形. 作 S_2 的任一条另外的切线交 S_1 于 B' 和 C'，并过 B'，C' 作 S_2 的另两条切线交于 A'. 由例 2，因为三角形 ABC，$A'B'C'$ 的各边与一条二次曲线相切，所以它们的各个角点在一条二次曲线上，即 A' 在一条由五点 A，B，C，B'，C' 确定的二次曲线上，即 A' 在 S_1 上. 关于对 S_2 所作的任一另条外的切线 $B''C''$ 同理.

例 5. 如果两条二次曲线 S_1, S_2 使得一个关于 S_1 自共轭的三角形可以内接于(或外切于) S_2, 则可以作出无数个这样的三角形.

[设 ABC 是这个已知三角形；设 A' 是 S_2 上的任意点，并设它关于 S_1 的极线与 S_2 交于 B' 和 C'；另外设 B' 的极线 $A'C''$ 交 $B'C'$ 于 C''；运用例 3 于 ABC，$A'B'C''$ 这

两个三角形，它们是关于 S_1 自共轭的. 类似的，对于第二部分，由 S_2 的任一条切线 $B'C'$ 开始.]

[109]

面积坐标

104. 面积坐标. 前面章节的许多结论对于面积坐标与对于三线坐标一样成立，其中主要的区别记录在这里.

由一般二次方程

$$\phi(x,y,z)=ax^2+by^2+cz^2+2fyz+2gzx+2hxy=0$$

表示的二次曲线是一条抛物线的条件是（目 74）

$$A+B+C+2F+2G+2H=0;$$

是一个圆的条件是

$$\frac{b+c-2f}{a_0^2}=\frac{c+a-2g}{b_0^2}=\frac{a+b-2h}{c_0^2};\qquad（目 85）$$

而它是一条直角双曲线的条件是

$$aa_0^2+bb_0^2+cc_0^2-2fb_0c_0\cos A-2gc_0a_0\cos B-2ha_0b_0\cos C=0.\qquad（目 80）$$

它的中心由

$$ax_1+hy_1+gz_1=hx_1+by_1+fz_1=gx_1+fy_1+cz_1,$$

即

$$\frac{\mathrm{d}\phi}{ax_1}=\frac{\mathrm{d}\phi}{ay_1}=\frac{\mathrm{d}\phi}{az_1}$$

给出，因此是点

$$(A+H+G,\ H+B+F,\ G+F+C).\qquad（目 78）$$

外接圆的方程是

$$a_0^2yz+b_0^2zx+c_0^2xy=0.\qquad（目 83）$$

任意圆的方程是

$$a_0^2yz+b_0^2zx+c_0^2xy=(x+y+z)(t_1^2x+t_2^2y+t_3^2z),$$

这里 t_1，t_2，t_3 是参考三角形的顶点 A，B，C 到这个圆的切线长.（目 86）

内切圆的方程是

$$\sqrt{x\cot\frac{A}{2}}+\sqrt{y\cot\frac{B}{2}}+\sqrt{z\cot\frac{C}{2}}=0.\qquad（目 87）$$

与 A 相对的旁切圆是

$$\sqrt{-x\cot\frac{A}{2}}+\sqrt{y\tan\frac{B}{2}}+\sqrt{z\tan\frac{C}{2}}=0. \qquad (目 87)$$

九点圆是

$$b_0c_0\cos Ax^2+c_0a_0\cos By^2+a_0b_0\cos Cz^2-a_0^2yz-b_0^2zx-c_0^2xy=0. \qquad (目 87)$$

[110]

自共轭圆是

$$x^2\cot A+y^2\cot B+z^2\cot C=0. \qquad (目 87)$$

一般二次曲线的焦点由下式给出

$$\frac{4(b+c-2f)\phi(x,y,z)-\left(\frac{\mathrm{d}\phi}{\mathrm{d}y}-\frac{\mathrm{d}\phi}{\mathrm{d}z}\right)^2}{a_0^2}$$

$$=两个类似的表达式. \qquad (目 89)$$

一般的，如果三线坐标方程

$$a\alpha^2+b\beta^2+c\gamma^2+2f\beta\gamma+2g\gamma\alpha+2h\alpha\beta=0$$

与面积坐标方程

$$a_1x^2+b_1y^2+c_1z^2+2f_1yz+2g_1zx+2h_1xy=0$$

表示同一条二次曲线，则因为

$$\frac{x}{a_0\alpha}=\frac{y}{b_0\beta}=\frac{z}{c_0\gamma},$$

所以我们能得到

$$\frac{a_1a_0^2}{a}=\frac{b_1b_0^2}{b}=\frac{c_1c_0^2}{c}=\frac{f_1b_0c_0}{f}=\frac{g_1c_0a_0}{g}=\frac{h_1a_0b_0}{h},$$

这里 a_0，b_0，c_0 是参考三角形的边长.

这些关系式使我们能够将一个三线坐标方程中的系数转换为面积坐标方程中的对应系数，反之亦然.

习题 10

1. 证明一个三角形的顶点 A，B，C 关于任一条二次曲线的极线与对边交于三个共线点，而 A，B，C 与对边的极点的连线共点.

2. 在一个三角形的边 BC，CA，AB 上取三个点 P，Q，R 使得 $\frac{BP}{PC}=\frac{CQ}{QA}=\frac{AR}{RB}$，证明三角形 PQR 的每条边与一条定抛物线相切.

3. 求出二次曲线

$$y^2+z^2+2yz+2xy=0$$

和
$$x^2+y^2+9z^2-6yz-6zx-8xy=0$$
的所有公切线.

4. 证明方程
$$\sqrt{(m-n)(y-z)}+\sqrt{(n-l)(z-x)}+\sqrt{(l-m)(x-y)}=0$$
仅表示一对重合的直线.

[111]

5. 如果 $A=B$，证明可以作出二次曲线
$$2(\beta\cos B-\alpha\cos A)\gamma-\beta^2\cos C=0$$
的切线对，以直线 $\alpha=0$ 为切点弦，并且成直角.

6. 说明如何求出两条已知二次曲线交于四个共圆点的条件. 证明：如果 a，b，c 是参考三角形的边长，则二次曲线
$$\beta\gamma+\gamma\alpha+\alpha\beta=0$$
和
$$a(b+c)\alpha^2+b(c+a)\beta^2+c(a+b)\gamma^2-2bc\beta\gamma-2ca\gamma\alpha-2ab\alpha\beta=0$$
满足这一条件，并求出经过它们交点的圆的方程.

7. 证明经过参考三角形各边中点的二次曲线使用面积坐标的一般方程是
$$Lx(y+z-x)+My(z+x-y)+Nz(x+y-z)=0,$$
求这个方程是该三角形九点圆的方程时 L，M，N 的比.

8. 证明如果 $a_1a_2a_3=c_1c_2c_3$，则三对直线
$$a_1\alpha^2+2b_1\alpha\beta+c_1\beta^2=0，a_2\beta^2+2b_2\beta\gamma+c_2\gamma^2=0,$$
$$a_3\gamma^2+2b_3\gamma\alpha+c_3\alpha^2=0$$
与同一条二次曲线相切.

证明一个三角形的各角点到对边的三条垂线以及三条中线都与同一条二次曲线相切.

9. 证明三角形的每个角点与对边和一条二次曲线的交点的连线都与另一条二次曲线相切.

10. 从参考三角形的各个角点作二次曲线
$$a\alpha^2+b\beta^2+c\gamma^2+2f\beta\gamma+2g\gamma\alpha+2h\alpha\beta=0$$
的切线与对边交于六个点，证明这六个点在二次曲线
$$BC\alpha^2+CA\beta^2+AB\gamma^2-2AF\beta\gamma-2BG\gamma\alpha-2CH\alpha\beta=0$$
上，这里 A，B，$\cdots$ 有通常的含义.

再证明上面两条二次曲线与二次曲线
$$\sqrt{\alpha(gh-af)}+\sqrt{\beta(hf-bg)}+\sqrt{\gamma(fg-ch)}=0$$
有一个共同的内接四边形.

11. 如果两条直线关于一条二次曲线是共轭的，证明它们以及从它们的交点对这条二次曲线所作的两条切线组成一个调和线束.

[112]

12. 过两个定点作两条直线关于一条已知二次曲线共轭. 证明它们交点的轨迹是一条二次曲线，经过这两个定点，并经过它们关于已知二次曲线的极线的交点.

13. 将参考三角形的每个角点与两个定点 $(\alpha_1,\beta_1,\gamma_1)$ 和 $(\alpha_2,\beta_2,\gamma_2)$ 相连，证明连线与三角形对边的六个交点在下述二次曲线上

$$\frac{\alpha^2}{\alpha_1\alpha_2}+\frac{\beta^2}{\beta_1\beta_2}+\frac{\gamma^2}{\gamma_1\gamma_2}-\beta\gamma\Big(\frac{1}{\beta_1\gamma_2}+\frac{1}{\beta_2\gamma_1}\Big)$$
$$-\gamma\alpha\Big(\frac{1}{\gamma_1\alpha_2}+\frac{1}{\gamma_2\alpha_1}\Big)-\alpha\beta\Big(\frac{1}{\alpha_1\beta_2}+\frac{1}{\alpha_2\beta_1}\Big)=0.$$

14. 若两个三角形 ABC，$A'B'C'$ 使得 A，B，C 是 $B'C'$，$C'A'$，$A'B'$ 关于一条二次曲线的极点，证明这两个三角形成透视. 还可以证明它们的透视中心是透视轴关于这条二次曲线的极点.

15. 过一个定点 A 作一条直线与一条经过两个定点 B 和 C 的二次曲线交于 P，并与 BC 交于 A_1；在它上面取一点 Q 使得 A，P，A_1，Q 的交比是定值. 证明 Q 的轨迹是一条经过 B 和 C 的二次曲线.

16. 证明卡诺(Carnot)定理：如果一条二次曲线与一个三角形的边 BC，CA，AB 交于 A_1 和 A_2，B_1 和 B_2，C_1 和 C_2，则

$$AB_1\cdot AB_2\cdot BC_1\cdot BC_2\cdot CA_1\cdot CA_2=CB_1\cdot CB_2\cdot AC_1\cdot AC_2\cdot BA_1\cdot BA_2.$$

[使用面积坐标.]

17. 从以下事实中得到一般的三线坐标方程表示一条直角双曲线的条件：一条直角双曲线与无穷远线的两个交点和两个无穷远圆环点构成一个调和点列，因此两个无穷远圆环点关于这条二次曲线是共轭的.

18. 使用面积坐标证明，参考三角形的外接圆，内切圆，自配极圆和九点圆的切线式方程分别是

$$a\sqrt{p}+b\sqrt{q}+c\sqrt{r}=0,$$
$$(b+c-a)qr+(c+a-b)rp+(a+b-c)pq=0,$$
$$p^2\tan A+q^2\tan B+r^2\tan C=0,$$
$$a\sqrt{q+r}+b\sqrt{r+p}+c\sqrt{p+q}=0,$$

这里 a，b，c 是参考三角形的边长.

19. 证明二次曲线 $L\beta\gamma+M\gamma\alpha+N\alpha\beta=0$ 上点 A 处曲率圆的方程是

$$aLMN(\beta^2+\gamma^2+2\beta\gamma\cos A)$$
$$=(M^2+N^2-2MN\cos A)(N\beta+M\gamma)(a\alpha+b\beta+c\gamma),$$

[113]

而对应的曲率半径是

$$R\frac{bc}{a^2}\frac{(M^2+N^2-2MN\cos A)^{\frac{3}{2}}}{LMN},$$

这里 R 是参考三角形外接圆的半径.

20. 证明三角形的三个旁切圆的根心，是使用面积坐标方程为 $\sqrt{ax}+\sqrt{by}+\sqrt{cz}=0$ 的内切二次曲线的中心.

21. 如果两条二次曲线都与第三条二次曲线有双重切点，则它们与第三条二次曲线的两条切点弦，以及相互之间的一对交点弦，都经过同一个点并组成一个调和线束.

22. 如果三条二次曲线都与第四条二次曲线有双重切点，则它们交点弦中的六条，三条三条地经过相同的点，并且构成一个完全四边形的四条边以及两条对角线.

23. 两个三角形内接于一个已知三角形并与它成透视，证明能作出一条关于已知三角

形自共轭的二次曲线与它们的六条边相切.

如果两个三角形外接于一个已知三角形并与它成透视，则类似的能作出一条关于已知三角形自共轭的二次曲线经过它们的六个顶点.

24. 如果参考三角形的各顶点与对边和二次曲线

$$a\alpha^2+b\beta^2+c\gamma^2+2f\beta\gamma+2g\gamma\alpha+2h\alpha\beta=0$$

的交点中某三个的连线共点，则与另外三个交点的连线也共点，且这成立的条件是

$$abc-2fgh-af^2-bg^2-ch^2=0.$$

[设连线中的三条是 $\beta-p\gamma=0$，$\gamma-q\alpha=0$ 和 $\alpha-r\beta=0$，则 $pqr=1$. 因为 $\beta-p\gamma=0$ 是 $b\beta^2+2f\beta\gamma+c\gamma^2=0$ 的一个因式，所以 $-2f=bp+\dfrac{c}{p}$，对于另外两个方程类似.

所以

$$\begin{aligned}-8fgh&=\left(bp+\frac{c}{p}\right)\left(cq+\frac{a}{q}\right)\left(ar+\frac{b}{r}\right)\\&=2abc+\frac{ac^2}{p^2}+\frac{ba^2}{q^2}+\frac{cb^2}{r^2}+ab^2p^2+bc^2q^2+ca^2r^2\text{，因为 } prq=1,\\&=-4abc+a\left(\frac{c}{p}+bp\right)^2+\cdots+\cdots=-4abc+4af^2+4bg^2+4ch^2.\text{]}\end{aligned}$$

[114]

第 4 章

杂定理

[第一次阅读的同学可以略去本章.]

帕斯卡六边形与布利安桑六边形

105. 帕斯卡(Pascal)定理. 如果一个六边形内接于一条二次曲线，则三组对边的交点共线.

设 $ABCDEF$ 是这个六边形，AB 和 DE 交于 P，BC 和 EF 交于 Q，CD 和 FA 交于 R. 则 PQR 将是一条直线.

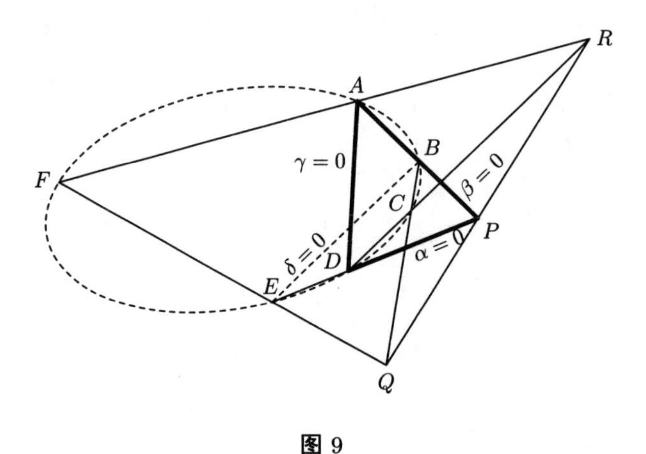

图 9

如图9，取 ADP 为参考三角形，则 DP，PA，AD 的方程分别是 $\alpha = 0$，$\beta = 0$ 和 $\gamma = 0$.

设 $\delta \equiv l\alpha + m\beta + n\gamma = 0$ 是 BE 的方程.

则这条二次曲线的方程是

$$\alpha\beta = k\gamma\delta \dots\dots\dots\dots\dots\dots (1).$$

设 CD 的方程是 $\alpha=\lambda\gamma$，则由 (1) 知 BC 的方程是

$$\lambda\beta=k\delta.$$

设 AF 的方程是 $\beta=\mu\gamma$，则类似的 EF 的方程是

$$\mu\alpha=k\delta.$$

则 P 由 $\beta=0$ 和 $\alpha=0$ 给出，Q 由 $\lambda\beta=k\delta$ 和 $\alpha\mu=k\delta$ 给出，而 R 由 $\alpha=\lambda\gamma$ 和 $\beta=\mu\gamma$ 给出. **[115]**

所有的这三个点都在方程为

$$\alpha\mu=\lambda\beta$$

的直线上.

106. 布利安桑(Brianchon)定理. 如果一个六边形外切于一条二次曲线，则对顶点的连线交于一点.

使用上一条的图形. 设 A，B 处的切线交于 X；B，C 处的切线交于 Y；C，D 处的切线交于 Z；D，E 处的切线交于 U；E，F 处的切线交于 V；F，A 处的切线交于 W.

因为 X 和 U 的极线(即 AB 和 DE)经过点 P，所以 P 的极线经过 X 和 U，即 P 的极线是 XU.

同理 Q，R 的极线是 YV 和 ZW.

但是已经证明点 P，Q，R 在一条直线上. 因此(目 12)，它们的极线相交于一点，即六边形 $XYZUVW$ 的三条对角线交于一点.

107. 通过按不同的顺序选取二次曲线上的点 A，B，C，D，E，F，我们将得到六十个不同的六边形. 因为如果我们将它们中的一个(如 A)固定，我们可以将另外五个点按 5! 种不同的方式进行排列，而将这个数字除以 2 就得到不同的六边形的数目. 因为任一像 $BFDEC$ 这样的排列，当将其与 A 相连时，与颠倒顺序如 $CEDFB$ 给出相同的六边形. 因此一共存在六十个这样的六边形与六十条帕斯卡线.

这些帕斯卡线三条三条地交于一点. 为证明这一点，设这些六边形之一的相间边延长构成两个三角形. 例如，取六边形 $ABCDEF$，设 FA 和 CB 交于 X，FA 和 DE 交于 Y，DE 和 BC 交于 Z，CD 和 EF 交于 X'，AB 和 CD 交于 Y'，最后 AB 和 EF 交于 Z'.

则由于根据帕斯卡定理三角形 XYZ，$X'Y'Z'$ 的对应边交于共线点，所以它们是共轴的，从而也是共极的，即 XX'，YY'，ZZ' 共点. **[116]**

但是 XX'，YY'，ZZ' 分别是六边形 $EFADCB$，$BAFCDE$ 和 $FEDABC$ 的帕斯卡线.

类似的，对于一条二次曲线的六条切线，存在六十个布利安桑点，它们三个三个地共线.

108. 当排列一个帕斯卡六边形的角点 A，B，C，$\cdots$，使得帕斯卡线与这条二次曲线相交时，能得到一个同时对于帕斯卡定理与布利安桑的简单的解析证明.

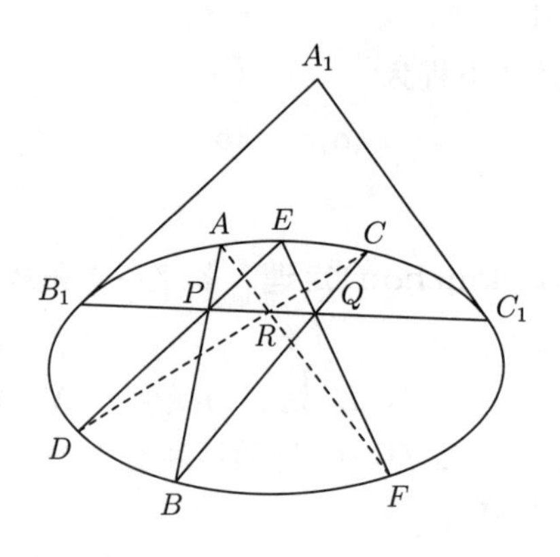

图 10

如图10，设 AB 和 DE 的交点，与 BC 和 EF 的交点的连线交这条二次曲线于 B_1，C_1. 设 A_1 是 B_1C_1 的极点，并取 $A_1B_1C_1$ 作为参考三角形，则这条二次曲线的方程是

$$\beta\gamma = k\alpha^2 \quad\cdots\cdots(1).$$

设点 A，B，C，D，E，F 的参数是 t_1，t_2，t_3，t_4，t_5，t_6.

AB 与 DE 的方程是

$$-k(t_1+t_2)\alpha + \beta t_1t_2 + \gamma k = 0, \qquad \text{（目 100）}$$

及

$$-k(t_4+t_5)\alpha + \beta t_4t_5 + \gamma k = 0.$$

因为它们相交在 $\alpha = 0$ 上，

所以

$$t_1t_2 = t_4t_5 \quad\cdots\cdots(2).$$

同理，因为 BC，EF 相交在 $\alpha = 0$ 上，

所以

$$t_2t_3 = t_5t_6 \quad\cdots\cdots(3).$$

由 (2) 和 (3)，我们得到

$$t_3t_4 = t_6t_1,$$

[117] 因此类似的 CD 和 FA 的交点 R 在 PQ 上.

布利安桑定理. 作 A，B，C，$\cdots$ 处的切线组成一个六边形.

A，B 处的切线交于点

$$(t_1+t_2,\ 2k,\ 2t_1t_2). \qquad \text{（目 100）}$$

D，E 处的切线交于点

$$(t_4+t_5,\ 2k,\ 2t_4t_5).$$

因为 $t_4t_5=t_1t_2$，所以这两个点都在经过点 A_1 的直线

$$\beta t_1t_2-k\gamma=0$$

上.

类似的，联结这个新六边形对顶点的另两条直线经过 A_1，因此它们共点.

推论. 由此可得：一个布利安桑六边形的三条对角线的公共点，是通过联结这个布利安桑六边形各边的切点构成的六边形的帕斯卡线的极点.

同样一个帕斯卡六边形的帕斯卡线，是由这个帕斯卡六边形各角点处切线的交点构成的六边形的布利安桑点的极线.

109. 利用帕斯卡定理我们能作出经过五个已知点 A，B，C，D，E 的二次曲线. 因为过 E 所作的任意直线与这条二次曲线的交点 X 能够确定. 根据帕斯卡定理，AB 和 DE，BC 和 EX，CD 和 XA 的交点共线. 因此，如果前两对直线交于 P 和 Q，而 PQ 交 CD 于 R，则 RA 交 EX 于所求的点 X. 因此通过作经过 E 的不同直线 EX，我们能够确定我们希望多的点 X. 这一作法显然可以简化为：过 AB 和 DE 的交点 P 作任意直线，并设 BC，DC 与这条直线交于 Q 和 R；则 QE 和 RA 的交点是这条二次曲线上的一点 X.

110. 类似的，利用布利安桑定理，我们能作出用切线给出的与五条已知直线 P，Q，R，S，T 相切的二次曲线. 因为设 P 和 Q 交于点 Y，Q 和 R 交于 Z，R 和 S 交于 U，S 和 T 交于 V. 在直线 P 上取任意点 X，联结 XU 和 YV 交于 O，并设 ZO 与直线 T 交于 W，则 XW 是经过 X 的另外一条切线. 通过在直线 P 上取不同的点 X，我们能够作出我们希望多的切线. 这一作法显然能简化为：在 YV 上取任意点 O，作 UO 和 ZO 分别与切线 P 和 T 交于点 X 和 W，则 XW 是一条切线. **[118]**

111. 利用帕斯卡定理，我们能作出经过点 A，B，C，D，E 的二次曲线在点 A 处的切线. 因为在此情形中，一般定理中的点 F 是这条曲线上与点 A 相邻，无限接近以致与它重合的点. 一般作法中的直线 EF 现在是 EA. 设 AB 交 DE 于 P，BC 交 EF（即 EA）于 Q，CD 交 PQ 于 R，则 R 在 FA 上，即在 A 处的切线上. 因此联结 RA，我们得到 A 处的切线.

112. 利用布利安桑定理，我们能求出与五条已知直线 P，Q，R，S，T 相切的二次曲线上切线 P 的切点. 因为设 P 和 Q 交于 Y，Q 和 R 交于 Z，R 和 S 交于 U，S 和 T 交于 V，T 和 P 交于 W，并设 X 是所求的 P 的切点.

则我们可以将一条切线 WY 看作两条无限接近以致重合的切线 WX，XY，而它们的交点是 X. 于是 $XYZUVW$ 是一条二次曲线的外切六边形，从而 XU，YV 和 ZW 交于一点，即 X 是 U 与 YV 和 ZW 的交点的连线与 WY 的交点.

习题 11

1. 由帕斯卡定理推出：如果一条二次曲线外接于一个三角形，则各角点处的切线与对边交于三个共线点.

2. 由帕斯卡定理推出：一条二次曲线在一个内接四边形的两个对顶点处的切线相交在第三条对角线上.

3. 证明由一个布利安桑六边形 $ABCDEF$ 的相间顶点对的连线组成的六边形是一个帕斯卡六边形.

[因为三角形 AEC，DBF 是共极的，从而是共轴的.]

类似的，由一个帕斯卡六边形的相间边延长相交的交点构成的六边形是一个布利安桑六边形.

[119]

4. 从三角形 ABC 的外接圆上任意点作边 BC，CA，AB 的垂线，分别与外接圆又交于 D，E，F. 证明能作一条二次曲线与六条直线 AB，BC，CD，DE，EF，FA 相切.

5. 由布利安桑定理推出：外切于一条抛物线的三角形的垂心在准线上.

6. 由帕斯卡定理和布利安桑定理推出：如果两个三角形是成透视的，则非对应顶点的连线与一条二次曲线相切，而非对应边的交点在一条二次曲线上.

7. 如果两个三角形内接于一条二次曲线，则它们也外切于一条二次曲线. 由此定理推导出：由六个点形成的60条帕斯卡线三条三条地交于一点.

利用帕斯卡定理作二次曲线，已知：

8. 四个点以及其中一点 A 的切线.

[B 和 A 重合，而 BA 的方向已知.]

9. 四个点以及一条渐近线的方向.

10. 三个点以及两条平行于渐近线的直线，再求出这两条直线与曲线交得的有限点.

11. 一个点以及两条渐近线的位置.

[一条渐近线上的两个无穷远点 Ω_1 和 Ω_1' 是已知的，同样 Ω_2 和 Ω_2' 是已知的.]

12. 两个点，一条渐近线的位置，以及另一条渐近线的方向.

利用布利安桑定理作二次曲线，已知：

13. 四条切线以及其中一条的切点.

[即实际上有五条切线，两条沿方向重合，并有确定的交点.]

14. 三条切线，并以一条已知直线为渐近线.

15. 四条切线，这条二次曲线是一条抛物线.

[若其中两条切线交无穷远线于 Ω 和 Ω'，则 $\Omega\Omega'$ 是第五条切线.]

16. 已知一条二次曲线上的四个点，以及其中一点的切线，作出另外三点的切线.

17. 已知一条二次曲线的四条切线，以及其中一条的切点，求另外三条切线的切点. **[120]**

调和轨迹与调和包络

113. 证明到两条已知二次曲线的切线组成一个调和线束(到每条二次曲线的两条切线是共轭对)的点的轨迹是一条与两条已知二次曲线有一个共同的自共轭三角形的二次曲线.

取这两条已知二次曲线的共同的自共轭三角形作为参考三角形，则这两条二次曲线是

$$S \equiv L\alpha^2 + M\beta^2 + N\gamma^2 = 0,$$

和

$$S \equiv L_1\alpha^2 + M_1\beta^2 + N_1\gamma^2 = 0.$$

点 $(\alpha', \beta', \gamma')$ 到第一条二次曲线的两条切线的方程是

$$(L\alpha'^2 + M\beta'^2 + N\gamma'^2)(L\alpha^2 + M\beta^2 + N\gamma^2) = (L\alpha\alpha' + M\beta\beta' + N\gamma\gamma')^2.$$

点 A 与这两条切线和 BC 的交点的两条连线由在这个方程中令 $\alpha = 0$ 得到，因此是

$$M\beta^2(L\alpha'^2 + N\gamma'^2) - 2MN\beta'\gamma'\beta\gamma + N\gamma^2(L\alpha'^2 + M\beta'^2) = 0 \quad \cdots\cdots\cdots\cdots (1).$$

对于第二条二次曲线的类似直线对是

$$M_1\beta^2(L_1\alpha'^2 + N_1\gamma'^2) - 2M_1N_1\beta'\gamma'\beta\gamma + N_1\gamma^2(L_1\alpha'^2 + M_1\beta'^2) = 0 \quad \cdots\cdots\cdots\cdots (2).$$

如果这四条切线组成一个调和线束(对于第一条二次曲线的两条切线是共轭的，对于第二条二次曲线的两条切线也是共轭的)，则这两对直线也组成一个调和线束，因此根据目 61 有

$$MN_1(L\alpha'^2 + N\gamma'^2)(L_1\alpha'^2 + M_1\beta'^2) + M_1N(L_1\alpha'^2 + N_1\gamma'^2)(L\alpha'^2 + M\beta'^2) = 2MNM_1N_1\beta'^2\gamma'^2.$$

因此 $(\alpha', \beta', \gamma')$ 的轨迹是二次曲线

$$LL_1(MN_1 + M_1N)\alpha^2 + MM_1(NL_1 + N_1L)\beta^2 + NN_1(LM_1 + L_1M)\gamma^2 = 0,$$

这是以参考三角形作为自共轭三角形的二次曲线.

这条二次曲线称为调和轨迹，并常记为 $\mathbf{F} = 0$. **[121]**

114. 证明与两条已知二次曲线的交点构成一个调和点列(与每条二次曲线的两个交点是共轭对)的直线的包络是一条与两条已知二次曲线有一个共同的自共轭三角形的二次曲线.

这两条二次曲线是

$$L\alpha^2+M\beta^2+N\gamma^2=0 \text{ 和 } L_1\alpha^2+M_1\beta^2+N_1\gamma^2=0,$$

联结第一条二次曲线和直线

$$l\alpha+m\beta+n\gamma=0 \cdots\cdots\cdots\cdots (1)$$

的交点与参考三角形的顶点 A 的两条直线的方程是

$$L(m\beta+n\gamma)^2+l^2(M\beta^2+N\gamma^2)=0,$$

即

$$(Lm^2+Ml^2)\beta^2+2Lmn\beta\gamma+(Ln^2+Nl^2)\gamma^2=0.$$

同理，对于第二条二次曲线，对应的方程是

$$(L_1m^2+M_1l^2)\beta^2+2L_1mn\beta\gamma+(L_1n^2+N_1l^2)\gamma^2=0.$$

这些连线组成调和线束的条件是(目 61)

$$(Lm^2+Ml^2)(L_1n^2+N_1l^2)+(L_1m^2+M_1l^2)(Ln^2+Nl^2)=2LL_1m^2n^2,$$

即

$$l^2(MN_1+M_1N)+m^2(NL_1+N_1L)+n^2(LM_1+L_1M)=0 \cdots\cdots\cdots\cdots (2).$$

而(目 94)直线 (1) 在条件 (2) 下的包络为

$$\frac{\alpha^2}{MN_1+M_1N}+\frac{\beta^2}{NL_1+N_1L}+\frac{\gamma^2}{LM_1+L_1M}=0.$$

这条二次曲线称为调和包络，通常记为 $\mathbf{F}'=0$.

115. 类似的，如果我们按照前两条中的来进行，求由一般方程

$$S\equiv a\alpha^2+b\beta^2+c\gamma^2+2f\beta\gamma+2g\gamma\alpha+2h\alpha\beta=0$$

和

$$S'\equiv a'\alpha^2+b'\beta^2+c'\gamma^2+2f'\beta\gamma+2g'\gamma\alpha+2h'\alpha\beta=0$$

给出的二次曲线的调和轨迹与调和包络，我们将得到调和轨迹是

[122]

$$\mathbf{F}\equiv(BC'+B'C-2FF')\alpha^2+\cdots+\cdots$$
$$+2(GH'+G'H-AF'-A'F)\beta\gamma+\cdots+\cdots=0,$$

这里 A，B，$\cdots$，A'，B'，$\cdots$ 的含义与目 72 中相同，而对于调和包络的切线式方程 $\mathbf{\Phi}$，我们有

$$\mathbf{\Phi}\equiv(bc'+b'c-2ff')l^2+\cdots+\cdots$$
$$+2(gh'+g'h-af'-a'f)mn+\cdots+\cdots=0,$$

由此可求出调和包络的点式方程 $\mathrm{F}'=0$. 它们的推导过程非常困难，仅将结论列在这里供参考.

例 1. 如果 S 和 S' 都与一条已知直线在一个已知点处相切，证明调和轨迹与调和包络与已知直线在同一点处相切.

例 2. 当两条二次曲线有三次切点时，调和轨迹与调和包络重合.

[取参考三角形的角点 C 作为这个切点，BC 是 C 处的切线，而 CA 是 B 的极线；则这两条二次曲线是 $a\alpha^2+b\beta^2+2g\gamma\alpha=0$ 和 $a'\alpha^2+b\beta^2+2g\gamma\alpha=0$. 这两条轨迹由 $(a+a')\alpha^2+2b\beta^2+2g\gamma\alpha=0$，即由 $S+S'=0$ 给出.]

例 3. 证明二次曲线 $\beta\gamma=k\alpha^2$ 与 $\beta\gamma=k_1\alpha^2$ 的调和轨迹与调和包络是 $\beta\gamma=r\alpha^2$ 和 $\beta\gamma=s\alpha^2$，这里 r 和 s 是 k 和 k_1 的调和平均与算术平均.

例 4. 证明如果 $8k_1k_2k_3=-1$，则对于二次曲线 $\beta\gamma=k_1\alpha^2$，$\gamma\alpha=k_2\beta^2$ 和 $\alpha\beta=k_3\gamma^2$ 中的任意两条，其调和轨迹与调和包络是第三条二次曲线. [这样的三条二次曲线称为一个调和组.]

两条二次曲线的公共点与公切线

116. *$S\equiv L\alpha^2+M\beta^2+N\gamma^2=0$ 和 $S'\equiv L_1\alpha^2+M_1\beta^2+N_1\gamma^2=0$ 的公共点的切线式方程.*

我们需要求出直线

$$l\alpha+m\beta+n\gamma=0$$

经过 S 与 S' 的交点的条件.

将 $S=0$ 和 $S'=0$ 对 α，β，γ 求解，我们看到这个条件是

$$\pm l\sqrt{MN_1-M_1N}\pm m\sqrt{NL_1-N_1L}\pm n\sqrt{LM_1-L_1M}=0,$$

即

$$l^4(MN_1-M_1N)^2+\cdots+\cdots\\ -2m^2n^2(NL_1-N_1L)(LM_1-L_1M)-\cdots-\cdots=0, \qquad \textbf{[123]}$$

即

$$[l^2(MN_1+M_1N)+m^2(NL_1+N_1L)+n^2(LM_1+L_1M)]^2\\ =4l^4MNM_1N_1+\cdots+\cdots+4m^2n^2LL_1(MN_1+M_1N)+\cdots+\cdots\\ =4(l^2MN+m^2NL+n^2LM)(l^2M_1N_1+m^2N_1L_1+n^2L_1M_1),$$

即

$$\Phi^2=4\Sigma\Sigma',$$

这里 $\Sigma=0$，$\Sigma'=0$ 是这两条二次曲线的切线式方程，而 $\Phi=0$ 是它们的调和包络的切线式方程. [目 114，方程 (2).]

另外，S 与 S' 在公共点处的切线是

$$\pm L\sqrt{(MN_1-M_1N)}\alpha\pm M\sqrt{(NL_1-N_1L)}\beta\\ \pm N\sqrt{(LM_1-L_1M)}\gamma=0,$$

以及

$$\pm L_1\sqrt{(MN_1-M_1N)}\alpha\pm M_1\sqrt{(NL_1-N_1L)}\beta \pm N_1\sqrt{(LM_1-L_1M)}\gamma=0.$$

这两个方程每一个中 α, β, γ 的系数满足方程

$$\Phi\equiv l^2(MN_1+M_1N)+\cdots+\cdots=0,$$

即这八条切线的线坐标都满足调和包络的切线式方程.

因此: **两条二次曲线在四个公共点处的八条切线都与另一条二次曲线相切, 它是这两条二次曲线的调和包络.**

117. **二次曲线 $S\equiv L\alpha^2+M\beta^2+N\gamma^2=0$ 和 $S'\equiv L_1\alpha^2+M_1\beta^2+N_1\gamma^2=0$ 的公切线的方程.**

这两条二次曲线与 $l\alpha+m\beta+n\gamma=0$ 相切的条件是有

$$\frac{l^2}{L}+\frac{m^2}{M}+\frac{n^2}{N}=0 \text{ 和 } \frac{l^2}{L_1}+\frac{m^2}{M_1}+\frac{n^2}{N_1}=0,$$

因此

$$\frac{\pm l}{\sqrt{LL_1(MN_1-M_1N)}}=\frac{\pm m}{\sqrt{MM_1(NL_1-N_1L)}}=\frac{\pm n}{\sqrt{NN_1(LM_1-L_1M)}},$$

[124]

从而公切线是

$$\pm\alpha\sqrt{LL_1(MN_1-M_1N)}\pm\beta\sqrt{MM_1(NL_1-N_1L)}\pm\gamma\sqrt{NN_1(LM_1-L_1M)}=0,$$

即

$$\alpha^4L^2L_1^2(MN_1-M_1N)^2+\cdots+\cdots -2\beta^2\gamma^2MM_1NN_1(NL_1-N_1L)(LM_1-L_1M)-\cdots-\cdots=0,$$

即

$$\begin{aligned}&[\alpha^2LL_1(MN_1+M_1N)+\beta^2MM_1(NL_1+N_1L)+\gamma^2NN_1(LM_1+L_1M)]^2\\&=4\alpha^4L^2L_1^2MM_1NN_1+\cdots+\cdots\\&\quad+4LL_1MM_1NN_1(MN_1+M_1N)\beta^2\gamma^2+\cdots+\cdots\\&=4LL_1MM_1NN_1(L\alpha^2+M\beta^2+N\gamma^2)(L_1\alpha^2+M_1\beta^2+N_1\gamma^2),\end{aligned}$$

即

$$\mathbf{F}^2=4\Delta\Delta'SS',$$

这里 Δ, Δ' 是 S 和 S' 的判别式, 而 $\mathbf{F}=0$ 是调和轨迹的方程. [目 113.]

另外, 容易知道这些公切线与 S 的切点是

$$\pm\sqrt{\frac{L_1}{L}(MN_1-M_1N)},\ \pm\sqrt{\frac{M_1}{M}(NL_1-N_1L)},$$
$$\pm\sqrt{\frac{N_1}{N}(LM_1-L_1M)},$$

而与 S' 的切点是

$$\pm\sqrt{\frac{L}{L_1}(MN_1-M_1N)},\ \pm\sqrt{\frac{M}{M_1}(NL_1-N_1L)},$$
$$\pm\sqrt{\frac{N}{N_1}(LM_1-L_1M)}.$$

显然这些点都在下面二次曲线上

$$\mathbf{F}\equiv LL_1(MN_1+M_1N)\alpha^2+MM_1(NL_1+N_1L)\beta^2 +NN_1(LM_1+L_1M)\gamma^2=0.$$

因此：两条二次曲线的公切线的八个切点都在另一条二次曲线上，它是这两条二次曲线的调和轨迹. **[125]**

118. 求到两条已知二次曲线的切线组成的线束有定交比 λ 的点的轨迹.

使用目113的记号，如果直线 (1) 和 (2) 分别是

$$(\beta-p_1\gamma)(\beta-p_3\gamma)=0 \text{ 和 } (\beta-p_2\gamma)(\beta-p_4\gamma)=0,$$

则我们有

$$\frac{(p_2-p_1)(p_4-p_3)}{(p_3-p_2)(p_1-p_4)}=\lambda,$$

因此

$$\frac{\lambda-1}{\lambda+1}=\frac{(p_1-p_3)(p_2-p_4)}{2p_1p_3+2p_2p_4-(p_1+p_3)(p_2+p_4)}.$$

现在

$$\begin{aligned}(p_1-p_3)^2&=(p_1+p_3)^2-4p_1p_3\\&=\frac{4M^2N^2\beta'^2\gamma'^2-4MN(L\alpha'^2+N\gamma'^2)(L\alpha'^2+M\beta'^2)}{M^2(L\alpha'^2+N\gamma'^2)^2}\\&=\frac{-4LMN\alpha'^2\cdot S}{M^2(L\alpha'^2+N\gamma'^2)^2},\end{aligned}$$

对于 $(p_2-p_4)^2$ 类似.

因此

$$\frac{\lambda-1}{\lambda+1}=\frac{\alpha'^2\sqrt{16LMNS\cdot L_1M_1N_1S'}}{2\alpha'^2[LL_1(MN_1+M_1N)\alpha'^2+\cdots+\cdots]},$$

经过化简后，即

$$\left(\frac{\lambda-1}{\lambda+1}\right)^2\mathbf{F}^2=4LMNL_1M_1N_1SS'=4\Delta\Delta'SS'$$

是所求轨迹的方程.

推论. 若 $\lambda=-1$，即这个交比是调和的，则这条轨迹化为之前的 $\mathbf{F}=0$.

若 $\lambda=1$，则依据目 8，对其中一条二次曲线所作的两条切线重合，而这条轨迹化为这两条二次曲线本身.

若 $\lambda=0$，则对一条二次曲线所作两条切线中的一条与对另一条二次曲线所作两条切线中的一条重合，而作它们所起始的点一定在某条公切线上. 因此轨迹化为 $\mathbf{F}^2=4\Delta\Delta'SS'$，这我们已经看到是四条公切线的方程. [126]

二次曲线的定交比性质

119. 证明一条二次曲线上任意动点与它上面四个定点的连线的交比是定值；而四条定切线被任意第五条切线所截得的点列的交比为定值，并且等于四条定切线的切点对曲线上任一点所张线束的交比.

取这条二次曲线的任意两条切线 AB，AC 以及它们的切点弦 BC 组成参考三角形，则它的方程是

$$\beta\gamma=k\alpha^2.$$

设这四个定点是“t_1”，“t_2”，“t_3”，“t_4”，并设任一另外的点是“t”.

联结“t”，“t_1”的直线是

$$\alpha k(t+t_1)-\beta tt_1-\gamma k=0, \qquad \text{（目 100）}$$

即

$$(\gamma-\alpha t)k=t_1(\alpha k-\beta t).$$

同理另外三条直线是

$$(\gamma-\alpha t)k=t_2(\alpha k-\beta t),$$
$$(\gamma-\alpha t)k=t_3(\alpha k-\beta t),$$
$$(\gamma-\alpha t)k=t_4(\alpha k-\beta t).$$

根据目 63，它们的交比等于

$$\frac{(t_2-t_1)(t_4-t_3)}{(t_3-t_2)(t_1-t_4)},$$

因而这对于所有的“t”值都是相同的.

“t_1”处的切线是

$$2\alpha k t_1 - \beta t_1^2 - \gamma k = 0,$$

而“t”处的切线是

$$2\alpha k t - \beta t^2 - \gamma k = 0.$$

因此联结它们的交点与参考三角形的角点 C 的直线是

$$2\alpha k(t_1 - t) = \beta(t_1^2 - t^2),$$

即

$$2\alpha k - \beta t = t_1 \beta.$$

另外三条切线对应的直线是

$$2\alpha k - \beta t = t_2\beta,\ 2\alpha k - \beta t = t_3\beta,\ 2\alpha k - \beta t = t_4\beta.$$

[127]

根据目 63，它们的交比等于

$$\frac{(t_2 - t_1)(t_4 - t_3)}{(t_3 - t_2)(t_1 - t_4)},$$

而根据前面这是三条定切线的切点对这条二次曲线上任意点所张线束的交比.

推论. 如果我们取这四个定点中的两个作为参考三角形的角点 B，C，则 $t_1 = 0$，$t_3 = \infty$，而所张线束的交比变为 $\dfrac{t_2}{t_4}$.

例题. 由二次曲线上四点的交比性质推导出帕斯卡定理.

[使用目 105 的记号，设 AB 交 CD 于 S，BC 交 DE 于 T. 则 $A(CDFB) = E(CDFB)$. 因此，通过考虑这两个线束的截线 CD 和 CB，可得 $(CDRS) = (CTQB)$. 故 $P(CDRS) = P(CTQB)$，即 $P(CDRB) = P(CDQB)$. 因此 PR 和 PQ 必是同一条射线，即 PQR 是一条直线.]

习题 12

1. 四点 B，P，C，Q 对经过它们的二次曲线上任意点所张的线束是调和的，证明 BC 和 PQ 关于这条二次曲线是共轭的.

[如果参考三角形是 BC 与 B，C 处的切线 AB，AC，则根据目 119 的推论，P 是点“t_2”而 Q 是点“$-t_2$”. 则经过它们的直线的方程变成 $\beta t_2^2 = k\gamma$，它经过 BC 的极点 A. 因此 $\cdots$.]

2. 由二次曲线的焦点和准线的性质推导出二次曲线上四点的定交比性质.

[设 A，B，C，D 是这四个定点，且联结它们与任意点 P 的直线交准线于 a，b，c，d，则

$$\angle bSa = \angle aSP - \angle bSP = 90^\circ - \frac{1}{2}\angle ASP - 90^\circ + \frac{1}{2}\angle BSP = \frac{1}{2}\angle ASB = \frac{\alpha}{2}.$$

因此

$$P(ABCD) = (abcd) = S(abcd) = \cdots.]$$

3. 通过将目 119 定理中四个定点中的两个取为无穷远圆环点，推出一个圆中任一弓

形中所含的角是定值.

4. 点 P 与参考三角形的各角点以及一个定点 (α',β',γ') 的连线组成一个有定交比 $-k$ 的线束，证明 P 的轨迹是

[128]
$$\beta\gamma\alpha' - \gamma\alpha(k+1)\beta' + \alpha\beta k\gamma' = 0.$$

5. 若 B，P，C，Q 是一条二次曲线上的四个点，而 A 是 BC 的极点，证明线束 $A(BPCQ)$ 的交比等于B，P，C，Q 对这条二次曲线上任意点所张线束的交比的平方.

[取 ABC 作为参考三角形.]

6. 证明将二次曲线

$$S + \lambda S' \equiv ax^2 + by^2 + cz^2 + \lambda(a'x^2 + b'y^2 + c'z^2) = 0$$

上任意点与由 $S=0$ 和 $S'=0$ 给出的四个点联结的线束的交比中的一个是 $\dfrac{b+\lambda b'}{c+\lambda c'} \times \dfrac{ac'-a'c}{ab'-a'b}$，并解释当 λ 等于值 $-\dfrac{a}{a'}$，$-\dfrac{b}{b'}$，$-\dfrac{c}{c'}$ 中任一个时的结论.

7. 一个四边形的四条边 PQ，QR，RS，SP 与一条二次曲线相切，而 p，q，r，s 是 P，Q，R，S 到这条二次曲线的任一条切线的距离；证明 $pr = kqs$，这里 k 是一个常数.

[利用目 119 的第二部分.]

8. 运用二次曲线上四点的调和性质，证明双曲线的两条渐近线在任一条切线上的截线段被切点平分.

[我们有 $\Omega(PQ\Omega\Omega') = \Omega'(PQ\Omega\Omega')$，这里 P，Q 是这条二次曲线上的任意两点，而 Ω，Ω' 是它的两个无穷远点. 将这些对于线束的交比替换为两条渐近线上对应点列的交比.]

二次曲线上的单应点列

120. 若在一条二次曲线上我们有两个点列

$$P,\ Q,\ R,\ S,\ \cdots \text{ 和 } P',\ Q',\ R',\ S',\ \cdots,$$

使得第一个点列中任意四点对这条二次曲线上任一点 O 所张线束的交比，等于第二个点列中对应四点对点 O 所张线束的交比，则这两个点列称为是**单应的(Homographic)**.

使用目 119 中的记号，我们已经证明若 P，Q，R，S 是点 t_1，t_2，t_3，t_4，而 P'，Q'，R'，S' 是点 t_1'，t_2'，t_3'，t_4'，则由这两个四点组对这条二次曲线上的任意点所张线束的交比相等的条件是

$$\frac{(t_2-t_1)(t_4-t_3)}{(t_3-t_2)(t_1-t_4)} \equiv \frac{(t_2'-t_1')(t_4'-t_3')}{(t_3'-t_2')(t_1'-t_4')},$$

[129] 即
$$Kt_4t_4' + Lt_4 + Mt_4' + N = 0 \ldots\ldots\ldots\ldots\ldots\ldots (1),$$

这里 K，L，M，N 仅含 t_1，t_2，t_3，t_1'，t_2'，t_3' 而不含 t_4 和 t_4'.

因此，若 S 和 S' 是由 P，Q，R 和 P'，Q'，R' 给出的单应点列中的任两个对应点，则它们的参数之间的关系一定由形如 (1) 的方程给出.

正如目 17，方程 (1) 是 S 和 S' 的参数之间最一般的代数关系，确保对于第一个点列中的每个点 S，在第二个点列中有且仅有一个对应点 S'，并且对于第二个点列中的每个点 S'，在第一个点列中有且仅有一个对应点 S，即确保存在一一对应性.

与目 18 中一样，借助于目 119，容易证明二次曲线 $\beta\gamma = k\alpha^2$ 上的两个点列，如果其对应点的参数由一个形如

$$Ktt' + Lt + Mt' + N = 0 \qquad (2)$$

的方程相联系，则它们是单应的.

若 $t' = t$，则这两个点列中存在二重点，即与自身相对应的点，因此二重点由方程

$$Kt^2 + (L+M)t + N = 0 \qquad (3)$$

给出. 故存在两个二重点，它们是实的，重合的，或虚的.

121. 当二重点是实点时的简化.

在这一情形中，将参考三角形的角点 B 和 C 取为这两个二重点. 如同目 101，我们知道对于 B，$t = 0$，而对于 C，$t = \infty$. 则方程 (3) 被 $t = 0$ 和 $t = \infty$ 这两个值所满足，因而 $K = 0$ 且 $N = 0$. 从而关系式 (2) 变为

$$t' = -\frac{L}{M}t = \lambda t,$$

这里 λ 是一个常数.

因此：*在二次曲线 $\beta\gamma = k\alpha^2$ 上，二重点是参考三角形的角点 B 和 C 的两个单应点列，其对应点的参数之间的关系式化为 $t' = \lambda t$ 的形式.* **[130]**

122. *在一条二次曲线上取两个单应点列 $P, Q, R, \cdots$ 和 $P', Q', R', \cdots$；则所有像 PQ' 和 $P'Q$ 这样，联结两对对应点的直线对的交点的轨迹，是联结这两个点列的二重点的直线，而联结像 P 和 P' 这样的两个对应点的直线的包络是一条与已知二次曲线有双重切点的二次曲线.*

设 B 和 C 是这两个点列的二重点，并设 B 和 C 处的切线交于 A. 以 ABC 为参考三角形，这条二次曲线的方程是

$$\beta\gamma = k\alpha^2.$$

根据上一条这两个点列中对应点的参数之间的关系式现在是 $t' = \lambda t$，这里 λ 是某个常数.

设 P，Q，R，$\cdots$ 是点“t_1”,“t_2”,“t_3”，$\cdots$，而 P'，Q'，R'，$\cdots$ 是点“t_1'”,“t_2'”,“t_3'”，$\cdots$，PQ' 的方程是

$$\alpha k(t_1+t_2')-\beta t_1t_2'-\gamma k=0,$$

即

$$\alpha k(t_1+\lambda t_2)-\beta\lambda t_1t_2-\gamma k=0.$$

同理 $P'Q$ 的方程是

$$\alpha k(t_2+\lambda t_1)-\beta\lambda t_1t_2-\gamma k=0.$$

这两条直线显然相交在直线 $\alpha=0$ 上，这是联结两个二重点的直线. 它称为这个单应的**单应轴**(**homographic axis**)或**交叉轴**(**cross-axis**).

另外 PP' 的方程是

$$\alpha k(t_1+t_1')-\beta t_1t_1'-\gamma k=0,$$

即

$$\alpha k(\lambda+1)t_1-\beta\lambda t_1^2-\gamma k=0,$$

它的包络是 $\beta\gamma=\dfrac{k(1+\lambda)^2}{4\lambda}\alpha^2$，一条与已知二次曲线在二重点处有双重切点的二次曲线.

123. 不使用这两个点列的二重点(它们常是虚的)作为参考三角形的角点，通过取第一个点列中的一个点作为 B 并以对应点作为 C，我们可以略微简化这一过程.

这样一般的关系式 $Ktt'+Lt+Mt'+N=0$ 被 $t=0$(对于点 B)和 [131] $t'=\infty$(对于点 C)所满足. 因此在此情形中 $M=0$，而联系对应点对的一般关系式变为

$$Ktt'+Lt+N=0\ \ldots\ldots\ldots\ldots\ldots\ldots\ldots\ldots (1).$$

若第一个点列中的 P，Q，R，$\cdots$ 是点“t_1”,“t_2”,“t_3”，$\cdots$，而第二个点列中的对应点 P'，Q'，R'，$\cdots$ 是点“t_1'”,“t_2'”,“t_3'”，$\cdots$，则 PQ' 的方程是

$$-k\alpha(t_1+t_2')+\beta t_1t_2'+\gamma k=0,$$

利用关系式 (1)，即

$$k\alpha(Kt_1t_2-Lt_2-N)+\beta(Lt_1t_2+Nt_1)-\gamma kKt_2=0.$$

同理 $P'Q$ 的方程是

$$k\alpha(Kt_1t_2-Lt_1-N)+\beta(Lt_1t_2+Nt_2)-\gamma kKt_1=0.$$

通过相减，我们看到它们相交在如下直线上

$$kL\alpha+N\beta+kK\gamma=0\ldots\ldots\ldots\ldots\ldots\ldots\ldots (2).$$

现在根据 (1) 的两个二重点由

$$Kt^2+Lt+N=0$$

给出，而容易知道联结它们的直线的方程是 (2).

因此与前面相同，我们看到所求的交叉相交的轨迹是这两个点列的两个二重点(实的或虚的)的连线.

另外 PP' 的方程是

$$-k\alpha(t_1+t_1')+\beta t_1t_1'+\gamma k=0,$$

由 (1) 即

$$t_1^2(kK\alpha+L\beta)-t_1(kL\alpha-N\beta+kK\gamma)-kN\alpha=0,$$

因而它的包络是

$$(kL\alpha-N\beta+kK\gamma)^2=-4kN\alpha(kK\alpha+L\beta),$$

即

$$(kL\alpha+N\beta+kK\gamma)^2=4kKN(\beta\gamma-k\alpha^2),$$

即一条与已知二次曲线在这两个点列的(实的或虚的)二重点处有双重切点的二次曲线.

124. 若 P, Q, R, $\cdots$ 和 P', Q', R', $\cdots$ 是两组单应点，则我们已经证明 PQ' 和 $P'Q$, QR' 和 $Q'R$, RP' 和 $R'P$ 的交点在一条直线上. 但这条直线是六边形 $PQ'RP'QR'$ 的帕斯卡线. 因此这两个单应点列的二重点在由其中一个点列的三个点与另一个点列的三个对应点构成的一个六边形的帕斯卡线上. **[132]**

125. 一条二次曲线上单应点列的作法.

如同目 22，两个三点组 P, Q, R 和 P', Q', R' 都在这条二次曲线上，要求确定两个单应点列. 当这些点都是已知的时我们容易确定任意多个我们需要的点. 因为若联结 PQ' 和 $P'Q$ 交于 U, QR' 和 $Q'R$ 交于 V. 则 UV 是这两个点列的单应轴，或交叉轴. 若 UV 与这条二次曲线交于两个实点，则它们是这两个点列的二重点. 若 UV 不与这条二次曲线交于实点，则二重点是虚的.

为了作出第二个点列中与这条二次曲线上属于第一个点列的任意点 X 相对应的点. 联结 $P'X$ 与单应轴 UV 交于 W，并设 PW 交二次曲线于 X'. 则 X' 是所求的对应于 X 的点. 同理可以求出任意多对像 X 和 X' 这样的点对.

126. 作出共轴的两个单应点列的二重点.

设这两个共轴点列是 A, B, C, $\cdots$; A', B', C', $\cdots$. 作一个适当的圆，或二次曲线，并将这个圆上的任意点 K 与上面各点相连交该圆于 P, Q, R, $\cdots$; P', Q', R', $\cdots$. 按前面作出单应轴，并设它与这个圆交于 O 和 O'，则 KO 和 KO' 是由点列 P, Q, R, $\cdots$; P', Q', R', $\cdots$ 所张线束的二重射线. 因而 KO 与 KO' 延长与点列 A, B, C, $\cdots$ 和 A', B', C', $\cdots$

原来所在轴的交点，是所求的这两个点列的二重点.

如果我们按照上一条作出 X，X'，则 KX，KX' 将与原轴交于这两个单应点列的对应点.

127. 取一条二次曲线的两个单应切线组 p, q, r, $\cdots$ 和 p', q', r', $\cdots$; [133] 则 p, q' 的交点与 p', q 的交点的连线经过两条二重切线的交点, 并且任意两条如 p 和 p' 这样的对应切线的交点的轨迹是一条与原二次曲线有双重切点的二次曲线.

取这两条二重切线作为参考三角形的边 AB，AC，并以它们的切点作为 B 和 C. 则依据目 121，两条对应切线的切点的参数具有关系式 $t'=\lambda t$.

若切线 p, q, r, $\cdots$ 的切点是"t_1","t_2","t_3", $\cdots$, p', q', r', $\cdots$ 的切点是"t'_1","t'_2","t'_3", $\cdots$, 则切线 p 的方程是

$$-2\alpha k t_1+\beta t_1^2+\gamma k=0,$$

而切线 q' 的方程是

$$-2\alpha k t'_2+\beta t'^2_2+\gamma k=0.$$

它们的交点由

$$\frac{\alpha}{t_1+t'_2}=\frac{\beta}{2k}=\frac{\gamma}{2t_1t'_2}$$

给出，即由

$$\frac{\alpha}{t_1+\lambda t_2}=\frac{\beta}{2k}=\frac{\gamma}{2\lambda t_1t_2}$$

给出.

同理 p' 和 q 的交点由

$$\frac{\alpha}{t_2+\lambda t_1}=\frac{\beta}{2k}=\frac{\gamma}{2\lambda t_1t_2}$$

给出.

这两个交点在直线 $\dfrac{\beta}{k}=\dfrac{\gamma}{\lambda t_1t_2}$ 上，它经过两条二重切线的交点 A.

另外，切线 p 和 p' 交于

$$\frac{\alpha}{t_1+t'_1}=\frac{\beta}{2k}=\frac{\gamma}{2t_1t'_1},$$

即交于

$$\frac{\alpha}{(\lambda+1)t_1}=\frac{\beta}{2k}=\frac{\gamma}{2\lambda t_1^2},$$

因此它们相交在二次曲线 $\beta\gamma = \dfrac{4k\lambda}{(\lambda+1)^2}\alpha^2$ 上，这是一条与已知二次曲线在二重切线的切点处有双重切点的二次曲线.

[134]

麦克劳林定理

128. 麦克劳林(Maclaurin)定理. 如果一个三角形的三条边经过三个定点，且它的底边的两个端点在两条定直线上移动，则它的顶点的轨迹是一条二次曲线.

设这两条直线是 OL 和 OM，并设这三个定点是 A，B，C（见下一页的图11）. 过 A 作一条直线 QAR 交 OL，OM 于 Q，R，设 QB，RC 交于 P. 我们需要求出 P 的轨迹.

P 的不同位置是 P_1，P_2，P_3，P_4，则有

$$B(P_1P_2P_3P_4) = (Q_1Q_2Q_3Q_4) = A(Q_1Q_2Q_3Q_4) = (R_1R_2R_3R_4) = C(P_1P_2P_3P_4),$$

因此 BP 和 CP 给出单应线束中的对应射线.

于是根据目25，P 的轨迹是一条经过 B 和 C 的二次曲线. 它也经过 O；因为对于直线 RAQ 经过 O 的这一位置，在这一情形中 R，Q 重合于 O，而对应直线 QB，RC 交于 O，因此 O 是这条轨迹上的一个点. 另外，通过取 AC 作为经过 A 的直线的一个位置，我们看到这条轨迹经过 AC 和 OL 的交点，类似的经过 AB 和 OM 的交点.

推论. 定点 A 可以替换为一条与两条定直线相切的二次曲线，底边 QR 必须与其相切.

129. 有一个特别简单的解析证明. 设三角形 ABC 是参考三角形，并且 OL，OM 的方程是 $l_1\alpha + m_1\beta + n_1\gamma = 0$ 和 $l_2\alpha + m_2\beta + n_2\gamma = 0$. 如果 QAR 的方程是 $\beta = \lambda\gamma$，则 BQ 和 CR 的方程是 $l_1\alpha + m_1\lambda\gamma + n_1\gamma = 0$ 和 $\lambda(l_2\alpha + m_2\beta) + n_2\beta = 0$.

消去 λ，我们得到 P 的轨迹

$$(l_1\alpha + n_1\gamma)(l_2\alpha + m_2\beta) = m_1n_2\beta\gamma,$$

这显然是一条经过 B，C，O 的二次曲线. 它也经过 OL 和 AC 的交点，以及 OM 和 AB 的交点.

130. 由麦克劳林定理，我们得到一种作经过五个点 O，B，C，P_1，P_2

的二次曲线的简单方法.

如图11，过 O 作任意两条适当的直线 OL 和 OM. 设 P_1B 和 P_1C 分别交 OL，OM 于 Q_1 和 R_1；并设 P_2B 和 P_2C 与它们交于 Q_2 和 R_2；作 Q_1R_1 和 Q_2R_2 交于 A.

[135]

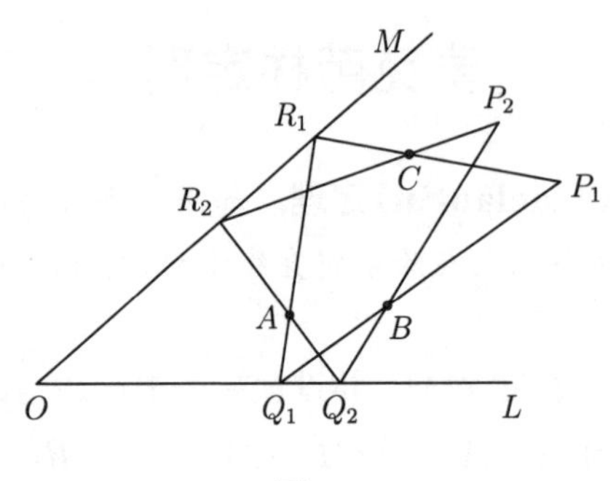

图 11

则根据麦克劳林定理，任意一个各边经过 A，B，C，且两个底角在 OL，OM 上移动的三角形，其顶点的轨迹是一条经过 B，C，P_1，P_2，O 的二次曲线. 为作出它，在 OL 上取任意点 Q，设 QA 交 OM 于 R，则 QB 和 RC 的交点给出所求二次曲线上的一点 P. 通过取连续的点 Q，我们能够得到想要得到的任意数目的点 P.

同学们经过一些练习后会发现这些直线中的许多无需作出. 对于每一点 Q 他能够借助于一根经过 A 的直尺标出对应点 R，接着通过依次摆放直尺经过 R，C 和 Q，B，他仅需作出两条在 P 处交叉的短的铅笔标记.

如果为了使作图更方便，直线 OL，OM 可以取经过 P_1 和 P_2.

131. 生成二次曲线的牛顿(Newton)定理. *如果两个给定大小的角绕着定顶点 O_1 和 O_2 旋转，并且它们边中的两条相交在一条定直线上，则它们另两边的交点的轨迹是一条经过两个定顶点的圆锥曲线.*

设 O_1P，O_2P 是相交于定直线上一点 P 的两条边，而 O_1Q，O_2Q 是另外的边. 若 P_1，P_2，P_3，P_4 是 P 的不同位置，则由于 $\angle P_1O_1Q_1$，$\angle P_1O_2Q_1$ 等是大小固定的角，所以我们得到

$$\begin{aligned}O_1(Q_1Q_2Q_3Q_4) &= O_1(P_1P_2P_3P_4) = (P_1P_2P_3P_4)\\ &= O_2(P_1P_2P_3P_4) = O_2(Q_1Q_2Q_3Q_4).\end{aligned}$$

[136]

因而 O_1Q 和 O_2Q 是单应线束中的对应射线，因此根据目 25，Q 的轨迹是一条经过 O_1 和 O_2 的二次曲线.

推论. 如果两条边的交点 P 在一条经过 O_1 和 O_2 的二次曲线上，则在

O_1Q 和 O_2Q 之间仍然存在一一对应性，而 Q 的轨迹是另一条经过 O_1 和 O_2 的二次曲线.

132. 例 1. 作一条已知二次曲线的内接三角形，使得它的各边经过三个已知点 K, L, M.

在这条二次曲线上取任一点 P_1，联结 P_1K 并设它与这条二次曲线交于 Q_1，联结 Q_1L 并设它交这条二次曲线于 R_1，联结 R_1M 并设它交这条二次曲线于 P_1'. 一般情况下 P_1' 不重合于 P_1，如果重合的话该问题就得到了解决. 如果不是这样，在这条二次曲线上取另两个点 P_2，P_3，作与 P_1 的情形相同的作图，得到对应点 P_2'，P_3'. 则 P_1 和 P_1' 具有代数的一一对应性，P_2，P_2' 以及 P_3，P_3' 也一样. 因此 P_1，P_2，P_3 和 P_1'，P_2'，P_3' 确定两个单应点列. 按照目 122 的作法作出它们的单应轴，并设它与这条二次曲线交于 O_1 和 O_2. 如果 O_1 和 O_2 是实的，以它们中的任一点开始执行上面相同的作图，我们将得到所求的三角形.

这里使用的方法称为**试位法**(**false position**).

例 2. 如果一个三角形内接于一条已知二次曲线，它的两条边经过已知点 K 和 L，求第三条边的包络.

按上例，点列 P_1，P_2，P_3，$\cdots$ 和点列 R_1，R_2，R_3，$\cdots$ 是单应的，因此，根据目 122，第三条边 P_1R_1 的包络是一条二次曲线，与已知二次曲线在由 P_1，P_2，P_3 和 R_1，R_2，R_3 确定的单应点列的二重点处有双重切点，而这两个二重点是 KL 与二次曲线的交点.

例 3. 如果一个多边形外切于一条二次曲线，并且它的所有角点除一个之外都在各已知的直线上，则这个角点的轨迹是一条与已知二次曲线有双重切点的二次曲线.

在这条二次曲线上取任意点 P_1 并设该点处的切线交第一条已知直线于 Q_1. 设过 Q_1 的第二条切线切二次曲线于 P_2 并交第二条已知直线于 Q_2，依此类推. 这些切线中的最后一条与二次曲线切于 P_n，而 P_1 和 P_n 处的切线将交于自由顶点 X. 则利用目 100 的结论容易知道，当 P_1 已知时 P_n 由一个代数关系式唯一确定. 因此 P_1 和 P_n 描出这条二次曲线上的两个单应点列，从而根据目 127，X 的轨迹是一条二次曲线，与已知二次曲线在由 P_1 和 P_n 所确定的单应点列的二重点处有双重切点.　**[137]**

习题 13

1. 将一条二次曲线上的两个定点与这条二次曲线上的一个动点相连的两组射线是单应的.

2. 若过一个定点 A 作直线 AP_1P_2，AQ_1Q_2，$\cdots$ 与一条二次曲线交于 P_1，P_2，Q_1，Q_2，$\cdots$，则点列 $P_1Q_1R_1\cdots$ 总与点列 $P_2Q_2R_2\cdots$ 单应.

3. 一条二次曲线上两个单应点列中的两个对应点，与这两个点列的两个二重点，对这条曲线上的任意点所张的线束有定交比.

4. 将一条二次曲线上单应点列的两个二重点的连线的极点与这个单应中的任意一对对应点相连. 证明这两条直线与这个极点到两个二重点的直线组成的线束有定交比.

5. 两个定点 O, O' 与一条二次曲线上的任意点 Q 相连并与这条二次曲线又交于 P 和 P'. 证明由 P 和 P' 描出的点列是单应的, 且它们的二重点是 OO' 与这条二次曲线的交点.

6. 两条二次曲线互相切于 B 和 C; 联结 B, C 与一条二次曲线上任意点的直线交另一条二次曲线于 P, Q. 证明 PQ 的包络是一条与两条已知二次曲线在 B 和 C 处有双重切点的二次曲线.

7. 作一个三角形的内接三角形, 使得它的各边经过三个已知点.

8. 作一条二次曲线的内接多边形, 使得它的各边经过已知点.

[这是目 132, 例 1 的推广.]

9. 证明麦克劳林定理的关联定理, 即: 如果一个三角形的顶点 P, Q, R 在三条定直线 BC, CA, AB 上移动, 并且它的两条边 PQ 和 PR 经过两个定点 S 和 T, 则第三条边的包络是一条二次曲线. 再证明这条二次曲线与直线 AB, AC, BS, CT, ST 相切. [这个定理可以推广到任意多边形.]

10. 作一条已知二次曲线的外切三角形, 使得它的顶点在三条已知直线上.

11. 如果一个多边形内接于一条二次曲线, 且所有边中除一条之外都经过已知点, 则这条边的包络是一条与已知二次曲线有双重切点的二次曲线.

12. 一个多边形的各边分别经过定点, 且所有的顶点除一个之外都在一条定二次曲线上. 证明剩余这个顶点的轨迹是一条经过其中两个定点的二次曲线.

13. 如果一个多边形的各边分别经过定点, 且所有的角点除一个之外都在定直线上, 证明这个角点的轨迹是一条二次曲线.

[138]

二次曲线上的对合点列

133. 一条二次曲线上的对合点列是单应点列, 使得对于每一点 P, 无论它是属于第一个点列还是属于第二个点列, 都对应于同一点 P'. 正如目 28, 我们看到这仅当在目 120 的基本关系式中有 $L = M$ 的情况下才成立.

因此如果这条二次曲线使用 $\beta\gamma = k\alpha^2$ 形式的方程, 则这个对合中的任意两个点偶由

$$Ktt' + L(t + t') + N = 0$$

给出. 两个二重点由

$$Kt^2 + 2Lt + N = 0$$

给出.

当两个二重点是实点并取为参考三角形的角点 B 和 C 时, 在此情形下, 根据目 121, 我们知道 $K = 0$ 且 $N = 0$, 而 t 和 t' 之间的关系变为 $t' = -t$.

再者，若我们将参考三角形的角点 B 和 C 取为这两个对合点列的两个点偶，则基本关系式被 $t=0$ 和 $t'=\infty$ 所满足. 因此在这一情形下 $L=0$，而这个关系式化为

$$tt'=-\frac{N}{K}=\lambda.$$

134. *若 P 和 P', Q 和 Q', R 和 R', $\cdots$ 是一条二次曲线上的一个对合点列的点偶，则所有像 PQ' 和 $P'Q$ 这样的直线对的交点的轨迹是这个对合的两个二重点的连线. 而各对点偶的连线，如 PP', QQ', $\cdots$，相交于一点，该点是这个对合的两个二重点的连线的极点.*

取 B 和 C 作为这个对合的两个点偶，则根据上一条，基本关系式是 $tt'=\lambda$.

设 P, Q, R, $\cdots$ 是点“t_1”,“t_2”,“t_3”, $\cdots$，而 P', Q', R', $\cdots$ 是点“t_1'”,“t_2'”,“t_3'”, $\cdots$，则 PQ' 的方程是

$$-\alpha k(t_1+t_2')+\beta t_1t_2'+\gamma k=0,$$

即

$$-\alpha k(t_1t_2+\lambda)+\beta t_1\lambda+\gamma kt_2=0,$$

[139]

而 $P'Q$ 的方程是

$$-\alpha k(t_1t_2+\lambda)+\beta t_2\lambda+\gamma kt_1=0.$$

通过相减，我们看到这两条直线相交在以下直线上

$$\beta\lambda-\gamma k=0.$$

现在两个二重点的参数是 $\sqrt{\lambda}$ 和 $-\sqrt{\lambda}$，因而它们连线的方程是

$$\beta\lambda-\gamma k=0,$$

因此 PQ' 和 $P'Q$ 相交在两个二重点的连线上. 这条直线称为**对合轴（Axis of the Involution）**.

另外 PP' 的方程是

$$-\alpha k(t_1+t_1')+\beta t_1t_1'+\gamma k=0,$$

即

$$-\alpha k(t_1^2+\lambda)+\beta\lambda t_1+\gamma kt_1=0.$$

这条直线显然经过点 $(0,-k,\lambda)$，它是两个二重点连线的极点. 这个点称为**对合极点（Pole of the Involution）**.

再者 PQ 的方程是

$$-\alpha k(t_1+t_2)+\beta t_1t_2+\gamma k=0,$$

而 $P'Q'$ 的方程是

$$-\alpha k(t_1'+t_2')+\beta t_1't_2'+\gamma k=0,$$

即

$$-\alpha k\lambda(t_1+t_2)+\beta\lambda^2+\gamma kt_1t_2=0.$$

这两条直线显然相交在直线 $\beta\lambda-\gamma k=0$ 上，即对合轴上.

因此当任意两对点偶 P 和 P', Q 和 Q' 是已知的时，容易求出对合轴. 因为它经过 PQ' 和 $P'Q$ 的交点，并经过 PQ 和 $P'Q'$ 的交点.

135. *反之，如果我们过任意点 A 作直线与这条二次曲线交于 P 和 P', Q 和 Q', R 和 R', $\cdots$, 则我们确定一个对合点列, A 到这条二次曲线的两条切线的切点是(实的或虚的)二重点.*

另外已知一条二次曲线上的一个对合点列的两对点 P 和 P', Q 和 Q', 我们能够确定这个点列中我们想要数目的点. 因为设 PP' 交 QQ' 于 A, 则 [140] A 是对合极点；则这条二次曲线上任意其他的点 R 的点偶是 AR 与二次曲线的第二交点 R'.

136. 如果我们假定这个对合的两个二重点是实的，并将它们取作参考三角形的角点 B 和 C, 则这个过程能够简化.

因为 P 和 P' 现在是点"t_1"和"$-t_1$", 而 Q 和 Q' 现在是点"t_2"和"$-t_2$". PQ' 和 $P'Q$ 的方程是

$$-k\alpha(t_1-t_2)-\beta t_1t_2+\gamma k=0 \text{ 和 } -k\alpha(-t_1+t_2)-\beta t_1t_2+\gamma k=0,$$

它们显然相交在 $\alpha=0$ 上，即 BC 上.

PP' 的方程是 $\beta t_1^2-\gamma k=0$, 它经过 A. 另外 PQ 和 $P'Q'$ 的方程是

$$-k\alpha(t_1+t_2)+\beta t_1t_2+\gamma k=0 \text{ 和 } k\alpha(t_1+t_2)+\beta t_1t_2+\gamma k=0,$$

它们也相交在 BC 上.

习题 14

1. 一组平行线与一条二次曲线交于成对合的点对.

[在目 135 中将点 A 取为无穷远点.]

2. 一条二次曲线上的一个对合点列的两个二重点，以及这个对合中的任一对点偶，对这条二次曲线上的任意点张调和线束.

3. 一条已知直线上的各点到一条二次曲线的切线对的切点确定这条二次曲线上的一个对合点列，并且这些切线本身在该二次曲线的任一条定切线上确定一个对合点列.

[各条切点弦经过一个定点，即已知直线的极点. 因此，根据目 135，它们在这条二次曲线上确定出一个对合点列.]

4. 若 O 是一条二次曲线上的一个点，且弦 PP', QQ', $\cdots$ 对 O 张直角，则这些弦经过 O 处法线上的一个定点. [富瑞吉(Frégier)点；参见第1卷，目 404.]

[OP 和 OP', OQ 和 OQ', $\cdots$ 是一个成对合的线束，因此在这条二次曲线上确定一个对合点列. 因此(目 134) PP', QQ', $\cdots$ 相交于一点 O'. 若 P 重合于 O, 则 P' 是过 O 的法线弦的另一个端点，因此 O' 一定在这条法线上.]

5. 如果在上一个习题中，OP 和 OP' 等对 O 处的法线成相等的倾斜角，则这些弦经过 O 处切线上的一个定点.

6. P 和 P' 是一条已知二次曲线上的定点，过 P 和 P' 作任一条共焦二次曲线的切线对，并且它们交已知二次曲线于 Q，R 和 Q'，R'. 证明 QR 和 $Q'R'$ 的交点的轨迹是一条二次曲线.

[利用前一个习题与目 25.] **[141]**

单应的平面图形

137. 位于不同平面上或者同一个平面上的两个平面图形是单应的，是指对于其中任一平面上的每个点，在另一个平面上有且仅有一个对应点，并且另外对于第一个图形中一条直线上的各点，在第二个图形中的对应点在一条直线上. 这两个图形间的关系称为单应性.

设 (x,y) 是第一个图形中的一个点参照第一个平面上任意两条坐标轴的坐标，而 (x',y') 是第二个图形中对应点的坐标. 则如果存在一个一一对应性，则它们之间最一般的代数关系式的形式为

$$x' = \frac{a_1x+b_1y+c_1}{a_3x+b_3y+c_3},\ y' = \frac{a_2x+b_2y+c_2}{a_4x+b_4y+c_4}.$$

如果对于一条直线上的各点，它们的对应点在一条直线上，则对于一个形如 $lx'+my'+n=0$ 的关系式，我们必须要得到一个 x 和 y 之间的线性关系式. 但是通过将上面的各值代入，我们一般不能得到一个线性关系式，除非 x'，y' 的值的分母是相同的，或者一个是另一个的常数倍. 在每一种情形中，我们都能得到

$$x' = \frac{a_1x+b_1y+c_1}{a_3x+b_3y+c_3} \text{ 和 } y' = \frac{a_2x+b_2y+c_2}{a_3x+b_3y+c_3} \cdots\cdots\cdots\cdots (1).$$

将这两个值代入关系式

$$lx'+my'+n=0$$

中，给出一个 x 和 y 之间的线性关系.

通过解 x 和 y，我们得到

$$x = \frac{x'(b_2c_3-b_3c_2)+y'(b_3c_1-b_1c_3)+(b_1c_2-b_2c_1)}{x'(a_2b_3-a_3b_2)+y'(a_3b_1-a_1b_3)+(a_1b_2-a_2b_1)},$$

和

$$y = \frac{x'(c_2a_3-c_3a_2)+y'(c_3a_1-c_1a_3)+(c_1a_2-c_2a_1)}{x'(a_2b_3-a_3b_2)+y'(a_3b_1-a_1b_3)+(a_1b_2-a_2b_1)}.$$

因此从第二个图形到第一个图形的变换与从第一个图形到第二个图形的变换有相同形式的关系式.

[142]

若 A_1，B_1，C_1，$\cdots$ 是 a_1，b_1，c_1，$\cdots$ 在行列式

$$\begin{vmatrix} a_1 & b_1 & c_1 \\ a_2 & b_2 & c_2 \\ a_3 & b_3 & c_3 \end{vmatrix}$$

中的余子式，则有 $x = \dfrac{A_1x' + A_2y' + A_3}{C_1x' + C_2y' + C_3}$ 和 $y = \dfrac{B_1x' + B_2y' + B_3}{C_1x' + C_2y' + C_3}$.

第一个图形中的影消线，即与第二个图形中的无穷远线对应的直线，是

$$a_3x + b_3y + c_3 = 0$$

而第二个图形中的影消线是

$$x'(a_2b_3 - a_3b_2) + y'(a_3b_1 - a_1b_3) + (a_1b_2 - a_2b_1) = 0.$$

138. 第一个图形中的任意四个点，其中无三点共线，与第二个图形中的四个类似的点确定一个上面类型的单应性. 因为这样我们能得到用来确定九个值

$$a_1,\ b_1,\ c_1,\ a_2,\ b_2,\ c_2,\ a_3,\ b_3,\ c_3$$

之间的八个比值的八个线性关系式.

能够证明任意四个共面的点能够射影成另一个平面上的任意四个共面的点，假定其中任一组点中没有三个点在一条直线上.（参见 Hatton 的 *Projective Geometry*，第 43 页，Russell 的 *Pure Geometry*，第 116 页，或 Cremona 的 *Projective Geometry*，第 80 页.）

共面的单应对应

139. 如果这两个图形在同一平面内，则在 (x,y) 和 (x',y') 之间我们能得到与上一条中相同的关系式. 在此情形中一个图形中的某些点在另一图形中的对应点可以是它们本身. 这些点可以在关系式 (1) 中令 $x' = x$ 和 $y = y'$ 来求出. 因而我们得到

$$x(a_3x + b_3y + c_3) = a_1x + b_1y + c_1 \quad\cdots\cdots(1),$$

和

$$y(a_3x + b_3y + c_3) = a_2x + b_2y + c_2 \quad\cdots\cdots(2).$$

消去 y，我们得到一个关于 x 的三次方程；对于这个三次方程的每一个根，等式 (1) 都给出一个，且仅给出一个 y 的值. 因而一般的我们能得到三个

二重点. [143]

二次曲线 (1) 和 (2) 仅交于三个有限点，因为它们有一条渐近线的方向是相同的，因此有一个共同的无穷远点.

例题. 两个单应的共面图形使得点 $(0,0)$，$(0,1)$，$(1,0)$，$(1,1)$ 分别对应于点 $(0,0)$，$(0,-1)$，$(2,1)$，$(3,1)$. 求联系这两组点的一般关系式，并证明自对应点的坐标是 $(0,0)$，$(0,3)$ 和 $(7,3)$. 再证明这两个图形的影消线是 $x-y+2=0$ 和 $x-3y+3=0$.

参数坐标

140. 我们已经给出一些二次曲线上的点的坐标由一个独立参数的函数表示的例子. 下面是一些更一般的命题.

141. 无论坐标 (x,y,z) 是笛卡儿坐标，还是三线坐标或者面积坐标，如果它由关系式

$$\frac{x}{a_1t^2+2b_1t+c_1}=\frac{y}{a_2t^2+2b_2t+c_2}=\frac{z}{a_3t^2+2b_3t+c_3}$$

给出，证明它的轨迹是一条圆锥曲线.

直线 $lx+my+nz=0$ 与这个点的轨迹交于

$$t^2(a_1l+a_2m+a_3n)+2t(b_1l+b_2m+b_3n)+(c_1l+c_2m+c_3n)=0.$$

这个方程一般给出两个 t 的值. 所以直线与这条轨迹交于两个点，因此这个轨迹是一条二次曲线.

如果这个方程有等根，即若

$$(b_1l+b_2m+b_3n)^2=(a_1l+a_2m+a_3n)(c_1l+c_2m+c_3n),$$

即若

$$\begin{aligned}&(b_1^2-c_1a_1)l^2+(b_2^2-c_2a_2)m^2+(b_3^2-c_3a_3)n^2\\&+mn(2b_2b_3-a_2c_3-a_3c_2)+nl(2b_3b_1-a_3c_1-a_1c_3)\\&+lm(2b_1b_2-a_1c_2-a_2c_1)=0,\end{aligned}$$

则这条直线与这条二次曲线相切. 这是这条二次曲线的切线式方程. 点式方程可以按照目 73 来求出，为

$$\begin{aligned}&x^2(B_1^2-4C_1A_1)+y^2(B_2^2-4C_2A_2)+z^2(B_3^2-4C_3A_3)\\&+2yz(B_2B_3-2A_2C_3-2A_3C_2)+2zx(B_3B_1-2A_3C_1-2A_1C_3)\\&+2xy(B_1B_2-2A_1C_2-2A_2C_1)=0,\end{aligned}$$

[144]

这里 A_1，B_1，C_1，$\cdots$ 是 a_1，b_1，c_1，$\cdots$ 在行列式

$$\Delta = \begin{vmatrix} a_1 & b_1 & c_1 \\ a_2 & b_2 & c_2 \\ a_3 & b_3 & c_3 \end{vmatrix}$$

中的余子式.

或者它也可以按照如下方法来求，由已知等式，我们得到

$$a_1t^2 + 2b_1t + c_1 = \lambda x \cdots\cdots (1),$$
$$a_2t^2 + 2b_2t + c_2 = \lambda y \cdots\cdots (2),$$
$$a_3t^2 + 2b_3t + c_3 = \lambda z \cdots\cdots (3).$$

将 (1)，(2)，(3) 依次乘以 A_1，A_2，A_3，并相加，得到

$$t^2 \cdot \Delta = \lambda(A_1x + A_2y + A_3z).$$

同理有

$$2t \cdot \Delta = \lambda(B_1x + B_2y + B_3z),$$

和

$$\Delta = \lambda(C_1x + C_2y + C_3z).$$

所以

$$(B_1x + B_2y + B_3z)^2 = 4(A_1x + A_2y + A_3z)(C_1x + C_2y + C_3z),$$

即

$$x^2(B_1^2 - 4A_1C_1) + \cdots + \cdots + 2yz(B_2B_3 - 2A_2C_3 - 2A_3C_2) + \cdots + \cdots = 0.$$

如果这些坐标是笛卡儿坐标，则我们有 z 等于 1.

142. *切线的方程，以及两条切线交点的坐标.*

联结点 t_1 和 t_2 的直线是(目 51)

$$\begin{vmatrix} x & y & z \\ a_1t_1^2 + 2b_1t_1 + c_1 & a_2t_1^2 + 2b_2t_1 + c_2 & a_3t_1^2 + 2b_3t_1 + c_3 \\ a_1t_2^2 + 2b_1t_2 + c_1 & a_2t_2^2 + 2b_2t_2 + c_2 & a_3t_2^2 + 2b_3t_2 + c_3 \end{vmatrix} = 0.$$

从第三行的元素中减去第二行的元素并除以 $t_2 - t_1$，这个行列式变为

[145]

$$\begin{vmatrix} x & y & z \\ a_1t_1^2 + 2b_1t_1 + c_1 & a_2t_1^2 + 2b_2t_1 + c_2 & a_3t_1^2 + 2b_3t_1 + c_3 \\ a_1(t_1 + t_2) + 2b_1 & a_2(t_1 + t_2) + 2b_2 & a_3(t_1 + t_2) + 2b_3 \end{vmatrix} = 0.$$

将第二行乘以 $t_1 + t_2$，并减去第三行乘以 t_1^2，我们得到

$$\begin{vmatrix} x & y & z \\ 2b_1t_1t_2 + c_1(t_1 + t_2) & 2b_2t_1t_2 + c_2(t_1 + t_2) & 2b_3t_1t_2 + c_3(t_1 + t_2) \\ a_1(t_1 + t_2) + 2b_1 & a_2(t_1 + t_2) + 2b_2 & a_3(t_1 + t_2) + 2b_3 \end{vmatrix} = 0.$$

$$\cdots\cdots (1).$$

通过令 $t_2 = t_1$，可得 t_1 处切线的方程是

$$\begin{vmatrix} x & y & z \\ a_1t_1+b_1 & a_2t_1+b_2 & a_3t_1+b_3 \\ b_1t_1+c_1 & b_2t_1+c_2 & b_3t_1+c_3 \end{vmatrix}=0.$$

同理 t_2 处切线的方程是

$$\begin{vmatrix} x & y & z \\ a_1t_2+b_1 & a_2t_2+b_2 & a_3t_2+b_3 \\ b_1t_2+c_1 & b_2t_2+c_2 & b_3t_2+c_3 \end{vmatrix}=0.$$

这两条切线显然相交于点

$[a_1t_1t_2+b_1(t_1+t_2)+c_1,\ a_2t_1t_2+b_2(t_1+t_2)+c_2, a_3t_1t_2+b_3(t_1+t_2)+c_3]$，因而这是点 t_1 和 t_2 的连线的极点.

在 (1) 中，x 的系数经过化简等于

$$2(a_2b_3-b_2a_3)t_1t_2-(c_2a_3-c_3a_2)(t_1+t_2)+2(b_2c_3-b_3c_2),$$

对于 y 和 z 的系数类似.

143. 证明任意二次曲线的一般方程式可以化为被如下形式的等式所满足的形式

$$\frac{x}{a_1t^2+2b_1t+c_1}=\frac{y}{a_2t^2+2b_2t+c_2}=\frac{z}{a_3t^2+2b_3t+c_3}.$$

一般方程式

$$ax^2+by^2+cz^2+2fyz+2gzx+2hxy=0$$

等于

$$(ax+hy+gz)^2+(ab-h^2)y^2+(ac-g^2)z^2-2(gh-af)yz=0,$$

使用常用的记号，此即

$$C(ax+hy+gz)^2+(Cy-Fz)^2+z^2(BC-F^2)=0.$$

[146]

这个方程被

$$\sqrt{C}(ax+hy+gz)=\lambda(1-t^2),$$

$$Cy-Fz=\lambda\cdot 2t,$$

和

$$\sqrt{-(BC-F^2)}\cdot z=\lambda(1+t^2)$$

所满足.

解这些方程，我们得到 x，y，z 使用上面形式给出的值.

由 $(l_1x+m_1y+n_1z)(l_2x+m_2y+n_2z)=(l_3x+m_3y+n_3z)^2$ 这一形式的方程给出的二次曲线被

$$\frac{l_1x+m_1y+n_1z}{1}=\frac{l_2x+m_2y+n_2z}{t^2}=\frac{l_3x+m_3y+n_3z}{t}$$

满足，因此通过解这些方程，我们得到 x，y，z 的比与上面相同.

例题. 二次曲线

$$x^2+2y^2+3z^2+2yz+4zx+6xy=0$$

被

$$x=-1+14t-54t^2,\ y=2t \text{ 和 } z=1-10t+18t^2$$

所满足.

144. 证明二次曲线上点 t_1，t_2，t_3，t_4 与这条曲线上任意点所连线束的交比等于

$$\frac{(t_2-t_1)(t_4-t_3)}{(t_3-t_2)(t_1-t_4)}.$$

设 O 是点 $t=0$，因此它的坐标是 (c_1,c_2,c_3).

则 OP_1 是

$$\begin{vmatrix} x & y & z \\ a_1t_1^2+2b_1t_1+c_1 & a_2t_1^2+2b_2t_1+c_2 & a_3t_1^2+2b_3t_1+c_3 \\ c_1 & c_2 & c_3 \end{vmatrix}=0.$$

即

$$\begin{aligned}&2[x(b_2c_3-b_3c_2)+y(b_3c_1-b_1c_3)+z(b_1c_2-b_2c_1)]\\&\qquad=t_1[x(c_2a_3-c_3a_2)+y(c_3a_1-c_1a_3)+z(c_1a_2-c_2a_1)],\end{aligned}$$

对于 OP_2，OP_3，OP_4 同样.

[147] 因此，根据目 63，这个交比如所述.

145. 笛卡儿坐标.

二次曲线

$$\frac{x}{a_1t^2+2b_1t+c_1}=\frac{y}{a_2t^2+2b_2t+c_2}=\frac{1}{a_3t^2+2b_3t+c_3}$$

上的无穷远点由

$$a_3t^2+2b_3t+c_3=0\ldots\ldots\ldots\ldots\ldots\ldots\ldots(1)$$

给出，因此它是一个椭圆，抛物线，还是双曲线取决于 $b_3^2 \lesseqgtr a_3c_3$.

由 (1) 给出无穷远线的 t 的值满足

$$\frac{t_1t_2}{c_3}=\frac{t_1+t_2}{-2b_3}=\frac{1}{a_3},$$

因此，根据目 142，二次曲线的中心，它是无穷远线的极点，由

$$\frac{x}{a_1c_3-2b_1b_3+c_1a_3}=\frac{y}{a_2c_3-2b_2b_3+c_2a_3}=\frac{1}{2(a_3c_3-b_3^2)}$$

给出.

146. 证明由

$$x=a_1t^2+2b_1t+c_1,\ y=a_2t^2+2b_2t+c_2$$

给出的二次曲线是抛物线，它的准线是

$$a_1x+a_2y=a_1c_1-b_1^2+a_2c_2-b_2^2,$$

并且它的正焦弦等于

$$4\frac{(a_1b_2-a_2b_1)^2}{(a_1^2+a_2^2)^{\frac{3}{2}}}.$$

根据目 141，直线

$$lx+my+n=0 \cdots\cdots(1)$$

与这条二次曲线相切的条件是

$$l^2(b_1^2-a_1c_1)+m^2(b_2^2-a_2c_2)+lm(2b_1b_2-a_1c_2-a_2c_1)$$
$$-nla_1-mna_2=0 \cdots\cdots(2).$$

这个方程被 $l=m=0$ 所满足，即被无穷远线满足，因此这条二次曲线是一条抛物线.

若 (x_1,y_1) 是直线 (1) 上的任意点，则 $n=-lx_1-my_1$. 将这个值代入 (2) 中，如果在得到的方程中系数的和等于零，即若 $a_1x_1+a_2y_1+b_1^2-a_1c_1+b_2^2-a_2c_2=0$，则由它给出的两条直线成直角，因而 (x_1,y_1) 的轨迹，即准线，如题所述.

[148]

另外如果 (x_1,y_1) 是焦点，则这个方程化为 $l^2+m^2=0$，因此我们得到

$$a_1x_1-a_2y_1=a_1c_1-b_1^2-(a_2c_2-b_2^2),$$

和

$$a_2x_1+a_1y_1=a_1c_2+a_2c_1-2b_1b_2,$$

即

$$(a_1^2+a_2^2)(x_1-c_1)=a_1(b_2^2-b_1^2)-2a_2b_1b_2,$$

和

$$(a_1^2+a_2^2)(y_1-c_2)=a_2(b_1^2-b_2^2)-2a_1b_1b_2,$$

给出焦点的坐标.

焦点到准线的垂直距离

$$=\frac{a_1(x_1-c_1)+a_2(y_1-c_2)+b_1^2+b_2^2}{(a_1^2+a_2^2)^{\frac{1}{2}}}=\frac{2(a_1b_2-a_2b_1)^2}{(a_1^2+a_2^2)^{\frac{3}{2}}},$$

而正焦弦等于这个距离的两倍.

习题 15

1. 如果 $x:y:z=t^2+8t+2:4t^2+5t+1:4t^2-t+1$，
求这条二次曲线的切线式方程，并证明它是一条抛物线，这里坐标是面积坐标.

2. 证明 $\dfrac{x}{5-6t-3t^2}=\dfrac{y}{5+8t-t^2}=\dfrac{1}{1+t^2}$ 表示一个半径为 5 的圆.

3. 求抛物线

$$x=t^2-2t+2,\ y=t^2+1$$

的焦点和准线.

4. 求目 145 中二次曲线的焦点和准圆.

[按照目 146 来进行，使用目 141 的切线式方程.]

5. 在抛物线 $x=a_1t^2+2b_1t+c_1$，$y=a_2t^2+2b_2t+c_2$ 中，证明正焦弦的两个端点的“t”的值是

$$\frac{\pm(a_1b_2-a_2b_1)-(a_1b_1+a_2b_2)}{a_1^2+a_2^2}.$$

6. 如果 t_1 和 t_2 是抛物线 $x=a_1t^2+2b_1t+c_1$，$y=a_2t^2+2b_2t+c_2$ 中平行于 $y=mx$ 的任意弦的两个端点的参数，证明

$$t_1+t_2=-2\frac{b_2-mb_1}{a_2-ma_1}.$$

7. 证明经过参考三角形各边的中点 D, E, F，以及顶点 C，并与边 AB 切于 F 的二次曲线，使用面积坐标的参数形式的方程是

[149]

$$x:y:z=1+t:1-t:2t^2.$$

第 5 章

切线式坐标

147. 如果在直线的一般方程

$$l\alpha+m\beta+n\gamma=0$$

中，我们赋予 l，m，n 以特定的值，则我们将得到一条确定的直线. 因此将 l，m，n 称作这条直线的坐标，因为它们确定了这条直线的位置，并将它们记为符号 (l,m,n).

如果在这三个线坐标之间存在一个线性关系，譬如 $l\alpha_1+m\beta_1+n\gamma_1=0$，这里 α_1，β_1，γ_1 是常数，则这条直线经过点 $(\alpha_1,\beta_1,\gamma_1)$. 因此线坐标间的这样一个线性关系式确定了一个点，是这个点的方程.

[于是外心的切线式方程是

$$l\cos A+m\cos B+n\cos C=0,$$

这是直线 $l\alpha+m\beta+n\gamma=0$ 经过外心的条件，外心的坐标是

$$(\cos A,\cos B,\cos C).$$

同理垂心，内心和重心的切线式方程分别是

$$l\sec A+m\sec B+n\sec C=0,\ l+m+n=0,$$

和

$$l\csc A+m\csc B+n\csc C=0.]$$

如果在 l，m，n 之间存在一个二次的关系式，则我们在目 72 中已经证明这条直线包络出一条二次曲线；就是说一个二次的切线式方程表示一条二次曲线.

如果在 l，m，n 之间存在一个任意类型的代数齐次关系式，则这条直线包络出某条曲线，而这个代数关系式称为是这条曲线的切线式方程.

148. 如果我们使用面积坐标，则前面提到的结论类似成立. 但是，为了指明表示的是何种坐标，字母 p，q，r 将用来表示使用面积坐标的直线的坐标，因此 **[150]**

$$px+qy+rz=0$$

是一条直线使用面积坐标的标准形式.

这一章中的大部分条目对于面积坐标与对于三线坐标一样成立. 其中存在的一些不同之处将予以指出.

如果我们使用笛卡儿坐标，我们将令 z 等于 1，则 x 和 y 是笛卡儿坐标.

149. 我们能够容易地将使用三线坐标的方程转化为使用面积坐标的类似方程. 因为如果假定三线方程

$$l\alpha+m\beta+n\gamma=0$$

与面积方程

$$px+qy+rz=0$$

表示相同的直线，则 $l\alpha, m\beta, n\gamma$ 与 px, qy, rz 成比例. 现在根据目 67，α, β, γ 与 $\dfrac{x}{a}$，$\dfrac{y}{b}$，$\dfrac{z}{c}$ 成比例. 所以 $\dfrac{l}{a}$，$\dfrac{m}{b}$，$\dfrac{n}{c}$ 与 p，q，r 成比例，从而 l，m，n 与 pa，qb，rc 成比例. 由此可得，一个使用三线坐标的切线式方程，可以通过用 pa，qb，rc 取代 l，m，n 而转化为使用面积坐标的对应方程，这里 a，b，c 是参考三角形的边长，反之亦然.

150. 经过直线 $l_1\alpha+m_1\beta+n_1\gamma=0$ 和 $l_2\alpha+m_2\beta+n_2\gamma=0$ 的交点的任意直线的方程是

$$(l_1+\lambda l_2)\alpha+(m_1+\lambda m_2)\beta+(n_1+\lambda n_2)\gamma=0,$$

因此经过直线 (l_1,m_1,n_1) 和 (l_2,m_2,n_2) 的交点的任意直线的切线式坐标是 $(l_1+\lambda l_2,\ m_1+\lambda m_2,\ n_1+\lambda n_2)$.

根据目 51，联结两个定点 $(\alpha_1,\beta_1,\gamma_1)$ 和 $(\alpha_2,\beta_2,\gamma_2)$ 的直线的切线式坐标是

[151]
$$(\beta_1\gamma_2-\beta_2\gamma_1,\ \gamma_1\alpha_2-\gamma_2\alpha_1,\ \alpha_1\beta_2-\alpha_2\beta_1).$$

151. 如同第 1 卷，目 116，可以证明如果

$$ABC+2FGH-AF^2-BG^2-CH^2=0,$$

则切线式方程

$$\Sigma=Al^2+Bm^2+Cn^2+2Fmn+2Gnl+2Hlm=0$$

能够分解为线性因式.

在此情形下这条二次曲线变为一对点. 因为设这两个因式是 $l\alpha_1+m\beta_1+n\gamma_1$ 和 $l\alpha_2+m\beta_2+n\gamma_2$. 则当 $l\alpha_1+m\beta_1+n\gamma_1=0$，或 $l\alpha_2+m\beta_2+n\gamma_2=0$，即当直线

$$l\alpha+m\beta+n\gamma=0$$

经过点 $(\alpha_1,\beta_1,\gamma_1)$ 和 $(\alpha_2,\beta_2,\gamma_2)$ 中的任一个时，$\Sigma=0$ 成立. 因此该方程仅

表示这两个点.

152. 一个半径为 r，圆心在点 $(\alpha', \beta', \gamma')$ 的圆的切线式方程，容易通过表示出圆心到任一条切线的距离等于 r 这一条件而得到，因而根据目 59，有

$$\frac{l\alpha' + m\beta' + n\gamma'}{\sqrt{l^2 + \cdots + \cdots - 2mn\cos A - \cdots - \cdots}} = r = \frac{a\alpha' + b\beta' + c\gamma'}{2\Delta} \times r,$$

即

$$r^2(a\alpha' + b\beta' + c\gamma')^2(l^2 + m^2 + n^2 - 2mn\cos A - 2nl\cos B - 2lm\cos C) = 4\Delta^2(l\alpha' + m\beta' + n\gamma')^2.$$

同理使用面积坐标的方程是

$$r^2(x' + y' + z')^2(a^2p^2 + b^2q^2 + c^2r^2 - 2qrbc\cos A - \cdots - \cdots) = 4\Delta^2(px' + qy' + rz')^2,$$

在每一种情形中 a，b，c 都是参考三角形的边长.

153. *求一条由切线式方程给出的二次曲线的任意切线的切点.*

设这条二次曲线的点式方程是

$$S = a\alpha^2 + b\beta^2 + c\gamma^2 + 2f\beta\gamma + 2g\gamma\alpha + 2h\alpha\beta = 0 \ldots\ldots\ldots (1),$$

因此它的切线式方程是

$$\Sigma = Al^2 + Bm^2 + Cn^2 + 2Fmn + 2Gnl + 2Hlm = 0 \ldots\ldots (2),$$

这里 $A = bc - f^2$，$\cdots$，$\cdots$，$F = gh - af$，$\cdots$，$\cdots$，与目 72 中相同.　[152]

设切线

$$l_1\alpha + m_1\beta + n_1\gamma = 0 \ldots\ldots\ldots\ldots\ldots\ldots\ldots (3)$$

的切点是点 $(\alpha_1, \beta_1, \gamma_1)$. 则 (3) 一定与曲线 (1) 在点 $(\alpha_1, \beta_1, \gamma_1)$ 处的切线相同，即与

$$\alpha(a\alpha_1 + h\beta_1 + g\gamma_1) + \beta(h\alpha_1 + b\beta_1 + f\gamma_1) + \gamma(g\alpha_1 + f\beta_1 + c\gamma_1) = 0$$

相同.

因此

$$a\alpha_1 + h\beta_1 + g\gamma_1 = \lambda l_1,$$
$$h\alpha_1 + b\beta_1 + f\gamma_1 = \lambda m_1,$$
$$g\alpha_1 + f\beta_1 + c\gamma_1 = \lambda n_1.$$

将这些等式乘以 A，H，G 并相加，我们得到

$$\Delta\alpha_1 = \lambda(Al_1 + Hm_1 + Gn_1),$$

对于另外的值同理.

所以

$$\frac{\alpha_1}{Al_1 + Hm_1 + Gn_1} = \frac{\beta_1}{Hl_1 + Bm_1 + Fn_1} = \frac{\gamma_1}{Gl_1 + Fm_1 + Cn_1}$$

给出所求的切点.

但是点 $(\alpha_1, \beta_1, \gamma_1)$ 的切线式方程是

$$l\alpha_1 + m\beta_1 + n\gamma_1 = 0.$$

因此直线 (l_1, m_1, n_1) 的切点的切线式方程是

$$l(Al_1 + Hm_1 + Gn_1) + m(Hl_1 + Bm_1 + Fn_1) + n(Gl_1 + Fm_1 + Cn_1) = 0,$$

即 $$l\frac{\mathrm{d}\Sigma}{\mathrm{d}l_1} + m\frac{\mathrm{d}\Sigma}{\mathrm{d}m_1} + n\frac{\mathrm{d}\Sigma}{\mathrm{d}n_1} = 0,\quad 或\quad l_1\frac{\mathrm{d}\Sigma}{\mathrm{d}l} + m_1\frac{\mathrm{d}\Sigma}{\mathrm{d}m} + n_1\frac{\mathrm{d}\Sigma}{\mathrm{d}n} = 0.$$

这两个方程中的任一个与已知点处的切线使用点坐标时的方程有相同的形式(目 71).

154. *求任意直线 (l_1, m_1, n_1) 关于切线式方程为*

$$\Sigma = Al^2 + Bm^2 + Cn^2 + 2Fmn + 2Gnl + 2Hlm = 0$$

的二次曲线的极点.

设直线 $l_1\alpha + m_1\beta + n_1\gamma = 0$ 与这条二次曲线的两个交点处的切线是

$$l_2\alpha + m_2\beta + n_2\gamma = 0 \quad\cdots\cdots(1)$$

[153] 和

$$l_3\alpha + m_3\beta + n_3\gamma = 0 \quad\cdots\cdots(2).$$

由上一条，切线 (1) 的切点是

$$(Al_2 + Hm_2 + Cn_2,\ Hl_2 + Bm_2 + Fn_2,\ Gl_2 + Fm_2 + Cn_2).$$

因为这个点在直线 $l_1\alpha + m_1\beta + n_1\gamma = 0$ 上，

所以 $$l_1(Al_2 + Hm_2 + Gn_2) + m_1(Hl_2 + Bm_2 + Fn_2) + n_1(Gl_2 + Fm_2 + Cn_2) = 0,$$

即

$$l_2(Al_1 + Hm_1 + Gn_1) + m_2(Hl_1 + Bm_1 + Fn_1) + n_2(Gl_1 + Fm_1 + Cn_1) = 0.$$

类似的

$$l_3(Al_1 + Hm_1 + Gn_1) + m_3(Hl_1 + Bm_1 + Fn_1) + n_3(Gl_1 + Fm_1 + Cn_1) = 0.$$

但是这些是这两条切线经过点

$$(Al_1 + Hm_1 + Gn_1,\ Hl_1 + Bm_1 + Fn_1,\ Gl_1 + Fm_1 + Cn_1)$$

的条件，因此这是所求的直线 (l_1, m_1, n_1) 的极点. 这是目 76 的结论.

这些坐标可以写成如下形式

$$\left(\frac{\mathrm{d}\Sigma}{\mathrm{d}l_1},\ \frac{\mathrm{d}\Sigma}{\mathrm{d}m_1},\ \frac{\mathrm{d}\Sigma}{\mathrm{d}n_1}\right).$$

因此这个极点的切线式方程是

$$l\frac{\mathrm{d}\Sigma}{\mathrm{d}l_1}+m\frac{\mathrm{d}\Sigma}{\mathrm{d}m_1}+n\frac{\mathrm{d}\Sigma}{\mathrm{d}n_1}=0 \text{ 或 } l_1\frac{\mathrm{d}\Sigma}{\mathrm{d}l}+m_1\frac{\mathrm{d}\Sigma}{\mathrm{d}m}+n_1\frac{\mathrm{d}\Sigma}{\mathrm{d}n}=0.$$

这两个方程的形式与目 75 中方程的形式类似.

155. 两条直线 (l_1, m_1, n_1) 和 (l_2, m_2, n_2) 是共轭的条件是每条直线的极点在另一条直线上，即

$$l_1\frac{\mathrm{d}\Sigma}{\mathrm{d}l_2}+m_1\frac{\mathrm{d}\Sigma}{\mathrm{d}m_2}+n_1\frac{\mathrm{d}\Sigma}{\mathrm{d}n_2}=0,$$

或

$$l_2\frac{\mathrm{d}\Sigma}{\mathrm{d}l_1}+m_2\frac{\mathrm{d}\Sigma}{\mathrm{d}m_1}+n_2\frac{\mathrm{d}\Sigma}{\mathrm{d}n_1}=0.$$

这在目 76 中也求出了.

若直线 (l, m, n) 的极点在它自身上面，即若

$$l\frac{\mathrm{d}\Sigma}{\mathrm{d}l}+m\frac{\mathrm{d}\Sigma}{\mathrm{d}m}+n\frac{\mathrm{d}\Sigma}{\mathrm{d}n}=0,$$

即若 $\Sigma=0$，则它是一条切线. **[154]**

156. 由三线坐标表示的一般切线式方程给出的二次曲线的中心和渐近线.

中心是无穷远线

$$a\alpha+b\beta+c\gamma=0$$

的极点. 因此根据目 154，中心是点

$$(Aa+Hb+Gc,\ Ha+Bb+Fc,\ Ga+Fb+Cc).$$

而渐近线是由中心向这条曲线所作的切线对.

因此一条渐近线是由

$$l(Aa+Hb+Gc)+m(Ha+Bb+Fc)+n(Ga+Fb+Cc)=0\,..\,(1)$$

和

$$Al^2+Bm^2+Cn^2+2Fmn+2Gnl+2Hlm=0\,.........\,(2)$$

给出的直线 (l, m, n). 即若 $\phi(l, m, n)=0$ 是这条二次曲线的切线式方程，则中心由

$$a\frac{\mathrm{d}\phi}{\mathrm{d}l}+b\frac{\mathrm{d}\phi}{\mathrm{d}m}+c\frac{\mathrm{d}\phi}{\mathrm{d}n}=0$$

给出，而两条渐近线由这个方程与 $\phi(l, m, n)=0$ 给出.

通过解这两个方程，我们得到渐近线.

这条二次曲线是一个椭圆，抛物线，或双曲线，取决于这两个根是实的，重合的，还是虚的.

这条二次曲线是一条抛物线的条件可以更容易地由无穷远线是一条切线这一事实中得出，所以 (2) 被 $l=a$，$m=b$ 和 $n=c$ 所满足. 因此这个条件是

$$Aa^2+Bb^2+Cc^2+2Fbc+2Gca+2Hab=0.$$

157. 使用面积坐标，则中心是直线 $x+y+z=0$ 的极点，由

$$\frac{\mathrm{d}\phi}{\mathrm{d}p}+\frac{\mathrm{d}\phi}{\mathrm{d}q}+\frac{\mathrm{d}\phi}{\mathrm{d}r}=0$$

给出，因此它是点

$$(A+H+G,\ H+B+F,\ G+F+C).$$

两条渐近线由

[155]

$$p(A+H+G)+q(H+B+F)+r(G+F+C)=0$$

与

$$Ap^2+Bq^2+Cr^2+2Fqr+2Grp+2Hpq=0$$

给出，即由

$$\frac{\mathrm{d}\phi}{\mathrm{d}p}+\frac{\mathrm{d}\phi}{\mathrm{d}q}+\frac{\mathrm{d}\phi}{\mathrm{d}r}=0 \text{ 和 } \phi(p,q,r)=0$$

给出.

若 $$A+B+C+2F+2G+2H=0,$$
则这条二次曲线是一条抛物线.

158. *求切线式方程为*

$$Al^2+Bm^2+Cn^2+2Fmn+2Gnl+2Hlm=0$$

的二次曲线的准圆的方程.

若直线 (l,m,n) 经过点 $(\alpha_1,\beta_1,\gamma_1)$，则有 $l\alpha_1+m\beta_1+n\gamma_1=0$.

如果我们从这个方程与切线式方程中消去 n，则我们能得到

$$l^2(A\gamma_1^2-2G\gamma_1\alpha_1+C\alpha_1^2)+2lm(H\gamma_1^2-G\beta_1\gamma_1-F\gamma_1\alpha_1+C\alpha_1\beta_1)$$
$$+m^2(B\gamma_1^2-2F\beta_1\gamma_1+C\beta_1^2)=0.$$

这个方程给出经过 $(\alpha_1,\beta_1,\gamma_1)$ 的两条切线 (l_1,m_1,n_1) 和 (l_2,m_2,n_2). 因此

$$\frac{l_1l_2}{B\gamma_1^2-2F\beta_1\gamma_1+C\beta_1^2}=\frac{m_1m_2}{C\alpha_1^2-2G\gamma_1\alpha_1+A\gamma_1^2}$$
$$=\frac{l_1m_2+l_2m_1}{-2H\gamma_1^2+2G\beta_1\gamma_1+2F\gamma_1\alpha_1-2C\alpha_1\beta_1}.$$

取代消去 n，通过消去 l 和 m，我们能够得到对于 n_1n_2，$m_1n_2+m_2n_1$

和 $n_1l_2+n_2l_1$ 的类似关系式.

现在如果 $(\alpha_1,\beta_1,\gamma_1)$ 在准圆上，则这两条切线成直角. 因此，通过代入目 54 的结论，我们得到

$$(B\gamma_1^2-2F\beta_1\gamma_1+C\beta_1^2)+\cdots+\cdots$$
$$+2(F\alpha_1^2+A\beta_1\gamma_1-H\gamma_1\alpha_1-G\alpha_1\beta_1)\cos A+\cdots+\cdots=0.$$

因此与目 79 一样，准圆的方程是

$$\alpha^2(B+C+2F\cos A)+\cdots+\cdots$$
$$+2\beta\gamma(A\cos A-F-G\cos C-H\cos B)+\cdots+\cdots=0. \qquad \textbf{[156]}$$

例 1. 一条二次曲线使用斜笛卡儿坐标的切线式方程是

$$Al^2+Bm^2+Cn^2+2Fmn+2Gnl+2Hlm=0,$$

证明它的准圆是

$$C(x^2+2xy\cos\omega+y^2)$$
$$-2(G+F\cos\omega)x-2(F+G\cos\omega)y+A+B+2H\cos\omega=0.$$

例 2. 使用直角笛卡儿坐标，证明切线式方程

$$Al^2+Bm^2+2Fmn+2Gnl+2Hlm=0$$

是一条抛物线的方程，它的准线由 $2Gx+2Fy=A+B$ 给出，而它的焦点 (x_1,y_1) 由 $2(x_1+\mathrm{i}y_1)(G+F\mathrm{i})=A-B+2H\mathrm{i}$ 给出，这里 $\mathrm{i}\equiv\sqrt{-1}$.

[一条经过焦点的切线是 $y-y_1=\mathrm{i}(x-x_1)$，因此值 $l=\mathrm{i}$，$m=-1$，$n=y_1-\mathrm{i}x_1$ 满足这个切线式方程.]

159. 求使用直角笛卡儿坐标的切线式方程为

$$\Sigma\equiv Al^2+Bm^2+Cn^2+2Fmn+2Gnl+2Hlm=0$$

的二次曲线的焦点.

设 (x_1,y_1)，(x_2,y_2) 是这条曲线的两个实焦点，或者两个虚焦点. 它们到任意一条切线的距离的乘积为定值.

因此有

$$\frac{(lx_1+my_1+n)(lx_2+my_2+n)}{l^2+m^2}=\text{定值}=\lambda.$$

将它与已知的切线式方程进行比较，我们得到

$$\frac{x_1x_2-\lambda}{A}=\frac{y_1y_2-\lambda}{B}=\frac{1}{C}=\frac{y_1+y_2}{2F}=\frac{x_1+x_2}{2G}=\frac{x_1y_2+x_2y_1}{2H},$$

所以
$$C(x_1x_2-y_1y_2)=A-B;\ C(x_1+x_2)=2G;$$
$$C(y_1+y_2)=2F;\ C(x_1y_2+x_2y_1)=2H.$$

因此代换掉 x_2 和 y_2，我们得到 x_1，y_1 由

$$C(x_1^2-y_1^2)-2Gx_1+2Fy_1+A-B=0$$

与
$$Cx_1y_1-Fx_1-Gy_1+H=0$$

给出，这两个方程给出了焦点. 它们表示两条相交于两个实焦点与两个虚焦点的直角双曲线.

另外，因为

[157]
$$(lx_1+my_1+n)(lx_2+my_2+n)=\Sigma+\lambda(l^2+m^2),$$
所以右侧式子一定能分解因式，而这个条件是

$$C(A+\lambda)(B+\lambda)+2FGH \\ -(A+\lambda)F^2-(B+\lambda)G^2-(C+\lambda)H^2=0,$$

即

$$C\lambda^2+\lambda[(A+B)C-F^2-G^2] \\ +(ABC+2FGH-AF^2-BG^2-CH^2)=0.$$

现在，如果这两个焦点是实的，则 λ 的值等于半短轴的平方；而如果这两个焦点是虚的，则能够证明(由第1卷，目394) λ 的值等于半长轴的平方. 因此两条半轴的平方由方程

$$C\lambda^2+\lambda[(A+B)C-F^2-G^2]+\Delta=0$$

给出，这里 Δ 是这个切线式方程的判别式.

160. 例题. 作二次曲线与参考三角形的各边以及直线 $(1,-1,1)$ 相切；证明渐近线的包络的切线式方程是 $q(p+q+r)-pr=0$，并解释这一结论.

内切二次曲线的方程是

$$Lqr+Mrp+Npq=0.$$

若 $M=L+N$，则这个方程被 $(1,-1,1)$ 所满足. 因此，通过令 $N=\mu L$，这个方程是

$$qr+(\mu+1)rp+\mu pq=0 \quad\cdots\cdots(1).$$

中心是(目157)

$$p(2\mu+1)+q(\mu+1)+r(\mu+2)=0 \quad\cdots\cdots(2).$$

渐近线由 (1) 与 (2) 给出. 消去 μ，我们得到

$$(p-r)[q(p+q+r)-pr]=0.$$

所以这是一个总被渐近线所满足的切线式方程. 因式 $p-r=0$ 给出 $p=q=r=0$.

因而所求的方程是

$$q(p+q+r)-pr=0 \quad\cdots\cdots(3).$$

这个方程被 $p=q=0$ 以及 $q=r=0$ 所满足. 因此 (3) 的包络是一条与边 $z=0$ 和 $x=0$ 相切的二次曲线.

根据目73，容易知道点式方程是

[158]
$$x^2+y^2+z^2+2yz-6zx+2xy=0.$$

习题 16

1. 利用一幅示意图说明面积坐标与 $(-1,2,3)$ 成比例的直线的位置，以及方程为 $-p+2q+3r=0$ 的点的位置.

2. 使用面积坐标，证明与参考三角形的各边相切，且中心在点 (x_0,y_0,z_0) 的二次曲线的切线式方程是

$$(y_0+z_0-x_0)qr+(z_0+x_0-y_0)rp+(x_0+y_0-z_0)pq=0.$$

如果这条二次曲线的中心是九点圆心，证明它的方程是

$$qr\sin 2A+rp\sin 2B+pq\sin 2C=0.$$

证明 $qr\cot\dfrac{A}{2}+rp\cot\dfrac{B}{2}+pq\cot\dfrac{C}{2}=0$ 是参考三角形内切圆的方程.

3. 使用面积坐标，切线式方程

$$(ap+bq-cr)(ap-bq+cr)+(ap+bq-cr)(-ap+bq+cr)$$
$$+(-ap+bq+cr)(ap-bq+cr)=0$$

表示的是什么曲线?

4. 使用面积坐标，证明下面方程表示的是什么曲线:

(1) $p\tan A+q\tan B+r\tan C=0$;

(2) $a^2p^2=4bcqr$;

(3) $2p^2=(p+q)r$;

(4) $a\sqrt{p}+b\sqrt{q}+c\sqrt{r}=0$;

(5) $a\sqrt{q+r}+b\sqrt{r+p}+c\sqrt{p+q}=0$;

这里 a，b，c 是基三角形的边长.

5. 求切线式方程是 $p^2+pq-2q^2-r^2=0$ 的二次曲线的中心与渐近线.

6. 求出参考三角形的各边与切线式方程为

$$Lqr+Mrp+Npq=0$$

的二次曲线切点的坐标.

再求出这条二次曲线的中心.

7. 证明基三角形的各顶点与二次曲线

$$ax^2+by^2+cz^2+2fyz+2gzx+2hxy=0$$

在对边上的交点的连线与一条切线式方程为

$$bcp^2+caq^2+abr^2-2afqr-2bgrp-2chpq=0$$

的二次曲线相切.

8. 证明参考三角形的各顶点到对边的三条垂线，以及各顶点通向对边中点的三条直线，都与一条切线式方程为

$$l^2\sin 2B\sin 2C+\cdots+\cdots+2mn\sin A\sin 2A+\cdots+\cdots=0$$

的二次曲线相切. **[159]**

9. 求参考三角形的内切圆与九点圆的方程，并证明它们的一个相似中心在它们自身上.

10. 在二次曲线束 $p^2 - q^2 = kr^2$ 中，其中 k 是一个变化的参数，证明所有的二次曲线有一条共同的渐近线，并且它们的另一条渐近线都经过一个公共点.

11. 设 p 和 q 是两个定点到一条动直线的垂线长，证明

$$ap + bq + c = 0 \text{ 和 } ap^2 + 2hpq + bq^2 = c^2$$

分别表示一个圆与一条二次曲线.

解释方程 $p'q + q'p = 2k^2$，这里直线 (p', q') 是椭圆 $pq = k^2$ 的任一条切线.

12. 证明参考三角形的各顶点与对边关于一条切线式方程为

$$Ap^2 + Bq^2 + Cr^2 + 2Fqr + 2Grp + 2Hpq = 0$$

的二次曲线的极点的连线相交于点

$$Fx = Gy = Hz.$$

如果这条二次曲线与四条定直线相切，证明这个交点的轨迹是参考三角形的一条外接二次曲线.

13. 如果一条直线使用直角笛卡儿坐标表示的方程是 $lx + my + n = 0$，证明方程 $4c^2lm = n^2$ 表示一条直角双曲线，并且它的渐屈线的方程是

$$c^2(l^2 - m^2)^2 + lmn^2 = 0.$$

14. 证明二次曲线 $yz = kx^2$ 的一条渐近线的方程是

$$4kx + y + z = \pm(y - z)\sqrt{1 - 4k},$$

并证明对于这个线束中的所有二次曲线它的包络是抛物线

$$(y + z + 2x)^2 = 4yz.$$

15. 自一个定点 O 作一条二次曲线的两条切线；第一条与一条动切线交于 P，而第二条与一条平行切线交于 Q. 证明乘积 $OP \cdot OQ$ 是定值.

[这可以通过切线式方法或者单应的方法来解决.]

16. 证明二次曲线

$$S \equiv ax^2 + by^2 + cz^2 + 2fyz + 2gzx + 2hxy = 0$$

在它与直线 $px + qy + rz = 0$ 的两个交点处的切线由方程

$$S \cdot \Sigma = \Delta(px + qy + rz)^2$$

[160] 给出，这里 $\Sigma = 0$ 是 $S = 0$ 的切线式方程，而 Δ 是 S 的判别式.

$\Sigma + \lambda\Sigma' = 0$ 的意义

161. 如果 $\Sigma = 0$ 和 $\Sigma' = 0$ 是两条二次曲线的切线式方程(即一般直线 $l\alpha + m\beta + n\gamma = 0$ 与它们相切的条件)，则 $\Sigma + \lambda\Sigma' = 0$ 是一条二次曲线的切线式方程，对于所有的 λ 的值，它与 Σ 和 Σ' 的四条公切线相切. 因为它被任一条线坐标同时满足 $\Sigma = 0$ 和 $\Sigma' = 0$ 的直线所满足，即被这两条二次曲线的任一条公切线所满足.

[同学们应该注意这与点式方程 $S+\lambda S'=0$ 的类似性(第1卷，目 380). 二次曲线 $S+\lambda S'=0$ 经过所有坐标同时满足 $S=0$ 和 $S'=0$ 的点. 二次曲线 $\Sigma+\lambda\Sigma'=0$ 与所有坐标同时满足 $\Sigma=0$ 和 $\Sigma'=0$ 的直线相切.]

特殊情形：

$\boldsymbol{\Sigma+\lambda PQ=0}$，这里 P 和 Q 是线性的，即它们是点的切线式方程.

根据一般的情形，这一情形给出一条二次曲线，其方程被 $\Sigma=0$ 和 $P=0$，或被 $\Sigma=0$ 和 $Q=0$ 所满足，即这条二次曲线与所有和 $\Sigma=0$ 相切并经过由 $P=0$ 和 $Q=0$ 给出的两个点的直线相切，即它与从点 $P=0$ 和 $Q=0$ 向二次曲线 $\Sigma=0$ 所作的四条切线相切.

$\boldsymbol{\Sigma+\lambda P^2=0}$. 若点 $Q=0$ 向点 $P=0$ 移动并最终与它重合，则这条二次曲线与过点 $Q=0$ 的切线的切点将向与过点 $P=0$ 的切线的切点移动并最终与它重合，即二次曲线 $\Sigma+\lambda P^2=0$ 与二次曲线 $\Sigma=0$ 在过点 $P=0$ 的切线与它的两切点处相切.

$\boldsymbol{PQ+\lambda RS=0}$，这里 $P=0$，$Q=0$，$R=0$，$S=0$ 是点 A，B，C，D 的切线式方程.

这个方程被任一条同时满足 $P=0$ 和 $R=0$ 的直线所满足，即被直线 AC 所满足；同理被任一条同时满足 $P=0$ 和 $S=0$ 的直线所满足，即被直线 AD 所满足；类似的被一条同时满足 $Q=0$，$R=0$，或 $Q=0$，$S=0$ 的直线所满足，即被直线 BC 或 BD 所满足. 因此这个方程给出与四条直线 AC，AD，BC，BD 相切的任意二次曲线. **[161]**

若 P 和 Q 重合，则 $P^2+\lambda RS=0$ 是一条与直线 AC 和 AD 切于 C 和 D 的二次曲线的切线式方程，这里 A，C，D 是切线式方程为 $P=0$，$R=0$，$S=0$ 的点.

162. 例题. 若 p_1，p_2，p_3，p_4 是一个四边形的各个顶点到它的一条内切二次曲线的任意切线的距离，证明 $p_1p_3=kp_2p_4$.

设 $(\alpha_1,\beta_1,\gamma_1)$，$(\alpha_2,\beta_2,\gamma_2)$，$(\alpha_3,\beta_3,\gamma_3)$，$(\alpha_4,\beta_4,\gamma_4)$ 是这个四边形的顶点 A，B，C，D 的坐标.

则 $l\alpha_1+m\beta_1+n\gamma_1=0$ 等等是点 A，B，C，D 的切线式方程，根据上一条，任一条与 AB，BC，CD，DA 相切的二次曲线，即任一条内切二次曲线的切线式方程是

$$(l\alpha_1+m\beta_1+n\gamma_1)(l\alpha_3+m\beta_3+n\gamma_3)=k(l\alpha_2+m\beta_2+n\gamma_2)(l\alpha_4+m\beta_4+n\gamma_4).$$

但是 $l\alpha_1+m\beta_1+n\gamma_1$ 与距离 p_1 成比例，且对于其他的距离类似. 因此我们有

$$p_1p_2=kp_2p_4.$$

无穷远圆环点

163. 无穷远圆环点的切线式方程.

无穷远圆环点由圆

$$a\beta\gamma+b\gamma\alpha+c\alpha\beta=0\ldots\ldots\ldots\ldots\ldots\ldots(1)$$

与无穷远线

$$a\alpha+b\beta+c\gamma=0\ldots\ldots\ldots\ldots\ldots\ldots(2)$$

的交点给出. 对于直线

$$l\alpha+m\beta+n\gamma=0\ldots\ldots\ldots\ldots\ldots\ldots(3),$$

如果这三条轨迹有一个公共点，则这条直线经过这两个圆环点中的一个.

(2) 与 (3) 相交于

$$\frac{\alpha}{mc-nb}=\frac{\beta}{na-lc}=\frac{\gamma}{lb-ma},$$

而这个点在直线 (1) 上的条件是

$$a(na-lc)(lb-ma)+b(lb-ma)(mc-nb)+c(mc-nb)(na-lc)=0,$$

即

$$abc(l^2+m^2+n^2)-mna(b^2+c^2-a^2)-nlb(c^2+a^2-b^2)$$
$$-lmc(a^2+b^2-c^2)=0,$$

即

$$l^2+m^2+n^2-2mn\cos A-2nl\cos B-2lm\cos C=0\ldots\ldots(4).$$

这个方程是 (3) 经过一个无穷远圆环点的条件，所以是它们的切线式方程.

[162]

164. 如果坐标是笛卡儿直角坐标，则 $\lambda x+\mu y+\nu=0$ 经过无穷远圆环点的相应条件是 $\lambda^2+\mu^2=0$. 因为条件 (4) 表明(目 59)对于每一条经过无穷远圆环点的直线，任意点到它的距离是无限的，而使用笛卡儿直角坐标时 $\lambda^2+\mu^2=0$ 正意味着这一点.

或者，这样考虑，经过任意点与无穷远圆环点的直线是 $y\pm x\sqrt{-1}+c=0$. 因此对于这两条直线有 $\dfrac{\lambda}{\sqrt{-1}}=\dfrac{\mu}{1}$，从而 $\lambda^2+\mu^2=0$.

类似的，对于斜笛卡儿坐标，相应的方程是 $\lambda^2+2\lambda\mu\cos\omega+\mu^2=0$，这里 ω 是轴间角.

如果坐标是面积坐标，则无穷远圆环点由圆

$$a^2yz+b^2zx+c^2xy=0$$

与直线

$$x + y + z = 0$$

的交点给出，因此它们的切线式方程是

$$a^2p^2 + b^2q^2 + c^2r^2 - 2bcqr\cos A - 2carp\cos B - 2abpq\cos C = 0.$$

焦点与共焦二次曲线

165. 我们在第1卷，目392中看到，一条二次曲线的焦点到这条二次曲线的(虚)切线满足是一个圆的条件，因此它们经过所有圆都经过的两个无穷远圆环点.

所以如果我们从这两个无穷远圆环点作这条二次曲线的切线(虚的)，则它们组成的四边形的两个角点是这条二次曲线的实焦点，另外两个角点是这条二次曲线的虚焦点. 而具有相同的过无穷远圆环点的切线的所有二次曲线有相同的焦点.

若 $\Sigma = 0$ 是任一条二次曲线的切线式方程，而

$$\Sigma' \equiv l^2 + m^2 + n^2 - 2mn\cos A - 2nl\cos B - 2lm\cos C = 0$$

是两个无穷远圆环点的切线式方程，则

$$\Sigma + \lambda\Sigma' = 0$$

[163]

被所有同时满足 $\Sigma = 0$ 和 $\Sigma' = 0$ 的直线所满足，即它是与自两个无穷远圆环点向 $\Sigma = 0$ 所作的四条切线相切的所有二次曲线的切线式方程.

但是这四条切线的其余交点是这条曲线的焦点.

因此 $\Sigma + \lambda\Sigma' = 0$ 与 $\Sigma = 0$ 有相同的焦点，因此所有与 $\Sigma = 0$ 共焦的二次曲线的切线式方程是

$$\Sigma + \lambda(l^2 + m^2 + n^2 - 2mn\cos A - 2nl\cos B - 2lm\cos C) = 0 \quad \cdots\cdots\cdots\cdots (1).$$

如果将方程 (1) 分解为两个线性因式，则对于 λ 的两个值，根据目151，它表示两对点，而这些点就是焦点本身.

166. 类似的，使用面积坐标，与 $\Sigma = 0$ 共焦的所有二次曲线的方程是

$$\Sigma + \lambda(a^2p^2 + b^2q^2 + c^2r^2 - 2bcqr\cos A - 2carp\cos B - 2abpq\cos C) = 0.$$

167. *焦点使用笛卡儿坐标的切线式方程.*

若 $\Sigma = 0$ 是任一条二次曲线的切线式方程，则任意共焦二次曲线的切线式方程是

$$\Sigma + \lambda(l^2 + m^2) = 0 \ldots\ldots\ldots\ldots\ldots\ldots\ldots (1),$$

即

$$(A + \lambda)l^2 + (B + \lambda)m^2 + Cn^2 + 2Fmn + 2Gnl + 2Hlm = 0.$$

这个方程能分解因式，它们是焦点的切线式方程的条件是

$$(A + \lambda)(B + \lambda)C + 2FGH - (A + \lambda)F^2 - (B + \lambda)G^2 - CH^2 = 0,$$

即

$$(ABC + 2FGH - AF^2 - BG^2 - CH^2) + \lambda(AC + BC - F^2 - G^2) + \lambda^2 C = 0,$$

即 $$\Delta^2 + \lambda(a + b)\Delta + \lambda^2 C = 0,$$

这里 Δ 是点式方程的判别式.

从这个方程与 (1) 中消去 λ，我们得到

$$(l^2 + m^2)^2\Delta^2 - \Sigma\Delta(a + b)(l^2 + m^2) + C\Sigma^2 = 0,$$

[164] 这是所求的焦点的切线式方程.

应该注意，在上面的推导中已经假定有

$$(ABC + 2FGH - AF^2 - BG^2 - CH^2) = (abc + 2fgh - af^2 - bg^2 - ch^2)^2 = \Delta^2.$$

这可以利用目 73 的关系式来证明. 因为左侧

$$= A(BC - F^2) + H(FG - CH) + G(HF - BG)$$
$$= A \cdot a\Delta + H \cdot h\Delta + G \cdot g\Delta = \Delta(Aa + Hh + Gg) = \Delta^2.$$

168. *以已知点 $S_1(\alpha_1, \beta_1, \gamma_1)$ 和 $S_2(\alpha_2, \beta_2, \gamma_2)$ 为焦点的所有二次曲线的一般切线式方程.*

若 $l\alpha + m\beta + n\gamma = 0$ 是任意切线，则两个焦点到它的距离积是定值. 因此

$$\frac{(l\alpha_1 + m\beta_1 + n\gamma_1)(l\alpha_2 + m\beta_2 + n\gamma_2)}{l^2 + m^2 + n^2 - 2mn\cos A - 2nl\cos B - 2lm\cos C} = 定值 = \lambda.$$

因而所求的切线式方程是

$$(l\alpha_1 + m\beta_1 + n\gamma_1)(l\alpha_2 + m\beta_2 + n\gamma_2)$$
$$= \lambda(l^2 + m^2 + n^2 - 2mn\cos A - 2nl\cos B - 2lm\cos C) \ldots\ldots\ldots (1).$$

如果我们想得到以 S_1 为焦点的抛物线，则 S_2 是这条二次曲线与无穷远线的切点，因此另外还要有

$$a\alpha_2 + b\beta_2 + c\gamma_2 = 0.$$

类似的，使用面积坐标，以 (x_1, y_1, z_1) 和 (x_2, y_2, z_2) 为焦点的所有二次曲线的切线式方程是

$$(px_1 + qy_1 + rz_1)(px_2 + qy_2 + rz_2)$$
$$= \lambda(a^2p^2 + b^2q^2 + c^2r^2 - 2bcqr\cos A - 2carp\cos B - 2abpq\cos C),$$

如果这条二次曲线是一条抛物线，则我们另外还要有

$$x_2 + y_2 + z_2 = 0.$$

169. 设 $\phi \equiv ax^2 + 2hxy + by^2 + 2gx + 2fy + c = 0$ 是一条二次曲线的一般笛卡儿方程，证明所有与它共焦的二次曲线的方程是

$$\phi + k\psi + k^2\Delta = 0,$$

这里 $$\psi \equiv C(x^2 + y^2) - 2Gx - 2Fy + A + B,$$

Δ 是 ϕ 的判别式，而 k 是一个变化的参数.

根据目 167，与 $\phi = 0$ 共焦的任意二次曲线的切线式方程是

$$(A + \lambda)l^2 + (B + \lambda)m^2 + Cn^2 + 2Fmn + 2Gnl + 2Hlm = 0.$$ **[165]**

因此，根据目 73，对应的点式方程是

$$x^2(BC - F^2 + \lambda C) + y^2(CA - G^2 + \lambda C) + [(A + \lambda)(B + \lambda) - H^2] \\ +2y(GH - AF - \lambda F) + 2x(HF - BG - \lambda G) \\ +2xy(FG - CH) = 0 \,.\,.\, (1).$$

但是，按照同一条目，有

$$BC - F^2 = a\Delta; \quad CA - G^2 = b\Delta; \quad AB - H^2 = c\Delta;$$

$$GH - AF = f\Delta; \quad HF - BG = g\Delta; \quad FG - CH = h\Delta,$$

这里 Δ 是点式方程的判别式.

因此 (1) 变为

$$\Delta\phi(x, y) + \lambda[C(x^2 + y^2) - 2Gx - 2Fy - 2Fy + A + B] + \lambda^2 = 0,$$

通过令 $\lambda = k\Delta$，此即

$$\phi + k\psi + k^2\Delta = 0.$$

注意 $\psi = 0$ 是这条二次曲线的准圆的方程（第 1 卷，目 390.）.

推论. 通过令 $\lambda = \mu c$，可以推导出，与 $ax^2 + 2hxy + by^2 + c = 0$ 共焦的所有二次曲线由

$$ax^2 + 2hxy + by^2 + \mu(x^2 + y^2) + c\frac{(a + \mu)(b + \mu) - h^2}{ab - h^2} = 0$$

给出，这里 μ 是某个常数.

170. 例 1. 求以三角形 ABC 的外心和垂心为焦点，且与边 BC 相切的二次曲线的方程.

外心是点 $(\cos A, \cos B, \cos C)$，而垂心是点 $(\cos B\cos C, \cos C\cos A, \cos A\cos B)$.

因此这条二次曲线的切线式方程是

$$(l\cos A + m\cos B + n\cos C)(l\cos B\cos C + m\cos C\cos A + n\cos A\cos B) \\ = \lambda(l^2 + m^2 + n^2 - 2mn\cos A - 2nl\cos B - 2lm\cos C).$$

因为这条二次曲线与 BC 相切，所以这个方程一定被 $(1, 0, 0)$ 所满足.

因此 $\lambda=\cos A\cos B\cos C$，而这个方程变为

$$mn\cos A(\cos^2 B+\cos^2 C+2\cos A\cos B\cos C)+\cdots+\cdots=0,$$

即
$$mn\cos A(\cos B\sin A\sin C+\cos C\sin A\sin B)+\cdots+\cdots=0,$$

即
$$mn\cos A\sin^2 A+nl\cos B\sin^2 B+lm\cos C\sin^2 C=0.$$

所以点式方程是

$$\sin A\sqrt{\alpha\cos A}+\sin B\sqrt{\beta\cos B}+\sin C\sqrt{\gamma\cos C}=0.$$

因而正如预期的那样，这条二次曲线与三角形的另两条边相切，因为外心和垂心到这个三角形的任一条边的距离积相等.

[166]

例 2. 证明存在四条，且仅存在四条内切于一个三角形的二次曲线，每条与这个三角形的一条外接二次曲线共焦，并求出它们的方程.

一条外接二次曲线是 $L\beta\gamma+M\gamma\alpha+N\alpha\beta=0$，而它的切线式方程是 $\sqrt{Ll}+\sqrt{Mm}+\sqrt{Nn}=0$，即

$$L^2l^2+M^2m^2+N^2n^2-2MNmn-2NLnl-2LMlm=0.$$

任一条共焦二次曲线的切线式方程是

$$L^2l^2+M^2m^2+N^2n^2-2MNmn-2NLnl-2LMlm$$
$$+\lambda(l^2+m^2+n^2-2mn\cos A-2nl\cos B-2lm\cos C)=0.$$

如果这条二次曲线内切于参考三角形，则这个方程被

$$(1,0,0),\ (0,1,0),\ (0,0,1)$$

所满足.

因此
$$L^2=M^2=N^2=-\lambda,$$

而共焦二次曲线是

$$mn(L^2\cos A-MN)+nl(M^2\cos B-NL)+lm(N^2\cos C-LM)=0.$$

则四个不同的情形由

$$L=M=N,\ L=M=-N,\ L=-M=N,\ -L=M=N$$

给出.

对应的外接二次曲线是

$$\beta\gamma+\gamma\alpha+\alpha\beta=0,\ \beta\gamma+\gamma\alpha-\alpha\beta=0,$$
$$\beta\gamma-\gamma\alpha+\alpha\beta=0,\ -\beta\gamma+\gamma\alpha+\alpha\beta=0.$$

对应的共焦内切二次曲线的切线式方程是

$$mn\sin^2\frac{A}{2}+nl\sin^2\frac{B}{2}+lm\sin^2\frac{C}{2}=0,\quad mn\cos^2\frac{A}{2}+nl\cos^2\frac{B}{2}-lm\sin^2\frac{C}{2}=0,$$
$$mn\cos^2\frac{A}{2}-nl\sin^2\frac{B}{2}+lm\cos^2\frac{C}{2}=0,\ -mn\sin^2\frac{A}{2}+nl\cos^2\frac{B}{2}+lm\cos^2\frac{C}{2}=0,$$

而点式方程是

$$\sin\frac{A}{2}\sqrt{\alpha}+\sin\frac{B}{2}\sqrt{\beta}+\sin\frac{C}{2}\sqrt{\gamma}=0,$$
$$\cos\frac{A}{2}\sqrt{\alpha}+\cos\frac{B}{2}\sqrt{\beta}+\sin\frac{C}{2}\sqrt{-\gamma}=0,$$
$$\cos\frac{A}{2}\sqrt{\alpha}+\sin\frac{B}{2}\sqrt{-\beta}+\cos\frac{C}{2}\sqrt{\gamma}=0,$$

$$\sin\frac{A}{2}\sqrt{-\alpha}+\cos\frac{B}{2}\sqrt{\beta}+\cos\frac{C}{2}\sqrt{\gamma}=0.$$ **[167]**

习题 17

1. 求使用笛卡儿坐标的切线式方程为

$$19l^2+16m^2+4lm-1=0$$

的二次曲线的焦点.

2. 由二次曲线的切线式方程

$$ax^2+2hxy+by^2+2gx+2fy+c=0,$$

证明它的焦点由方程

$$Cx^2-2Gx+A=Cy^2-2Fy+B=K$$

给出，这里 K 是方程

$$CK^2-(a+b)\Delta K+\Delta^2=0$$

的任意一个根.

3. 证明参考三角形的外心是切线式方程为

$$qr\sin 2A+rp\sin 2B+pq\sin 2C=0$$

的二次曲线的一个焦点，并求出另一个焦点.

4. 一个椭圆经过 B 和 C，它的一个焦点是参考三角形 ABC 的角点 A，且另一个焦点在 BC 上，证明它的三线方程是

$$\alpha^2\sin^2\frac{A}{2}+\beta\gamma+\gamma\alpha+\alpha\beta=0.$$

5. 证明能够作出三条相等的抛物线，以一个三角形的垂心为焦点，每条与这个三角形的两条边相切，并求出它们的切线式方程.

6. 证明对于不同的 k 值，二次曲线 $\beta\gamma=k\alpha^2$ 的焦点的轨迹是三次曲线

$$\alpha(\beta^2-\gamma^2)+2\beta\gamma(\beta\cos B-\gamma\cos C)=0.$$

7. 坐标是面积坐标，证明由

$$\sqrt{ap}+\sqrt{bq}+\sqrt{cr}=0$$

与

$$\tan\frac{A}{2}qr+\tan\frac{B}{2}rp+\tan\frac{C}{2}pq=0$$

给出的两条二次曲线是共焦的.

8. 一条二次曲线的切线式方程是 $\Sigma=0$，它的一条共焦二次曲线与三角形 ABC 的各边相切. 证明与点 B，C 到 Σ 的四条切线相切的二次曲线中，有一条的一个焦点在 A，且相伴的焦点在 BC 上.

9. 椭圆的一个内接三角形的各边与一个共焦椭圆相切；证明各切点是各边与对应旁切圆的切点.

10. 一个三角形关于一条二次曲线是自共轭的；证明它的垂心三角形的各边与一条共焦二次曲线相切. **[168]**

第 6 章

极倒形

171. 如图 12，如果对于任意直线 L，我们取它关于一条二次曲线 S 的极点 P，则对于任一个像 L 这样的直线的集合，我们将得到一组点 P，并且如果直线 L 与一条已知曲线相切，则点 P 将在另一条曲线上.

同样，如果对于任意点 P，我们取它关于一条二次曲线 S 的极线 L，则对于任一组点 P，我们将得到一个直线 L 的集合，并且如果点 P 在一条已知曲线上，则直线 L 将与另一条曲线相切.

这样的一个点 P 与一条直线 L 称为是互相对应的.

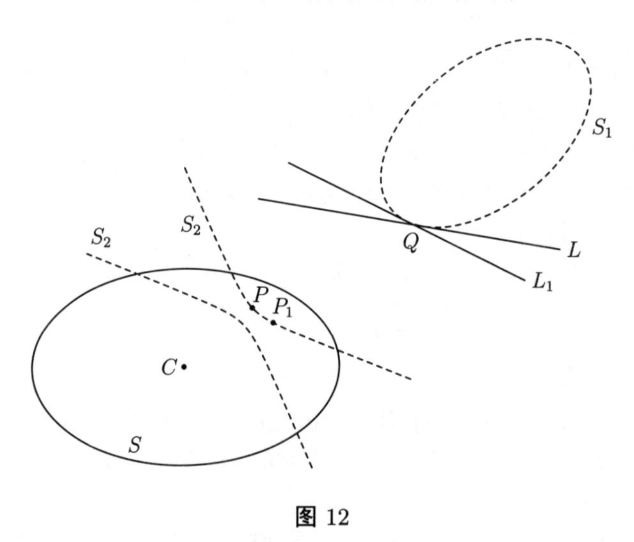

图 12

假定所有的直线 L 与一条已知曲线 S_1 相切；设它们中的两条，L 和 L_1 交于点 Q，并设它们关于二次曲线 S 的极点是 P 和 P_1. 因为 P 的极线是 L，它经过 Q，所以 Q 的极线经过 P. 同理因为 P_1 的极线 L_1 经过 Q，所以 Q 的极线经过 P_1.

因此 Q 的极线是直线 PP_1.

现在设 L_1 几乎重合于 L，因此点 Q 几乎位于曲线 S_1 上；则点 P_1 和 P 也几乎重合，因而是曲线 S_2 上彼此非常接近的点，所有的点 P，P_1，P_2，$\cdots$ 都在这条曲线上. [169]

因此，在极线情形下，当 Q 实际上在曲线 S_1 上时，则直线 PP_1 变成曲线 S_2 的一条切线.

因此，如果取代由 S_1 的切线 L，L_1，$\cdots$ 开始，这样将得到 S_2 上的点 P，P_1，$\cdots$，我们由像 Q 这样的位于 S_1 上的点开始并取它们的极线，我们将得到曲线 S_2 的切线.

因而无论我们是由 S_1 的切线开始，还是由 S_1 上的点开始，并取它们关于 S 的极点或极线，我们都将得到同一条曲线 S_2，或者是作为这些极点的轨迹，或者是作为这些极线的包络.

同理类似的无论我们是由 S_2 的切线开始，还是由 S_2 上的点开始，并取它们关于 S 的极点或极线，我们都将得到同一条曲线 S_1，或者是作为这些极点的轨迹，或者是作为这些极线的包络.

由于这一性质，S_1 和 S_2 中的任一条曲线称为是另一条曲线关于二次曲线 S 的**极倒形(reciprocal polar)**，而二次曲线 S 称为**辅助二次曲线(auxilliary conic)**.

172. 对于 S_1 的任意切线 L，如果它不与二次曲线 S 交于实点，则对应点 P 在 S 内部；如果 L 与 S 交于两个实点，则对应点 P 在 S 外部；如果切线 L 也是 S 的一条切线，则对应点 P 在 S 上，并且是 L 与 S 的切点.

如果过任意点 Q 能对 S_1 作出两条，三条，……切线，则 Q 关于 S 的对应极线与 S_2 交于两个，三个，…… 点，后面这些点中的每一个是 Q 到 S_1 的切线中的一条关于 S 的极点.

因此任一条已知直线与 S_2 的交点的数目与从已知直线的对应点向 S_1 所作切线的数目是相等的，即 S_2 的阶与 S_1 的级是相等的. [170]

类似的，S_2 的级与 S_1 的阶是相等的.

特别的，若 S_1 是一条二次曲线(它是一条二级且二阶的曲线)，则 S_2 是一条二阶且二级的曲线，因此 S_2 是一条二次曲线.

类似的，若 S_2 是一条二次曲线，则 S_1 也是一条二次曲线.

因此：*一条二次曲线关于另一条二次曲线的极倒形也是一条二次曲线.*

173. 如果从辅助二次曲线 S 的中心 C 我们能作出 S_1 的两条实切线，则对应于这两条实切线我们将得到两个实无穷远点，因此 S_2 是一条双曲线.

因为经过 S 的中心的任意直线关于它的极点在无穷远处.

同理, 如果我们从 C 仅能作出 S_1 的一条切线(即若 C 在 S_1 上), 则我们将得到一个实无穷远点, 因此 S_2 是一条抛物线.

如果从 C 我们不能作出 S_1 的实切线(即若 C 在 S_1 内部), 则我们将不能得到实无穷远点, 因此 S_2 是一个椭圆.

因此: *任意二次曲线 S_1 关于二次曲线 S 的倒极形是一个椭圆, 抛物线, 还是双曲线取决于 S 的中心在二次曲线 S_1 的内部, 上面, 还是外部.*

174. 我们注意如果 S_1, S_2 关于一条二次曲线 S 互为极倒形, 则在直线与点之间存在一种对应性. 因此:

一条曲线的一个点(或一条直线)对应于另一条曲线的一条直线(或一个点).

一条曲线上的一个点(或它的一条切线)对应于另一条曲线的一条切线(或它上面的一个点).

一条曲线的一条切线的切点对应于另一条曲线上对应点处的一条切线.

一条曲线上两点的连线对应于另一条曲线的两条切线的交点.

一条曲线的两条切线的切点的连线对应于另一条曲线上两个对应点处切线的交点.

[171]

两条曲线的切点, 即两个重合的交点, 对应于两条对应曲线的两条重合的切线. 因此如果两条曲线相切, 则它们的倒形也相切; 另外如果两条二次曲线有双重切点, 则它们的倒形也有双重切点.

关于一条二次曲线自共轭的三角形(即一个三角形, 它的两条边的交点是第三条边的极点)对应于一个三角形, 它的两个角点的连线是第三个角点的极线, 即一个关于新二次曲线自共轭的三角形.

175. 经过一些练习后同学们会发现容易写出一个已知定理的倒定理. 他将会发现仅需将 "直线" 写为 "点", "相交" 写为 "相连", "极线" 写为 "极点", "轨迹" 写为 "包络", "它的切线" 写为 "它上面的点", "在一条直线上" 写为 "交于一点", "一条切线的切点" 写为 "一个已知点的切线", 等等, 且反过来也一样.

现在给出一些例子. 在一栏中给出一个定理, 并在平行栏中给出它的倒定理. 同学们可以从这些定理中任取一个, 并不看倒定理, 自己写出后者.

如果一条二次曲线上的四个点是给定的, 则一个定点的极线经过第二个定点.

如果一条二次曲线的四条切线是给定的, 则一条定直线的极点在第二条定直线上.

如果一条二次曲线上的四个点是给定的，则一条定直线的极点的轨迹是一条圆锥曲线.

如果一条二次曲线的四条切线是给定的，则一个定点的极线的包络是一条圆锥曲线.

如果一个六边形内接于一条二次曲线，则对边的交点在一条直线上.（帕斯卡定理）

如果一个六边形外切于一条二次曲线，则对角点的连线交于一点.（布利安桑定理）

[172]

如果两个三角形内接于一条二次曲线，则它们的六条边与另一条二次曲线相切.

如果两个三角形外切于一条二次曲线，则它们的六个角点在另一条二次曲线上.

如果两个三角形关于一条二次曲线是自共轭的，则它们的六个角点在另一条二次曲线上.

如果两个三角形关于一条二次曲线是自共轭的，则它们的六条边与另一条二次曲线相切.

三角形的每个顶点与对边关于一条二次曲线的极点的三条连线共点.

三角形的每条边与对角点关于一条二次曲线的极线的交点共线.

一个三角形内接于一条二次曲线，每条边与对角点处切线的交点共线.

一个三角形外切于一条二次曲线，每个角点与对边切点的连线共点.

一个三角形的两个角点在一条二次曲线的两条定切线上，联结它们的边是这条二次曲线的一条切线，且剩下的每条边都经过一个定点；则该三角形第三个角点的轨迹是一条经过两个定点的二次曲线.

一个三角形的两条边经过一条二次曲线上的两个定点，它们的交点是这条二次曲线上的一个点，且剩下的每个角点都在一条定直线上；则该三角形第三条边的包络是一条与两条定直线相切的二次曲线.

176. 例 1. 作一条直线与两个已知圆调和地相交. 则它的包络是一条焦点为这两个圆的圆心的二次曲线（第 11 页，习题 2.）.

改写为：一条直线与两个圆（它们经过无穷远线上相同的两个点）的交点给出一个调和点列. 它的包络是一条内切于一个四边形的二次曲线，该四边形的顶点是无穷远线关于这两个圆的极点，以及这些圆与无穷远线的交点.

倒极为：取一点使得它到两条二次曲线（它们与两条经过辅助二次曲线的中心 C 的直线相切）的切线组成一个调和线束. 它的轨迹是一条外切于一个四角形的二次曲线，该四角形的边是 C 关于这两条二次曲线的极线，以及 C 到这两条二次曲线的切线.

[173]

因此：到两条已知二次曲线的切线组成一个调和线束的点的轨迹，是一条经过两条已知二次曲线的一对公切线的四个切点的二次曲线.（目 113 和目 117）.

得出下列定理的倒定理:

例 2. 成透视的两个三角形共轴.

例 3. 如果一条二次曲线内切于一个三角形,则联结该三角形的每个角点与对边上切点的直线共点.

例 4. 如果一条二次曲线外接于一个四角形,则由该四角形的对角点构成的三角形关于这条二次曲线是自共轭的.

例 5. 如果一个三角形外切于一条二次曲线,且它的两个顶点在一条已知直线上,则第三个顶点的轨迹是一条与已知二次曲线有双重切点的二次曲线.

177. 由这个利用倒极的变换看到对于每个关于点和直线的定理,都存在一个关于直线和点的对应定理. 这称为**对偶原理**(**principle of duality**).

一条二次曲线关于另一条二次曲线的极倒形

178. *证明二次曲线 S_1 关于辅助二次曲线 S 的极倒形是另外一条与 S 和 S_1 有共同自共轭三角形的二次曲线.*

取 S 和 S_1 的共同自共轭三角形作为参考三角形,则

$$S \equiv a\alpha^2 + b\beta^2 + c\gamma^2 = 0,$$
$$S_1 \equiv a_1\alpha^2 + b_1\beta^2 + c_1\gamma^2 = 0.$$

我们需要求出点 $(\alpha', \beta', \gamma')$ 的轨迹,使得它关于 S 的极线,即 $a\alpha\alpha' + b\beta\beta' + c\gamma\gamma' = 0$,总与 $S_1 = 0$ 相切. 通过在 S_1 的切线式方程中用 $a\alpha'$, $b\beta'$, $c\gamma'$ 替换 l, m, n 可以求出这一条件,因此能知道 $(\alpha', \beta', \gamma')$ 的轨迹是

$$S_2 \equiv \frac{a^2}{a_1}\alpha^2 + \frac{b^2}{b_1}\beta^2 + \frac{c^2}{c_1}\gamma^2 = 0,$$

[174] 这是一条与 S 和 S_1 有一个共同自共轭三角形的二次曲线.

类似的 S_2 关于 S 的极倒形是

$$\frac{a^2}{\frac{a^2}{a_1}}\alpha^2 + \frac{b^2}{\frac{b^2}{b_1}}\beta^2 + \frac{c^2}{\frac{c^2}{c_1}}\gamma^2 = 0,$$

即 $$S_1 \equiv a_1\alpha^2 + b_1\beta^2 + c_1\gamma^2 = 0.$$

179. *求二次曲线*

$$\phi_1(\alpha, \beta, \gamma) \equiv a_1\alpha^2 + b_1\beta^2 + c_1\gamma^2 + 2f_1\beta\gamma + 2g_1\gamma\alpha + 2h_1\alpha\beta = 0$$

关于二次曲线

$$\phi(\alpha,\beta,\gamma) \equiv a\alpha^2 + b\beta^2 + c\gamma^2 + 2f\beta\gamma + 2g\gamma\alpha + 2h\alpha\beta = 0$$

的极倒形.

我们需要求出点 (α',β',γ') 的轨迹，使得它关于 $\phi=0$ 的极线总与 $\phi_1=0$ 相切. 这条极线是

$$\alpha(a\alpha' + h\beta' + g\gamma') + \beta(h\alpha' + b\beta' + f\gamma') + \gamma(g\alpha' + f\beta' + c\gamma') = 0,$$

而它与 $\phi_1 = 0$ 相切的条件可以通过在 ϕ_1 的切线式方程中用 $a\alpha' + h\beta' + g\gamma'$，$h\alpha' + b\beta' + f\gamma'$ 和 $g\alpha' + f\beta' + c\gamma'$ 替换 l，m，n 来得到. 因此我们得到 (α',β',γ') 的轨迹是

$$\begin{aligned} A_1(a\alpha + h\beta + g\gamma)^2 &+ B_1(h\alpha + b\beta + f\gamma)^2 + C_1(g\alpha + f\beta + c\gamma)^2 \\ &+2F_1(h\alpha + b\beta + f\gamma)(g\alpha + f\beta + c\gamma) \\ &+2G_1(g\alpha + f\beta + c\gamma)(a\alpha + h\beta + g\gamma) \\ &+2H_1(a\alpha + h\beta + g\gamma)(h\alpha + b\beta + f\gamma) = 0, \end{aligned}$$

其中 A_1，B_1，C_1，$\cdots$ 可以从 ϕ_1 的系数使用通常的方法得到.

习题 18

1. 证明一条双曲线关于自己的共轭双曲线的极倒形是本身.

2. 证明二次曲线 $\beta\gamma = k\alpha^2$ 关于二次曲线 $\beta\gamma = k_1\alpha^2$ 的极倒形是二次曲线

$$\beta\gamma = \frac{k_1^2}{k}\alpha^2.$$

3. 证明一个圆关于一条直角双曲线的倒形是一条焦点在这条双曲线中心的二次曲线，而一条直角双曲线关于另一条直角双曲线的倒形也是直角双曲线.

4. 如果二次曲线 $S=0$ 是它自己关于二次曲线 $S'=0$ 的极倒形，则 $S'=0$ 是它自己关于 $S=0$ 的极倒形. **[175]**

5. 证明三条二次曲线

$$x^2 + y^2 - 2cx\sqrt{3} - c^2 = 0,\ x^2 + y^2 + 2cx\sqrt{3} - c^2 = 0,$$

和

$$2x^2 - y^2 - 2c^2 = 0,$$

当它们按任意顺序选取时，满足任一条二次曲线是第二条二次曲线关于第三条二次曲线的倒形.

6. 证明二次曲线

$$2(l\lambda x + m\mu y + n\nu z)^2 = (l^2 + m^2 + n^2)(\lambda^2 x^2 + \mu^2 y^2 + \nu^2 z^2)$$

是它自己关于二次曲线

$$\lambda^2 x^2 + \mu^2 y^2 + \nu^2 z^2 = 0$$

的极倒形.

7. 两条二次曲线满足每一条是它自己关于另一条的极倒形. 证明它们互相具有双重切点，并且从切点弦上任意点对它们所作的切线组成一个调和线束.

8. 证明一条二次曲线是它自己关于四条二次曲线的极倒形，这四条二次曲线中的三条是实的，而第四条是虚的.

9. 如果 $U=0$，$V=0$ 和 $W=0$ 是三条二次曲线的方程，满足其中一条是第二条关于第三条的极倒形，证明它们有一个共同的自共轭三角形，它的三边的方程是 $J=0$，这里 J 是 U，V，W 的雅克比行列式. [见第83页，习题15.]

180. 二次曲线 S 关于其进行倒演的二次曲线在实践中几乎都是一个圆，因此在本书的剩余部分除了所指出的相反情形之外，总假定它是一个圆.

在第1卷，目165中证明了，直线 L 关于一个圆心为 O 的圆的极点可以这样得到：作 ON 垂直于 L，并在它上面取一点 P 使得 $OP\cdot ON=$ 该圆半径的平方.

因此任一条曲线关于一个圆心为 O 的圆的倒形可以这样得到：作这条曲线的任意切线的垂线 ON，并在它上面取一点 P 使得 $OP=\dfrac{k^2}{ON}$，这里 k 是辅助圆的半径.

因此，如果我们有一条二次曲线的两条切线 L 和 L'，以及它们关于辅助圆的极点 P 和 P'，则两条直线 L 和 L' 的夹角等于 $\angle POP'$.

[176]

因此：*原二次曲线上任意两条切线的夹角等于倒形二次曲线上两个对应点对原点的张角，反之亦然.*

181. *求一般二次曲线*

$$\phi(x,y)\equiv ax^2+2hxy+by^2+2gx+2fy+c=0\ \dots\dots\dots(1)$$

关于一个圆的极倒形，这个圆的半径是 k，而圆心是坐标原点 O.

我们要求一点 (x',y') 的轨迹，它关于这个圆的极线，即 $xx'+yy'-k^2=0$，与二次曲线 $\phi=0$ 相切. 这个条件可以通过在 ϕ 的切线式方程中用 x'，y'，$-k$ 替换 l，m，n 来得到(目72).

因此 (x',y') 的轨迹是

$$Ax^2+2Hxy+By^2-2k^2Gx-2k^2Fy+Ck^4=0\ \dots\dots\dots(2),$$

其中 A，B，C,$\cdots$ 可由 ϕ 的系数用通常的方法求出.

根据第1卷，目389，原点到原二次曲线的切线对的方程是

$$Bx^2-2Hxy+Ay^2=0\ \dots\dots\dots(3),$$

而倒形二次曲线 (2) 的渐近线平行于

$$Ax^2+2Hxy+By^2=0\ \dots\dots\dots(4).$$

直线 (4) 显然垂直于直线 (3).

所以倒形二次曲线的渐近线垂直于原点到原二次曲线的切线，因此这两条渐近线的夹角等于原二次曲线的这两条切线的夹角的补角.

182. 这一点也可以予以几何地说明. 因为如果我们从 O 作原二次曲线的一条切线 OT，或 OT'，则 O 到它的垂线 ON 为零，因此对应点 P 在无穷远距离处，因为 $OP=\dfrac{k^2}{ON}$. 另外 OP 的方向垂直于切线 OT，又因为 P 在无穷远距离处，所以 OP 平行于一条渐近线. 因而两条渐近线垂直于 OT 和 OT'，故同前面一样，它们的夹角是 $\angle TOT'$ 的补角. **[177]**

反之，原二次曲线上的两个无穷远点对应于原点到倒形二次曲线的两条切线，因此原二次曲线两条渐近线的夹角等于或互补于原点到倒形二次曲线的两条切线的夹角.

倒形二次曲线的两条渐近线是虚的，重合的，或是实的，取决于原点到原二次曲线的两条切线是是虚的，重合的，或是实的，即取决于 O 在原二次曲线之内，之上，或之外.

183. 如果原点 O 是原二次曲线的准圆上的一个点，则过它的两条切线成直角，因此倒形二次曲线的两条渐近线成直角. 所以，如果我们将一条二次曲线关于其准圆上的一点进行倒演，我们将得到一条直角双曲线，反过来，如果我们将一条直角双曲线关于一点 O 进行倒演，我们就得到一条准圆经过 O 的二次曲线.

184. 例 1. 二次曲线 $\dfrac{x^2}{a^2}+\dfrac{y^2}{b^2}=1$ 关于原点的倒形是二次曲线 $a^2x^2+b^2y^2=k^4$，它与原二次曲线共轴，且两轴等于原二次曲线轴的倒数.

例 2. 二次曲线 $\dfrac{x^2}{a^2}+\dfrac{y^2}{b^2}=1$ 关于任意点 (x',y') 的倒形是

$$a^2(x-x')^2+b^2(y-y')^2=[x'(x-x')+y'(y-y')+k^2]^2.$$

一个圆关于另外一个圆的极倒形

185. 如图 13，设 C 是被倒演的圆的圆心，a 是它的半径. 设 O 是辅助圆的圆心，而 k 是它的半径. 作 OY 垂直于圆心为 C 的圆在任意点 Q 处的切线，并设 P 是 OY 上使得 $OP\cdot OY=k^2$ 的一点. 则 P 的轨迹是所求的倒形. **[178]**

作 OU 垂直于 CQ，并设 $\angle QCO=\angle POx=\theta$，$OP=r$.

则
$$a=CU+OY=CO\cos\theta+\frac{k^2}{OP}=c\cos\theta+\frac{k^2}{r}.$$

因此
$$r=\frac{\frac{k^2}{a}}{1-\frac{c}{a}\cos\theta}.$$

所以(第1卷，目335) P 的轨迹是一条圆锥曲线，它的焦点是 O，半正焦弦是 $\frac{k^2}{a}$，离心率是 $\frac{c}{a}$.

因此它是一个椭圆，抛物线，还是双曲线取决于 $c \lesseqgtr a$，即取决于原点 O 在被倒演的圆的内部，上面，还是外部.

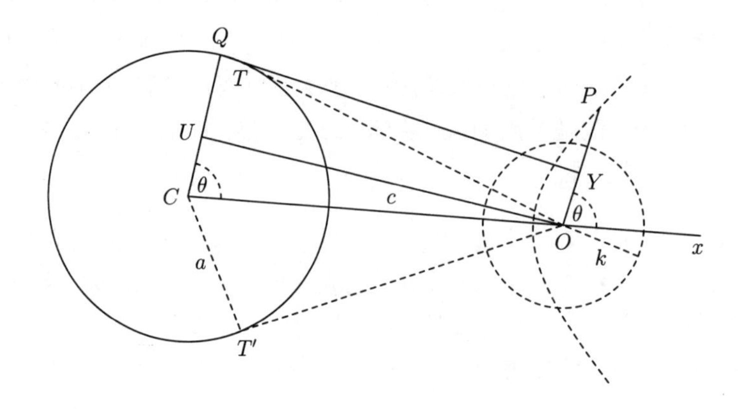

图 13

根据第1卷，目339，准线是
$$x=r\cos\theta=-\frac{l}{e}=-\frac{k^2}{c}=-\frac{k^2}{OC},$$
因此倒形二次曲线的准线是原来圆的圆心关于辅助圆的极线. 因此：**已知圆的圆心倒演为倒形二次曲线的准线**.

例题. 若 $2a_1$，$2b_1$ 是倒形二次曲线的长轴和短轴，则

[179]
$$a_1=\frac{k^2a}{a^2-c^2},\ b_1=\frac{k^2}{\sqrt{a^2-c^2}}.$$

186. 如果 O 在已知圆的外部，后者在 T 和 T' 两点的切线经过 O. 对于切线 TO，O 到它的距离等于零，所以对应点 P 在无穷远距离处，且在一条过 O 垂直于 OT 的直线上. 对于切线 $T'O$ 同理. 因此经过焦点 O，平行于两条渐近线的直线分别垂直于 OT 和 OT'，因而两条渐近线的夹角等于从 O 向原来的圆所作两条切线的夹角的补角.

这从方程来看也是显然的.

因为一条渐近线与轴 Ox 所成的角

$$= \cos^{-1}\frac{1}{e}\text{（第1卷，目315）} = \cos^{-1}\frac{a}{c} = \angle TCO$$
$$= \frac{\pi}{2} - \angle TOC.$$

因此所求的两条渐近线的夹角等于

$$\pi - 2\angle TOC.$$

187. 对于位于一条直线上的任意四点，对应的四条直线交于一点，且这四个点的交比等于这四条直线束的交比.

因为若这四个点是 P，Q，R，S，而它们关于原点 O 的倒形是直线 P_1，Q_1，R_1，S_1，则直线 P_1 和 Q_1 的夹角等于 $\angle POQ$（目 180），对于其余的夹角类似. 因此，如果这四条直线交于点 O_1，则显然有

$$(PQRS) = O(PQRS) = O_1(P_1Q_1R_1S_1).$$

由此我们从圆的简单情形通过倒演得到目 119 中的重要定理.

一个圆上的四个定点与任意第五点所连线束的交比是定值.	一条二次曲线的四条定切线与任意第五条切线的交点的交比是定值.
一个圆的四条定切线与任意第五条切线的交点的交比是定值.	一条二次曲线上的四个定点与任意第五点所连线束的交比是定值.

[180]

左侧的第一个定理显然是成立的，因为当第五个点移动时，该点处的各角是不变的.

第二个定理是成立的，因为任意两个交点的连线对圆心的张角等于相应切点对圆心张角的一半.

188. *证明一束四点二次曲线可以倒演为一束同心二次曲线，而一束四直线二次曲线可以倒演为直角双曲线，也可以倒演为同心二次曲线.*

对于四点二次曲线，可以将反演原点取为它们共同的自共轭三角形的一个角点. 则对于每一条二次曲线原点的极线是相同的，是这个自共轭三角形的对边. 因此，在倒形二次曲线束中，无穷远线对于每条二次曲线的极点是相同的，即它们有一个共同的中心.

对于四直线二次曲线我们知道（目 99，例 6）它们的准圆都交于相同的两个点. 取这两个点中的一个作为原点. 则原点到这个曲线束中每条二次曲线的两条切线成直角. 因此在倒形曲线束中渐近线成直角，因此这些倒形二次曲线都是直角双曲线.

与第一部分相同，如果我们取它们共同的自共轭三角形（在这一情形中是由三条对角线组成的三角形）的一个角点作为倒演原点，则我们得到一束同心

二次曲线.

189. 例 1. 一个圆中同一个弓形所含的角相等.

这可以写为: 若 Q 和 R 是一个圆上的两个定点, 而 P 是这个圆上任一另外的点, 则直线 PQ 和 PR 的夹角是定值.

关于任意点 O 进行倒演我们得到下述命题: 若 Q 和 R 是一条焦点为 O 的二次曲线的两条定切线, 并且 P 是这条二次曲线任一另外的切线, 则点 PQ 和 PR 对 O 的张角是定值, 即

如果一条二次曲线的一条动切线与两条定切线交于 A 和 B, 则 AB 对一个焦点的张角是定值.

[181]

例 2. 在任意三角形中各顶点到对边的垂线相交于一点.

重写为: 若 A, B, C 是一个三角形的角点, 在 BC 上取一点 D 使得直线 DC 与 DA 成直角, 类似的得到 E 和 F, 则 AD, BE 和 CF 交于一点.

关于一点 O 进行倒演: 若 A, B, C 是一个三角形的边, 并过 BC 作一条直线 D 使得点 DC 和 DA 对 O 张直角, 类似的得到直线 E 和 F, 则点 AD, BE 和 CF 在一条直线上.

因此: 若 PQR 是一个三角形, 并过一点 O 作直线 OP_1, OQ_1, OR_1 分别垂直于 OP, OQ, OR 交 QR, RP, PQ 于 P_1, Q_1, R_1, 则 P_1, Q_1, R_1 共线.

例 3. 与两条已知直线相切的圆的圆心的轨迹是这两条已知直线夹角的平分线.

重写为: 一些圆与两条已知直线 P 和 Q 相切, 则无穷远线关于这些圆的极点的轨迹是两条直线 R 中的一条, 它经过 P 和 Q 的交点, 满足 P 和 R 的夹角等于或互补于 Q 和 R 的夹角.

关于一点 O 进行倒演: 一些焦点为 O 的二次曲线经过两个已知点 P 和 Q; 则原点 O 关于这些二次曲线的极线的包络是两个点 R 中的一个, 它在直线 PQ 上, 使得 P 和 R 对 O 的张角等于或互补于 Q 和 R 对 O 的张角.

因此: 如果一条焦点为 O 的二次曲线经过 P 和 Q 两个点, 则它的准线经过 PQ 与 $\angle POQ$ 的内角或外角平分线的交点.

例 4. 过定点 O 所作与一圆相交的任意弦上的线段的乘积是定值.

设这条弦与该圆交于 P 和 Q; 则 P, Q 是一条经过 O 的直线上的点, 关于以 O 为中心倒演为两条相交在无穷远直线上的切线, 即它们互相平行. 另外 O 到对应于 P 的切线的距离是 $\dfrac{k^2}{OP}$.

因此: 如果过一条二次曲线的焦点 O 作两条平行切线的垂线, 则它们的乘积是定值.

例 5. 一条二次曲线的相垂直切线的交点的轨迹是一个同心圆; 另外如果这条二次曲线是内切于一个已知四边形的二次曲线束中的一条, 则这些对应的圆共轴.

关于一点 O 进行倒演: 已知二次曲线上对一点 O 张直角的两个点的连线的包络是一条焦点为 O 的二次曲线, 使得 O 关于它与关于已知二次曲线的极线是相同的; 另外, 如果已知二次曲线是经过四已知点的二次曲线束中的一条, 则对应的各条轨迹与相同的两条直线相切.

[182]

例 6. 一束二次曲线有一个共同的焦点与一对共同的切线；则对应的准线经过一个公共点，且它们的中心在同一条直线上.

重写为：一束二次曲线有一个共同的焦点 S 与一对公切线；则 S 的极线经过一个公共点，且无穷远线的极点在同一条直线上.

关于 S 进行倒演：一束圆经过两个公共点；则无穷远线的极点在一条直线上，且原点 S 的极线交于一点.

因此：*在一束共轴圆中，各圆心共线，且一个定点关于它们的极线交于另外一个定点.*

190. 一些进一步的例子如下：

能作四个圆与一个已知三角形的各边相切，且其中三个圆的半径的倒数和等于第四个圆的半径的倒数，且它们圆心两两之间的连线经过这个三角形的角点.

以一个已知点为焦点能作出四条二次曲线外接于一个已知三角形，且它们中三条的正焦弦的和等于第四条的正焦弦，另外它们的准线两两相交在这个三角形的边上.

如果从三角形外接圆上的一点作各边的垂线，则它们的垂足共线.

ABC 是一个各边与一条焦点为 O 的二次曲线相切的三角形；OA，OB，OC 经过 O 的垂线与任一条切线交于 A_1，B_1，C_1；则 AA_1，BB_1，CC_1 交于一点.

内切于一个已知四边形的所有二次曲线的中心的轨迹是一条直线.

一点 O 关于外接于一个已知四边形的一束二次曲线的极线的包络是一个点，即任一点的极线都经过另一个点.

如果两条二次曲线有一个公共的焦点，则它们准线的交点与它们公切线的交点对焦点张直角.

[关于焦点进行倒演.] 两圆圆心的连线与它们的两个公共点的连线互相垂直.

外切于一条抛物线的三角形的垂心在它的准线上.

[关于垂心进行倒演.] 内接于一条直角双曲线的三角形的垂心在这条双曲线上.

[183]

椭圆的焦点到任意两条平行切线的切点的距离和是定值.

圆的两条任意切线的切点弦经过圆内的一个已知点，则该已知点到这两条切线的距离和是定值.

共轴圆到共焦二次曲线的倒演

191. 一束共轴圆的倒演.

使用第 1 卷，目 190 的图形，容易证明任一个极限点 L_1，关于这个共轴圆束中任意圆的极线经过另一个极限点.

根据目 188，这个圆束中的任意圆是

$$x^2+y^2-2gx+c=0,$$

而 L_1 是点 $(-\sqrt{c},0)$.

因此 L_1 的极线是

$$-x\sqrt{c}-g(x-\sqrt{c})+c=0,$$

即

$$(x-\sqrt{c})(g+\sqrt{c})=0,$$

即它是一条经过另一个极限点 L_2，平行于这个圆束共同根轴的直线.

如果我们将这束圆关于极限点 L_1 进行倒演，则我们将得到一束二次曲线，它们的一个焦点是 L_1；另外，因为原点关于这些圆的极线对于所有的圆来说是相同的，所以无穷远线对于所有倒形二次曲线的极点是相同的，即所有倒形二次曲线的中心是相同的.

因此所有这些倒形二次曲线有一个共同的焦点 L_1，并且它们有共同的中心；因此第二个焦点对于所有倒形曲线也是相同的，所以这些倒形二次曲线是共焦的.

在倒形中第二个焦点到原点 L_1 的距离是中心到 L_1 的距离的两倍，因此第二个焦点的倒形到 L_1 的距离是中心的倒形到 L_1 的距离的一半，即等于 L_2 到 L_1 的距离的一半.

因此第二个焦点的倒形是这个共轴圆束的根轴 OY.

[184] 因此：*如果我们将一束共轴圆关于极限点中的一个 L_1 进行倒演，则我们将得到一束共焦二次曲线，它们的一个焦点是 L_1，而第二个焦点与中心分别是共同的根轴与经过另一个焦点 L_2 并垂直于 L_1L_2 的直线的倒形，且反之亦然.*

192. 例 1. *共焦二次曲线交成直角.*

重写为：作一束共焦二次曲线；它们中任意两条在一个公共点处的切线成直角.

关于一个焦点 S 进行倒演：如果作出一束共轴的圆，它们的一个极限点是 S，则这个圆束中两个圆的一条公切线的切点对 S 张直角.

例 2. *两条共焦二次曲线在一个交点处的两条切线平分该点的两条焦点弦的夹角.*

重写为：一束二次曲线以 S_1 和 S_2 两点为焦点，且 P 是这些二次曲线中的两条的一个交点，则 P 处的两条切线与直线 PS_1，PS_2 组成一个调和线束.

关于 S_1 进行倒演. 记住点 S_1 的倒形是无穷远线，而点 S_2 的倒形是倒形共轴圆束的根轴，则我们有：P 是一个共轴圆束中两圆的一条公切线，则公切线 P 的两个切点，以及 P 与无穷远线和根轴的两个交点构成一个调和点列.

即：*一个共轴圆束中两个圆的一条公切线被根轴平分.*

例 3. *在一个共轴圆束中的两个圆上取两个对该圆束的一个极限点 L 张直角的点，则它们连线的包络是一条以 L 为焦点的二次曲线.*

倒演为：由一点 P 作两条共焦二次曲线的切线，每条二次曲线一条，且这两条切线成直角，则 P 的轨迹是一个圆.

例 4. *定点 P 关于一束共轴圆的极线经过一个定点 Q，这两个点对该圆束的每一个*

极限点张直角，且它们的连线是这个圆束中经过 P 的圆的一条切线.

关于一个极限点 L_1 进行倒演：一条定直线 P 关于一束共焦二次曲线的极点在一条定直线 Q 上，这两条直线成直角，且它们的交点在共焦曲线束中与直线 P 相切的二次曲线上.

因此：一条已知直线关于一束共焦二次曲线的极点的轨迹是共焦二次曲线束中与已知直线相切的二次曲线的法线. **[185]**

习题 19

通过倒演下面的命题得到更一般的定理：

1. 一个圆内接四边形的两个对角的和等于两个直角.

2. 圆上任意点的切线垂直于指向该切点的半径.

3. 圆上任意点处的切线与经过它的切点的任意弦的夹角等于相隔弓形所含的角.

4. 圆中对该圆上的一个定点张直角的每一条弦经过这个圆的圆心.

5. 一个已知圆的两条切线交成定角，则这两条切线的交点的轨迹，以及它们的切点的连线的包络，都是已知圆的同心圆.

6. 一个共轴圆束的正交轨线是另一个经过第一个圆束的两个极限点的共轴圆束.

7. 以一条抛物线的一条焦半径为直径所作的圆与顶点处的切线相切.

8. 圆内任意一点到两条平行切线的距离和是定值.

得出以下定理的对应定理：

9. 如果一条二次曲线经过两个已知点并与两条已知直线相切，则两条切线的切点的连线经过两个定点中的一个.

10. 如果一个三角形的两个顶点在两条定直线上移动，且它的每一条边经过一个定点，则第三个顶点的轨迹是一条二次曲线.

11. 如果三条二次曲线中的每一条都与第四条二次曲线有双重切点，则它们的六条相交弦三条三条地经过相同的点.

12. 已知两条直线上的两个单应点列 $P, Q, R, \cdots$ 和 $P', Q', R', \cdots$，则直线 PP' 的包络是一条与这两个点列的轴相切的二次曲线.

13. 关于一条直角双曲线自共轭的任意三角形的外接圆经过它的中心.

14. 一条双曲线的切线在它的两条渐近线之间截得的部分被切点平分. **[186]**

15. 一条二次曲线的焦点到任意切线的垂线的垂足的轨迹是这条二次曲线的一个同心圆.

[关于这个焦点进行倒演.]

利用倒演，证明下面的定理：

16. 一条二次曲线中对中心张直角的弦的包络是一个同心圆.

[关于中心进行倒演.]

17. 给定一条抛物线的三条切线，则它的焦点的轨迹是这个三角形的外接圆.

18. 如果一条定直线与一束有一个共同焦点和准线的二次曲线相交，则这些二次曲线在这条直线与它们的交点处的切线的包络是一条有相同焦点的二次曲线，且同时与这条定直线与共同准线相切.

19. 两条二次曲线有一个共同的焦点，它们的正焦弦是 $2l_1$，$2l_2$，且它们的离心率是 e_1，e_2，则能作出三角形内接于第一条二次曲线并外切于第二条二次曲线的条件是

$$l_1^2 \pm 2l_1l_2 = l_1^2e_2^2 + l_2^2e_1^2 - 2l_1l_2e_1e_2\cos\alpha,$$

这里 α 是它们轴的夹角.

[倒演如下定理：一个三角形的外接圆的圆心与任一个和该三角形各边相切的圆的圆心间距离的平方等于 $R^2 \pm 2Rr$.]

20. 一条二次曲线上任意点处的法线平分该点到一条共焦二次曲线的两条切线的夹角.

[187]

第 7 章

射影

193. 如果将任一个平面图形上的所有点与空间中一个任意的定点 V 相连，并且这些连线与任一另外的平面相交，则由交点给出的一组点称为第一组点的射影.

点 V 称为**射影顶点**(**vertex of projection**)，或**射影中心**(**centre of projection**),而第二个平面，即截面称为**射影面**(**plane of projection**).

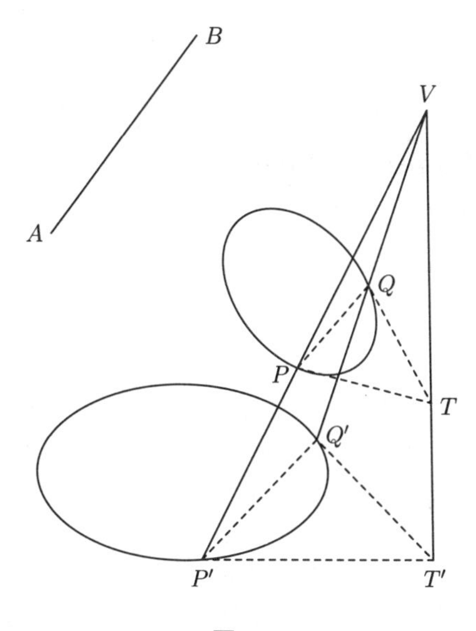

图 14

这样，对于第一个图形中的每个点 P，我们得到第二个图形中的一个点 P'，因此一个点的射影总是一个点. 另外一条直线总是投射为一条直线. 因为 V 与第一个图形中的直线 PQ 上任意点的连线在经过顶点 V 与直线 PQ 的平面 VPQ 内，而这个平面被射影面截于另一条直线 $P'Q'$ (图 14). [188]

194. *一条曲线总投射为一条相同次数的曲线.*

因为如果原来的曲线与任一条直线交于点 P，Q，R，S，$\cdots$，则这条曲线的射影将与直线 VP，VQ，VR，VS，$\cdots$ 交于点 P'，Q'，R'，S'，$\cdots$. 因此任意直线的射影和射影曲线的交点数目与原直线和原曲线的交点数目相同，即一条曲线与它的射影有相同的次数.

特别的，*一条圆锥曲线的射影总是一条圆锥曲线.*

195. *曲线的一条切线投射为射影曲线的一条切线.*

因为如果直线 QT 经过两个重合于 Q 的点，则对应直线 $Q'T'$ 将经过两个重合于 Q' 的点.

因此如果在原图形中，我们有两条在 Q 处相切的曲线，则在投射成的图形中，将得到两条彼此在 Q 的射影点处相切的曲线.

196. *极点与极线的关系经过射影后不变.*

因为如果在第一个图形中，点 P 和 Q 处的切线相交于 T，则在第二个图形中，对应点 P' 和 Q' 处的切线交于对应点 T'.

197. 如果我们经过顶点 V 作一个平面 VAB 平行于射影面，与原来的平面交于直线 AB，则 AB 上任意点 C 的射影在无穷远处. 因为 VC 平行于射影面，所以对应点 C' 在无穷远处. 于是直线 AB 投射为无穷远线，因此称为原图形的**影消线(Vanishing Line)**.

类似的，如果我们经过 V 作一个平面平行于原平面与射影面交于一条直线，则这条直线是射影面上的影消线. 因为这是射影面上与原图形所在平面上无穷远线相对应的直线. [189]

因此为了将原图形中任一条已知直线 AB 投射为无穷远线，仅需取与经过顶点 V 和 AB 的平面相平行的任意平面作为射影面.

另外，任意相交于 AB 上一点的直线将投射为平行线；因为它们的交点将投射为无穷远点，因此它们的射影是平行线.

198. 类似的，原平面上的平行线将投射为交于一点的直线. 因为设经过顶点 V，并平行于这组平行线的直线交射影面于 D. 则经过 V 与这组平行线中任一条的平面将含直线 VD，因此这个平面与射影面的交线将经过点 D. 所以这组平行线中任意一条的射影经过 D，因此它们的射影是一组共点于点 D 的直线.

因为无论这些不同的平行线组的方向如何，VD 总平行于原平面，所以 D 总在射影面与经过 V 并平行于原平面的平面的交线上，即无论原平面上不同的平行线组的方向如何，D 总在射影面上一条确定的直线上.

199. 一个三点列可以投射为空间中任一另外的三点列.

一个四点列可以投射为空间中任一另外的四点列，只要这两个四点组的交比相等.

设 P，Q，R 与 P'，Q'，R' 是这两个三点列，它们不需要在同一平面内.　**[190]**

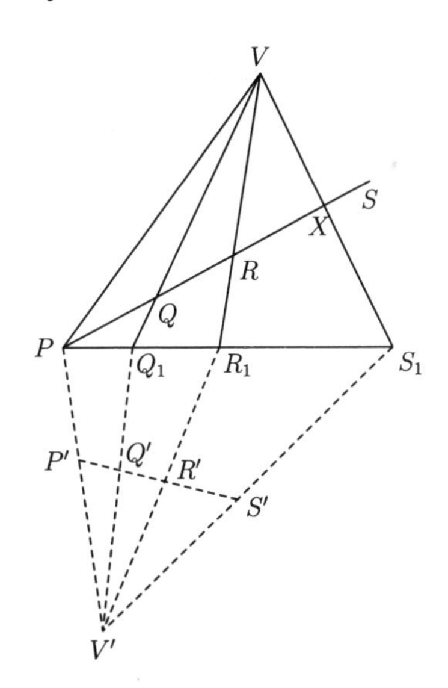

图 15

如图15，在 P，P' 的连线上任取一点 V'，并设 PQ_1R_1 是经过 V' 与直线 $P'Q'R'$ 的平面内的任意直线. 设 $V'Q'$ 和 $V'R'$ 与这条直线交于 Q_1 和 R_1.

联结 Q_1Q，R_1R，并设它们交于 V.

则从顶点 V'，点 P'，Q'，R' 投射为点 P，Q_1，R_1，而从顶点 V，点 P，Q_1，R_1 投射为点 P，Q，R.

因此命题的第一部分得证.

对于第二部分，设 P，Q，R，S 与 P'，Q'，R'，S' 是这两个点列.

按照上面的作图，设 $V'S'$ 与 PQ_1R_1 交于 S_1，并设 VS_1 交 PQR 于 X.

则根据目2，有

$$(P'Q'R'S') = (PQ_1R_1S_1) = (PQRX).$$

因此，如果　$$(P'Q'R'S') = (PQRS),$$

则有　$$(PQRX) = (PQRS).$$

$$\frac{PQ}{QR} \cdot \frac{RX}{XP} = \frac{PQ}{QR} \cdot \frac{RS}{SP}, \text{ 即 } RX \cdot PS = RS \cdot PX,$$

即 $$PS(RS-XS)=RS(PS-XS)，即 XS(PS-RS)=0，$$
即 XS 等于零，因此 X 与 S 重合.

所以点列 $P'Q'R'S'$ 从顶点 V' 投射为点列 $PQ_1R_1S_1$，接着从顶点 V 投射为点列 $PQRS$.

单应点列与单应线束是成射影的

200. 两个线束只要它们的交比相等，就可互相投射为对方.

设 $PQRS$ 与 $P'Q'R'S'$ 是这两个线束的任意两条截线，O 与 O' 是它们的顶点. **[191]**

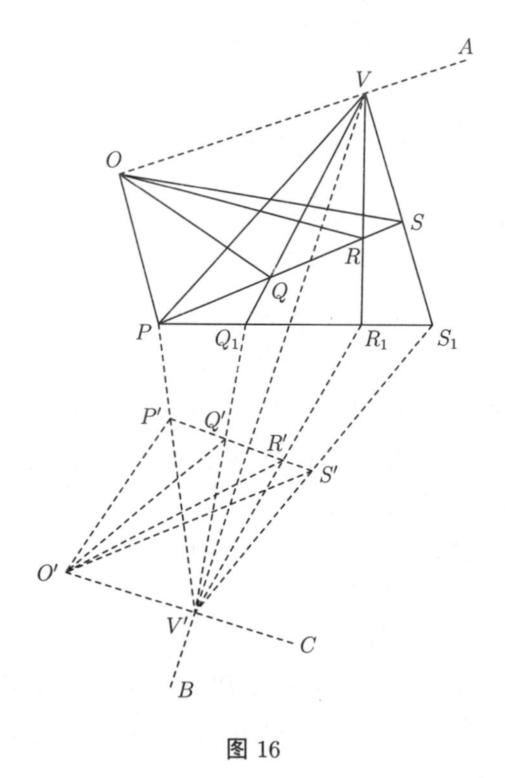

图 16

按照上一条中的，设 $PQ_1R_1S_1$ 是这两个点列利用顶点 V 和 V' 投射成的点列.

如图16，从位于 OV 上的一个顶点 A，我们能够将线束 $O(PQRS)$ 投射为线束 $V(PQ_1R_1S_1)$；从位于 VV' 上的任意顶点 B，我们能将后一个线束投射为 $V'(P'Q'R'S')$；最后从位于 $O'V'$ 上的任意顶点 C，我们能将后一个线

束投射为 $O'(P'Q'R'S')$.

201. 由此我们得到一个非常重要的命题，任意两个点列（或线束）如果它们的交比相等，则能够互相投射为对方，或更简洁地说，**单应点列或单应线束是成射影的**.

类似的，成对合的线束和点列是成射影的.

二重射线与二重点投射为新对合线束与对合点列的二重射线与二重点.

但是对合点列的中心并不投射为射影点列的中心.　[192]

射影的基本命题

202. 按照目 138 中已经陈述的，任意一组四个共面点（其中无三点共线）可以投射为不同平面内的任意其他的四个共面点（其中无三点共线）.

203. *证明原平面上的任意直线可以投射到无穷远，并且同时这个图形中的任意两个角投射为两个已知角，射影面是平行于已知直线的任意平面，而射影顶点是适当选取的.*

设 AB 是这条投射到无穷远的直线，并设 OC，OD 与 O_1E，O_1F 是两对直线，它们投射成的两对直线分别夹已知角 α 和 β. 设 C，D，E，F 是这两对直线与 AB 的交点.

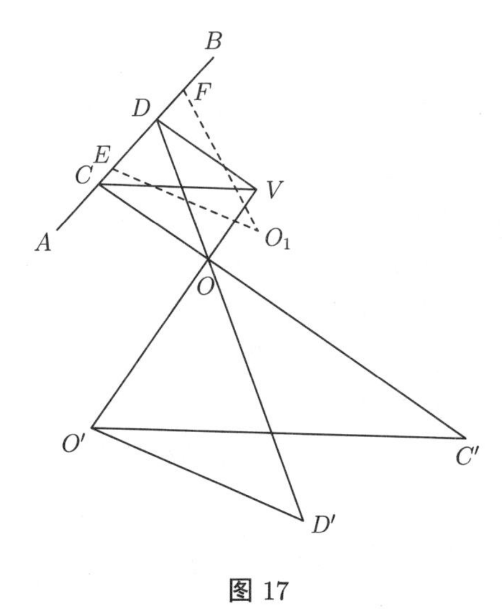

图 17

如图 17，过 AB 作一个平面平行于射影面. 在这个平面中作两个圆上的弓形，一个经过 C 和 D 含角 α，而另一个经过 E 和 F 含角 β.

将这两个弓形的交点之一 V 取作射影顶点.

设 VO，CO，DO 与射影面交于点 O'，C'，D'.

则由于我们所取的平面 VCD 平行于射影面 $O'C'D'$，又因为任意平面 VCO 与平行平面交于平行线，所以 VC 与 $O'C'$ 是平行线. 类似的 VD 与 $O'D'$ 是平行线. 因此 $\angle C'O'D' = \angle CVD =$ 已知角 α. 类似的，如果直线 VO_1，EO_1，FO_1 与射影面交于点 O_1'，E'，F'，则直线 O_1E，O_1F 将投射为直线 $O_1'E'$，$O_1'F'$，而它们的夹角等于 $\angle EVF$，即 β. **[193]**

204. 如果点对 C，D 与 E，F 交叠，即若点对 C 和 D 中的一个位于点对 E 和 F 之间，则确定 V 的这两个圆总相交，因此 V 是实的且确定的.

如果点对 C 和 D 都不在点对 E 和 F 之间，则这两个圆可能会不相交，这样 V 是虚的，而这个射影是一个虚射影.

205. 上面的性质在射影的理论中具有根本的重要性. 利用它我们能将许多图形投射为比较简单的形式.

例题. 证明一个四边形可以投射为一个正方形.

设 $PQRS$ 是已知四边形(目 15 的图形). 将联结它的两个顶点 O_1 与 O_2 的直线 BC 投射到无穷远，并同时将 $\angle QPS$ 与 $\angle CAB$ 投射为直角. 因为 BC 投射到无穷远，所以边 PQ 与 RS 投射为平行线，同样边 PS 与 QR 也投射为平行线. 因此新图形是一个平行四边形. 但是由于它的一个角是直角，所以这个平行四边形是矩形；又因为它的两条对角线的夹角是直角，所以它是一个正方形.

一条二次曲线到一个圆的射影

206. 任意一条二次曲线可以投射为以任意已知点的射影为圆心的圆.

设这个已知点是 O，并经过它作已知二次曲线的两条弦 POQ，$P'OQ'$.

如图18，设 P 与 Q 处的切线交于 T，P' 与 Q' 处的切线交于 T'.

将直线 TT' 投射到无穷远，同时将 $\angle TOR$，$\angle T'OR'$ 投射为直角，这里 PQ 和 $P'Q'$ 交 TT' 于 R 和 R'.

因为 O 在 T 的极线上，所以 T 在 O 的极线上. 同理 T' 在 O 的极线上. 因此 TT' 是 O 的极线.

因为 O 的极线投射到无穷远，所以 O 投射为无穷远线的极点，即投射为新二次曲线的中心. [194]

因此 PQ 投射为新二次曲线的一条直径，而 OT 投射为它的共轭直径.

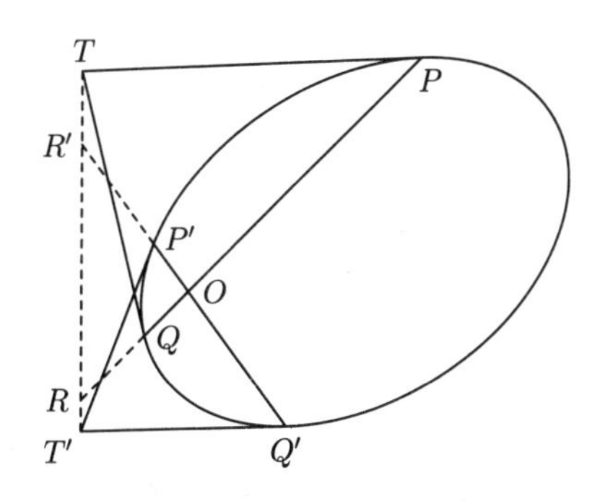

图 18

类似的，$P'Q'$ 与 OT' 投射为一对共轭直径.

所以在射影二次曲线中，我们得到两对共轭直径成直角.

但是除了圆之外，没有二次曲线能有多于一对的共轭直径成直角.

因此投射成的二次曲线是一个圆.

如果点 O 在这条二次曲线内部，则这个射影总是实射影.

推论 1. 如果点 O 投射为圆心，则它关于原二次曲线的极线，即 TT'，投射为无穷远线.

因此任意一条二次曲线能够投射为一个圆，并且同时一条任意直线可以投射到无穷远，即任一条直线能够作为影消线.

如果这条影消线不与原二次曲线交于实点，则这个射影总是实的.

推论 2. 任意两个点，U 和 V，可以投射为无穷远圆环点；因为经过它们任作一条二次曲线，并将它投射为一个圆，且将直线 UV 投射到无穷远；则点 U 和 V 投射为一个圆与无穷远线的交点，即投射为无穷远圆环点.

207. 例 1. 由四个共线点构成的点列的交比与它们关于任意二次曲线的极线组成的线束的交比相等.

将这条二次曲线投射为一个圆；则这四个点与它们的极线投射为四个点与它们关于这个圆的极线，而点列和线束的交比经射影后不变.

但是在一个圆中，圆心 O 与任意点 P_1 的连线垂直于 P_1 的极线，对于其余的点同理. 因此任一对直线 OP_1，OP_2 的夹角等于它们的极线的夹角. 因此这个极线束的交比等于线束 OP_1，OP_2，OP_3，OP_4 的交比，从而等于点列 P_1，P_2，P_3，P_4 的交比. **[195]**

例 2. 联结一条二次曲线上的任意动点与该二次曲线上的四个定点组成的线束的交比是定值，并等于任一条动切线与这四个点处的切线交得的点列的交比.

根据上一个例题，通过射影，我们仅需证明对于一个圆的情形. [见目 187.]

无穷远圆环点与射影推广

208. 我们已经证明(第1卷，目387)所有的圆可以看作经过两个相同的无穷远点.

另外所有经过这两个点的二次曲线是圆. 因为如果 $S=0$，$S'=0$ 是使用笛卡儿坐标表示的两个圆，则任一条经过它们的交点的二次曲线的方程是

$$S+\lambda S'=0.$$

此外如果在 S 与 S' 中，x^2 和 y^2 的系数都相等，且 xy 的系数都等于零，则相同的陈述对于 $S+\lambda S'$ 也正确，因此 $S+\lambda S'=0$ 是一个圆.

这样如果为了简洁，我们将两个圆环点称为 J 和 J'，则我们看到

所有的圆经过同样两个无穷远点 J 和 J'，而所有经过 J 和 J' 的二次曲线是圆.

209. 如果 O 是直角笛卡儿坐标系的原点，则 OJ 与 OJ' 的方程是 $y=\pm\sqrt{-1}x$.

任意两条直线 OA，OB 交 JJ' 所得的点列的交比等于 $\mathrm{e}^{2\theta\sqrt{-1}}$，这里 $\angle AOB=2\theta$.（目88，例6.）

因此，如果这两条直线 OA 与 OB 垂直，则这个交比 $=\mathrm{e}^{\pi\sqrt{-1}}=\cos\pi+\sqrt{-1}\sin\pi=-1$，所以这个交比是调和的. 反之，如果这个交比是调和的，则我们能得到 $\cos 2\theta=-1$ 和 $\sin 2\theta=0$，所以这两条直线成直角. 因此

任意两条成直角的直线调和分割 JJ'，而两条调和分割 JJ' 的直线成直角.

由此可得 J 和 J' 关于任意直角双曲线共轭.

由目39的条件能推出，直线 OJ，OJ' 构成一个对合中的两条射线，这个对合由任意的两对直线所确定，其中每一对直线对同一条直线成相等的倾斜角.

[196]

210. 射影推广.

写出某些几何事实与涉及无穷远圆环点及无穷远线的观念之间的联系是有益的. 为简洁，我们将无穷远圆环点称为 J 和 J'，无穷远线称为 JJ'.

一条有限线段 PQ 的中点 R.	点 R 与 PQ 和 JJ' 的交点调和分割 PQ. [因为 $(PRQ\infty)=-1$.]
点 R 分一条已知线段 PQ 为已知比 λ.	点 R 与 PQ 和 JJ' 的交点分 PQ 为已知的交比 $-\lambda$.

平行线.	相交在 JJ' 上的直线.
具有固定大小 α 的角.	组成角的两条边分 JJ' 为定交比 $e^{2\alpha i}$.（目 88，例 6.）
两条直线成直角.	两条直线调和分割 JJ'.
$\angle POQ$ 的两条平分线.	过 O 调和分割 JJ'，并且也调和分割 OP，OQ 的两条直线，即它们是由 OP，OQ 与 OJ，OJ' 确定的对合线束的二重直线..
三角形的重心.	过三角形的各顶点通向对边上一点的三条直线的交点，各边上的这个点与这条边和 JJ' 的交点调和分割该边.
三角形的垂心.	过三角形的各顶点所作的，与对边调和分割 JJ' 的三条直线的交点.
圆.	经过 J 和 J' 的二次曲线. [197]
一个圆的中心.	JJ' 关于一条经过 J 和 J' 的二次曲线的极点.
同心圆.	在点 J 和 J' 处有双重切点的二次曲线.
抛物线.	与 JJ' 相切的二次曲线.
直角双曲线.	与 JJ' 的两个交点调和分割它的二次曲线.
二次曲线的焦点.	J 和 J' 到二次曲线的切线的交点.
二次曲线的准线(即焦点的极线).	由 J 和 J' 所作切线的交点的极线.
二次曲线的主轴.	经过 J 和 J' 到这条二次曲线的切线的交点，并不同于切线本身的直线.
共轴圆.	经过 J 和 J' 以及另外两个点 A 和 B 的二次曲线.

以 AB 为直径的圆.	经过 J，J'，A，B 的二次曲线，这里 AB 与 JJ' 是共轭直线.
两个圆的相似中心.	经过 J，J' 的两条二次曲线的一对公切线的交点.

211. 例 1. 一个圆中同一个弓形所含的角相等，而半圆所含的角是直角.

重写为：一条经过 J，J' 的二次曲线上任意点 P 与这条二次曲线上两个定点 Q 和 R 的连线，与直线 PJ，PJ' 一起组成一个有定交比的线束；而如果直线 QR 经过 JJ' 的极点，则这个线束是调和的.

[198]

将点 J，J' 投射为有限点，则我们得到：一条二次曲线上任意点 P 与这条二次曲线上四个定点 Q，F，R，F' 的连线给出一个有定交比的线束. 如果 QR 与 FF' 是共轭的，则这个线束是调和的.

例 2. 一束共轴圆的圆心在一条垂直并平分根轴的直线上，而与这束圆正交的圆的圆心在根轴上.

重写为：JJ' 关于一束经过 P，P'，J，J' 的二次曲线的极点的轨迹是一条经过点 U 和 V 的直线，这里 $(JUJ'O)$ 与 $(PVP'O)$ 是调和的，O 是 PP' 与 JJ' 的交点；另外如果一条经过 J，J' 的二次曲线，与已知二次曲线束中任意二次曲线在它们任一其余交点处的两条切线调和分割 JJ'，则 JJ' 关于它的极点在直线 PP' 上.

将 J，J' 投射为有限点 F，F'，即在上面用 F，F' 替换 J，J'. 容易看出点 U，V 在这个四角形的第三条对角线上.

例 3. 如果两个三角形外切于一条二次曲线，证明它们的顶点在另一条二次曲线上.

设这两个三角形是 ABC，$A'B'C'$. 经过 A，B，C，B'，C' 作一条二次曲线并将它投射为一个圆，同时将 $B'C'$ 投射到无穷远. 则 B'，C' 变为无穷远圆环点；原来的二次曲线变为一条抛物线，因为它现在与无穷远线相切；而 A' 投射为它的焦点，因为它是过两个圆环点的切线的交点.

因此我们需要证明：如果一个三角形外切于一条抛物线，则它的外接圆经过这条抛物线的焦点(目 92，例 3).

例 4. 如果两个三角形关于一条二次曲线自共轭，则它们的六个顶点在一条二次曲线上，且它们的六条边与一条二次曲线相切.

设这两个三角形是 ABC 和 $A'B'C'$. 将这条二次曲线投射为一个圆，同时将 BC 投射为无穷远线，因此 BC 的极点 A 变为这个圆的圆心. 另外 ABC 仍然是一个关于这个圆自共轭的三角形，因此 AB，AC 变为经过圆心的垂直直线.

而 $A'B'C'$ 将变为一个关于该圆自共轭的三角形. 但是在一个圆中一点与圆心的连线垂直于它的极线. 所以在新图形中 AA'，AB'，AC' 垂直于 $B'C'$，$C'A'$，$A'B'$，因此 A 现在是新三角形 $A'B'C'$ 的垂心.

经过 A'，B'，C'，A，B 能作一条二次曲线，因为 A 现在是 $A'B'C'$ 的垂心，所以这条二次曲线是一条直角双曲线. 因为 AB 与 AC 垂直，所以它也经过 C.

此外在新图形中能够作一条抛物线与直线 $B'C'$，$C'A'$，$A'B'$，AB 以及无穷远线 BC

相切. 但是各边与一条抛物线相切的三角形的垂心在它的准线上. 所以 A 在准线上，又因为 AB 是这条抛物线的一条切线，所以垂线 AC 也是一条切线. 因此这两个三角形的六条边与一条二次曲线相切. [199]

例 5. *如果一条二次曲线内切于一个四边形，则这个四边形的两条对角线与由切点构成的四边形的两条对角线相交于一点，并组成一个调和线束.*

将这条二次曲线投射为一个圆，而第三条对角线投射到无穷远，因此这个四边形变为一个平行四边形；该命题立即可得，因为所有的对角线现在都经过圆心；另外对角线中的一对是另一对的夹角的角平分线，所以调和分割它们.

例 6. *利用射影证明帕斯卡定理：一个二次曲线内接六边形的三组对边的交点共线.*

将这条二次曲线投射为一个圆，且两个交点的连线投射到无穷远. 则我们必须证明：如果一个圆内接六边形的边 PQ，QR 平行于边 ST，TU，则边 RS 与 UP 互相平行. 这可以立即推出，因为

$$\begin{aligned}\angle SRU &= \angle SRQ - \angle QRU = \pi - \angle QTS - \angle RUT \\ &= \pi - \angle PQT - \angle RUT = \angle PUT - \angle RUT = \angle PUR.\end{aligned}$$

例 7. 如果一条二次曲线经过一个四角形的各顶点，则它的中心的轨迹是一条经过该四角形各边中点的二次曲线.

如果一条二次曲线经过一个四角形的各顶点，则任一条已知直线的极点的轨迹是一条经过已知直线与四角形各边交点的第四调和点的二次曲线.

例 8. 如果一个四边形能内接于一条二次曲线 S_1，并外切于另一条二次曲线 S_2，则能作出无数个这样的四边形.

能作无数个四边形外切于一条二次曲线且各角点在它的准圆上.

[将 S_1 投射为一个圆，并将这个四边形的两个顶点的连线投射到无穷远，则这个圆与 S_2 的射影有共同的中心，即第三个顶点. 另外内接于一个圆的任意平行四边形必是一个矩形，因此这个圆是新二次曲线的准圆. 因为这个射影后的定理是成立的，能推断出原定理也是成立的.]

例 9. 一条有心二次曲线的一个焦点到任意切线的垂线的垂足的轨迹是一个圆.

两个定点 F，F' 到一条二次曲线的切线交于 S；这条二次曲线的任意切线 P 与一条经过 S 的直线调和分割 FF'，则 P 与这条直线交点的轨迹是一条经过 F 和 F' 的二次曲线. [200]

习题 20

通过射影推广下面的十二个定理：

1. 一个圆的任意切线垂直于通向切点的半径.

2. 一个圆的任意直径在它的圆心处被平分.

3. 如果一条直线与一个圆相切，并过切点作一条直线与这个圆相交，则这条直线与切线组成的角等于这个圆中相间弓形所含的角.

4. 一个圆的对（1）圆心,（2）圆周，张角相等的弦的包络是一个同心圆.

5. 如果两个圆同心，则一个圆的与另一个圆相切的弦被切点平分.

6. 从圆上任意点对该圆的一个内接三角形的各边所作垂线的垂足共线.

7. 若 PSP' 是某条二次曲线的一条焦点弦，且 P，P' 处的切线交于 Z，则 Z 在准线上，且 $\angle ZSP$ 是一个直角.

8. 一条二次曲线中对焦点张定角的弦的包络，以及它的极点的轨迹，是与原二次曲线有共同焦点和准线的两条二次曲线.

9. 抛物线的两条交成一个已知角的切线的交点的轨迹是一条有相同焦点和准线的双曲线.

10. 如果一条二次曲线的一个焦点与两条切线是已知的，则另一个焦点的轨迹是一条直线.

11. 已知一条二次曲线的一个焦点与它上面的两个点，则准线经过两个定点中的某个.

12. 已知三个同心圆，则它们一个的任意切线被另两个圆交得的点列有定交比.

13. 可以投射一个三角形 ABC，使得任意三条经过它的顶点并共点于一点 O 的直线变为射影三角形的中线.

[将 O 的极线投射到无穷远，目 60，例 5，6.]

14. 任意三角形可以通过一个实射影投射为一个正三角形.

15. 任意一条二次曲线可以进行投射，使得两个已知点 S 和 S' 投射成一对焦点.

[过 S 和 S' 作切线交于 T 和 T'；过 T 和 T' 作任意二次曲线；将这条二次曲线投射为一个圆，并将直线 TT' 投射到无穷远.] [201]

16. 一条二次曲线的任意三条弦 AA'，BB' 和 CC' 可以投射为一个圆的三条等弦.

[将这条二次曲线投射为一个圆，并将 AB'，$A'B$ 与 BC'，$B'C$ 的交点的连线投射到无穷远.]

如果 A' 重合于 B，B' 重合于 C，C' 重合于 A，可推断出一条二次曲线与一个内接三角形总能投射为一个圆与一个内接正三角形.

17. 有一个公共焦点与准线的二次曲线可以投射为同心圆.

[因为它们是有双重切点的二次曲线.]

18. 任意两条二次曲线可以投射为两个圆.

[将一条二次曲线投射为一个圆，并将这两条二次曲线的公共弦投射到无穷远.]

19. 任意两条二次曲线可以投射为同心二次曲线.

[将共同的自共轭三角形 ABC 的一条边 BC 投射到无穷远. 此外，如果 $\angle BAC$ 投射为一个直角，则我们得到两条同心的共轴二次曲线. 如果 B，C 投射为无穷远圆环点，则我们得到两条同心的直角双曲线.]

20. 直角双曲线可以投射为以两个已知点 F，F' 为共轭点的二次曲线.

[因为一条直角双曲线与 JJ' 的交点调和分割 JJ'.]

四直线二次曲线投射为共焦二次曲线以及四点二次曲线投射为共轴圆

212. *内切于一个四边形的一束二次曲线可以投射为共焦二次曲线.*

设这个四边形是 $PQRS$，如目 15 图 3 中所示，并设它的两条边交于 O_1，另两条边交于 O_2.

经过点 O_1 和 O_2 任作一条二次曲线，并将它投射为一个圆，同时将直线 O_1O_2 投射到无穷远.

则 O_1 和 O_2 投射为无穷远圆环点，而这束二次曲线投射为射影四边形的内切二次曲线. 因为新四边形的边经过无穷远圆环点，所以它们另外的交点是内切于新四边形的任意二次曲线的四个焦点，两个是实的，两个是虚的.

因为这束新二次曲线的焦点是相同的，所以它们构成一束共焦二次曲线.

因此命题成立.

推论. 任意两条二次曲线可以投射为共焦二次曲线. 因为它们内切于由它们的四条公切线组成的四边形.　**[202]**

213. *经过四个已知点的一束二次曲线可以投射为一束共轴圆.*

设这四个已知点是 P，Q，R，S. 将它们中任意两个（设为 P 和 R）的连线投射到无穷远，二次曲线中的一条投射为一个圆. 则 P 和 R 将投射为无穷远圆环点，而所有投射成的二次曲线都将经过它们的射影；因此这些投射成的二次曲线都是圆，因为它们经过无穷远圆环点. 另外这些圆都经过另两点 Q 和 S 的射影，因此是一个共轴圆束.

推论. 彼此有双重切点的二次曲线可以投射为同心圆.

因为在这一情形中，这些二次曲线经过两个重合于 P 的点，以及两个重合于 R 的点. 因此它们将投射为互相在无穷远圆环点处相切的圆，即它们将变为同心圆（第 1 卷，目 388）.

214. 例 1. *可以投射一个四角形使得它的各边与两条对角线变为一个三角形的三条边与三条高，因此经过四个点的所有二次曲线可以投射为直角双曲线.*

设这个四角形如目 64 的图 6 所示. 将 $\angle PBQ$，$\angle QCR$ 投射为直角. 则在新图形中我们得到四个点，使得每一点是另外三点构成的三角形的垂心. 而这四个点的连线，即边 PQ，QR，RS，SP 与它的两条对角线 QS 和 PR，变成新图形三条边与三条高.

原图形中的二次曲线在这个射影中，变为外接于一个三角形并经过它的垂心的二次曲线，因此后者都是直角双曲线.

例 2. *如果一束二次曲线经过四个点，则它们与任意截线交于对合.*（笛沙格定理.）

将这些二次曲线投射为共轴圆. 如果任意截线交公共的根轴于 O, 交这些圆中的任一个于 P 和 P', 并交另一个圆于 Q 和 Q', 我们知道乘积 $OP \cdot OP'$ 与 $OQ \cdot OQ'$ 相等; 因为每一个乘积都等于 O 到所有这些圆的切线的平方. 因此(目 29)我们得到一个对合点列.

例 3. *如果两条二次曲线内切于一个四边形, 四边形的两个顶点是 F 和 F', 则它们公共点处的两条切线调和分割 FF'.* [203]

将 F 和 F' 投射为无穷远圆环点, 则这两条二次曲线变为共焦二次曲线; 而我们必须证明一个公共点处的两条切线调和分割 JJ', 即我们必须证明: *两条共焦二次曲线交成直角.*

例 4. 一条直线 P 关于一束共焦二次曲线的极点的轨迹, 是这束曲线中与 P 相切的曲线在与 P 的切点处的法线.

一条直线 P 关于四边形 $SFS'F'$ 的一束内切二次曲线的极点的轨迹, 是一条经过这束曲线中与 P 相切的曲线的切点的直线, 且这条直线与 P 调和分割 FF'.

例 5. 一条二次曲线的垂直切线交点的轨迹是一个同心圆, 而切点弦的包络是一条共焦二次曲线.

一条二次曲线的两条切线调和分割两已知点 F, F' 的连线, 则它们交点的轨迹是一条经过 F, F' 的二次曲线, FF' 关于这两条二次曲线的极点是相同的; 另外切点弦的包络是另一条二次曲线, 与 F 和 F' 到原二次曲线的切线相切.

例 6. 如果原二次曲线是一条抛物线, 则这条轨迹是准线, 而包络化为焦点.

如果原二次曲线与 FF' 相切, 则这条轨迹是 F 和 F' 到二次曲线的另外切线切点的连线; 而切点弦经过这些过 F, F' 的切线的交点.

习题 21

利用射影证明下面六个定理:

1. 如果两个三角形顶点的连线共点, 则对应边的三个交点共线.

2. 两条二次曲线在 F 和 F' 有双重切点, 且 C 是 FF' 的极点; 一条二次曲线在 P 处的切线交另一条二次曲线于 A 和 B, 交 FF' 于 Q; 证明 $C(APBQ)$ 是调和的.

3. 一条二次曲线的一个内接三角形的两条边经过定点 P 和 Q, 证明第三条边的包络是一条二次曲线, 与已知二次曲线在它与 PQ 的两交点处有双重切点.

[将已知二次曲线投射为一个圆并将直线 PQ 投射为无穷远线.]

4. 如果三条二次曲线经过相同的四个点, 则任两条二次曲线的公切线被第三条二次曲线调和分割. [204]

5. 如果两条二次曲线有双重切点, 则它们有无数个自共轭三角形.

[将切点的连线投射到无穷远, 我们得到两个同心圆. 而经过圆心的任意两条垂直直线与无穷远线组成一个对于这两个同心圆的自共轭三角形.]

6. 一条二次曲线的外切四边形的对角线三角形关于这条二次曲线自共轭.

[将这个四边形投射为一个正方形.]

利用射影推广下面八个定理：

7. 如果两圆相交于两个实点，则公共弦平分公切线.

8. 二次曲线中对该二次曲线上已知点 P 张直角的弦经过 P 处法线上的一个定点.（Frégier 点.）

9. 外接于一个三角形的直角双曲线中心的轨迹是该三角形的九点圆，而如果这条双曲线是关于这个三角形自共轭的，则这条轨迹是外接圆.

10. 与一个已知三角形各边相切的抛物线的准线经过它的垂心，而如果这条抛物线是关于这个三角形自共轭的，则准线经过外心.

11. 抛物线的焦点到它上面任意点 P 处法线的垂线足的轨迹是另外一条与原抛物线共轴的抛物线.

12. 一点 P 在一条直线上移动，则经过由 P 对一条抛物线所作的三条法线的足的圆的圆心的轨迹也是一条直线.

13. 关于一条二次曲线自共轭的三角形的外接圆与它的准圆正交.

再将这个定理关于准圆上的一点进行倒演.

14. 一已知点对一束共焦二次曲线的极线的包络是一条抛物线，与这束共焦二次曲线的两轴相切，且已知点在它的准线上.

15. 同时运用射影与倒演推广如下定理：如果两圆正交，则任一圆的任意直径的两个端点关于另外一圆是共轭的. **[205]**

第 8 章
不变量

215. 如果

$$S \equiv ax^2 + by^2 + cz^2 + 2fyz + 2gzx + 2hxy = 0$$

和
$$S' \equiv a'x^2 + b'y^2 + c'z^2 + 2f'yz + 2g'zx + 2h'xy = 0$$

是任意两条二次曲线的方程，则经过它们交点的任意二次曲线的方程是

$$kS + S' = 0 \ldots\ldots\ldots\ldots\ldots\ldots\ldots\ldots (1).$$

后一条二次曲线是一对直线的条件是

$$\begin{aligned}&(ka+a')(kb+b')(kc+c') + 2(kf+f')(kg+g')(kh+h')\\ &-(ka+a')(kf+f')^2 - (kb+b')(kg+g')^2 - (kc+c')(kh+h')^2 = 0,\end{aligned}$$

即
$$\Delta k^3 + \Theta k^2 + \Theta' k + \Delta' = 0 \ldots\ldots\ldots\ldots\ldots\ldots (2),$$

其中

$$\begin{aligned}\Delta\ &= abc + 2fgh - af^2 - bg^2 - ch^2 = Aa + Hh + Gg;\\ \Theta\ &= a'(bc-f^2) + b'(ca-g^2) + c'(ab-h^2)\\ &\qquad +2f'(gh-af) + 2g'(hf-bg) + 2h'(fg-ch)\\ &= Aa' + Bb' + Cc' + 2Ff' + 2Gg' + 2Hh';\\ \Theta' &= a(b'c'-f'^2) + b(c'a'-g'^2) + c(a'b'-h'^2)\\ &\qquad +2f(g'h'-a'f') + 2g(h'f'-b'g') + 2h(f'g'-c'h')\\ &= A'a + B'b + C'c + 2F'f + 2G'g + 2H'h;\\ \Delta' &= a'b'c' + 2f'g'h' - a'f'^2 - b'g'^2 - c'h'^2 = A'a' + H'h' + G'g'.\end{aligned}$$

这里 Δ, Δ' 是这两条二次曲线的判别式，而大写字母有如同目 72 中定义的一般含义.

因此这个关于 k 的方程一般有三个根，对应于过这两条二次曲线的四个（实的或虚的）交点所能作出的三对直线.

[206]

如果我们从 (1) 与 (2) 中消去 k，我们将得到这三对直线的方程

$$\Delta S'^3 - \Theta S'^2 S + \Theta' S' S^2 - \Delta' S^3 = 0.$$

表示 S 和 S' 的坐标可以是任何种类——三线坐标，或面积坐标，或笛卡儿坐标. 如果使用的是最后一种坐标，我们只需令 z 等于 1.

216. 如果通过变换变为任一新坐标系，无论是何种，值 S 与 S' 变为 S_1 与 S_1'，则显然 $kS + S'$ 将变为 $kS_1 + S_1'$，而 k 不变. 如果另外，$kS + S'$ 表示一对直线，则它一定仍然表示一对直线. 因此给出使 $kS + S'$ 表示直线的 k 值的方程，与给出使 $kS_1 + S_1'$ 表示直线的 k 值的方程相同. 因此上一条中方程 (2) 的根经过变换保持不变，所以四个量 Δ，Θ，Δ'，Θ' 中任两个的比值一定保持不变，它们不依赖于特殊的坐标轴或坐标系.

由于这些原因，Δ，Θ，Δ'，Θ' 这几个量称为两条二次曲线 $S = 0$ 与 $S' = 0$ 的**不变量(Invariants)**.

在任意两条二次曲线的情形中，如果我们计算出这四个量的值，并求出它们之间成立的任一个齐次关系式，则我们能断定无论我们如何变换坐标轴，在它们之间都存在同样的关系式.

217. 但是在变换的过程中还可能出现一个方程被乘以一个常数值，而另一个方程却没有乘的情形. 例如，将 $S' = 0$ 中各项的系数乘以一个值 p，而 $S = 0$ 中各项的系数不乘以 p，则因为 Θ，Θ' 和 Δ' 分别含 S' 中系数的一次式，二次式，三次式，所以新量 Θ，Θ' 和 Δ' 分别被乘以 p，p^2 和 p^3. 原不变量之间的任意齐次关系式未必依然正确. 例如齐次式 $\Theta\Delta = \Theta'\Delta'$ 将变为 $p\Theta_1 \times \Delta_1 = p^2\Theta_1' \times p^3\Delta_1'$，这与之前关系式的形式不同. 但是齐次式 $\Theta\Theta' = \Delta\Delta'$ 将变为 $p\Theta_1 \times p^2\Theta_1' = \Delta_1 \times p^3\Delta_1'$，即 $\Theta_1\Theta_1' = \Delta_1\Delta_1'$，这与前者有相同的形式. **[207]**

因此，我们可以确定上面四个量之间的一个关系式无论经过什么变换，包括当 S 与 S' 乘以不同常数值的情形，仍然保持相同，则这个关系式一定当 Δ，Θ，Θ'，Δ' 被假定有相同的次数，以及假定它们的次数分别为 0，1，2，3，或分别为 3，2，1，0 时都是齐次的.

218. 为便于引用，对于某些经常出现的标准情形写出各不变量的值.

内切二次曲线与外接二次曲线.

$$S \equiv l^2x^2 + m^2y^2 + n^2z^2 - 2mnyz - 2nlzx - 2lmxy;$$

$$S' \equiv 2f'yz + 2g'zx + 2h'xy.$$

$$\Delta = -4l^2m^2n^2;\quad \Theta = 4lmn(lf' + mg' + nh');$$

$$\Theta' = -(lf' + mg' + nh')^2;\quad \Delta' = 2f'g'h'.$$

内切二次曲线与自共轭二次曲线.

$$S \equiv l^2x^2 + m^2y^2 + n^2z^2 - 2mnyz - 2nlzx - 2lmxy;$$
$$S' \equiv Lx^2 + My^2 + Nz^2.$$
$$\Delta = -4l^2m^2n^2; \quad \Theta = 0;$$
$$\Theta' = l^2MN + m^2NL + n^2LM; \quad \Delta' = LMN.$$

外接二次曲线与自共轭二次曲线.

$$S \equiv 2fyz + 2gzx + 2hxy;$$
$$S' \equiv Lx^2 + My^2 + Nz^2.$$
$$\Delta = 2fgh;\ \Theta = -(Lf^2 + Mg^2 + Nh^2);\ \Theta' = 0;\ \Delta' = LMN.$$

两条自共轭二次曲线.

$$S \equiv Lx^2 + My^2 + Nz^2;$$
$$S' \equiv L'x^2 + M'y^2 + N'z^2.$$
$$\Delta = LMN; \quad \Theta = L'MN + M'NL + N'LM;$$
$$\Theta' = LM'N' + MN'L' + NL'M'; \quad \Delta' = L'M'N'.$$

[208] **椭圆与圆.**

$$S \equiv \frac{x^2}{a^2} + \frac{y^2}{b^2} - 1;$$
$$S' \equiv (x-\alpha)^2 + (y-\beta)^2 - r^2.$$
$$\Delta = -\frac{1}{a^2b^2}; \quad \Theta = \frac{\alpha^2 + \beta^2 - a^2 - b^2 - r^2}{a^2b^2};$$
$$\Theta' = \frac{\alpha^2}{a^2} + \frac{\beta^2}{b^2} - 1 - r^2\left(\frac{1}{a^2} + \frac{1}{b^2}\right); \quad \Delta' = -r^2.$$

两个圆.

$$S \equiv (x-\alpha)^2 + (y-\beta)^2 - r^2;$$
$$S' \equiv (x-\alpha')^2 + (y-\beta')^2 - r'^2.$$
$$\Delta = -r^2; \quad \Theta = (\alpha-\alpha')^2 + (\beta-\beta')^2 - 2r^2 - r'^2;$$
$$\Theta' = (\alpha-\alpha')^2 + (\beta-\beta')^2 - r^2 - 2r'^2; \quad \Delta' = -r'^2.$$

抛物线与圆.

$$S \equiv y^2 - 4px;$$
$$S' \equiv (x-\alpha)^2 + (y-\beta)^2 - r^2.$$
$$\Delta = -4p^2;\ \Theta = -4p(p+\alpha);\ \Theta' = \beta^2 - 4p\alpha - r^2;\ \Delta' = -r^2.$$

$\Theta = 0$, $\Theta' = 0$ 等的几何意义

219. 我们现在将研究这些不变量中的某些等于零时的几何含义，以及它们之间的某些关系式的几何含义.

$\Theta = 0$.

由目 215 中写出的值，显然当 $f = g = h = 0$，且同时 $a' = b' = c' = 0$ 时，Θ 等于零.

则 S 变为 $ax^2 + by^2 + cz^2 = 0$，即一条关于参考三角形自共轭的二次曲线，而 S' 变为

$$2f'yz + 2g'zx + 2h'xy = 0,$$

即这个三角形的一条外接二次曲线.

因此：当一个关于 S 自共轭的三角形能内接于 S' 时 Θ 等于零.

由同一条显然当 $bc = f^2$，$ca = g^2$，$ab = h^2$，且同时有 $f' = g' = h' = 0$ 时，Θ 也等于零，因此 S 是一条内切二次曲线，而 S' 是一条自共轭二次曲线.

因此：当能作一个三角形外切于 S 并关于 S' 自共轭时 Θ 也等于零. **[209]**

220. 反之，如果 $\Theta = 0$，则

(1) 有无数个关于 S 自共轭的三角形能内接于 S';

(2) 能作无数个三角形外切于 S 并关于 S' 自共轭.

为了证明 (1)，在 S' 上取任意点 A，并设它关于 S 的极线与 S' 交于 B 和 C. 以 ABC 为参考三角形，我们有

$$S \equiv ax^2 + by^2 + cz^2 + 2fyz = 0,$$
$$S' \equiv 2f'yz + 2g'zx + 2h'xy = 0.$$

[因为 A 的极线是 $x = 0$，所以 g 和 h 都等于零.]

因为 $\Theta = 0$，所以 $-2aff' = 0$.

但是 f' 不能等于零；因为如果这样则 S' 是两条直线；因为类似的理由，a 也不能等于零.

因此 $f = 0$，于是参考三角形，它内接于 S'，也关于 S 自共轭.

因为 A 是 S' 上的任意点，所以存在无数个这样的三角形.

为了证明 (2)，设 BC 是 S 的任意切线，它关于 S' 的极点是 A，并设 AB 与 AC 是 S 的切线. 以 ABC 为参考三角形，我们有

$$S \equiv l^2x^2 + m^2y^2 + n^2z^2 - 2mnyz - 2nlzx - 2lmxy = 0,$$
$$S' \equiv a'x^2 + b'y^2 + c'z^2 + 2f'yz = 0.$$

因为 $\Theta = 0$，所以 $4l^2mnf' = 0$.

但是 l，m，n 都不能等于零；因为这样的话 S 是一对重合的直线.

因此 $f' = 0$，于是参考三角形，它外切于 S，也关于 S' 自共轭.

因为 BC 是 S' 的任意切线，所以存在无数个这样的三角形.

221. $\Theta'=0$.

由目215中的值，当 $f=g=h=0$，且同时 $b'c'=f'^2$，$c'a'=g'^2$，$a'b'=h'^2$ 时，Θ' 等于零，因此 S 是一条自共轭二次曲线且 S' 是一条内切二次曲线.

因此：当一个关于 S 自共轭的三角形外切于 S' 时 Θ' 等于零.

另外，当 $a=b=c=0$，且 $f'=g'=h'=0$ 时，即当 S 是参考三角形的一条外接二次曲线，且 S' 是一条自共轭二次曲线时，Θ' 也等于零.

[210] 因此：当一个三角形能内接于 S 并关于 S' 自共轭时 Θ' 也等于零.

与上一条一样，能够证明如上定理的逆定理也是正确的.

例子. 设 S 是椭圆

$$\frac{x^2}{a^2}+\frac{y^2}{b^2}=1,$$

而 S' 是抛物线

$$\sqrt{\frac{x}{c}}+\sqrt{\frac{y}{d}}=1.$$

222. $\Theta^2=4\Delta\Theta'$.

假设我们想求出一个三角形能够外切于一条二次曲线 S 并内接于另一条二次曲线 S' 的条件. 假定这样的一个三角形是存在的，取它作为参考三角形.

则有

$$S\equiv l^2x^2+m^2y^2+n^2z^2-2mnyz-2nlzx-2lmxy=0,$$
$$S'\equiv 2f'yz+2g'zx+2h'xy=0.$$

则根据目218的结论，显然有

$$\Theta^2=4\Delta\Theta'.$$

这个关系式关于 Δ，Θ，Θ' 和 Δ' 是齐次的；如果假定它们的次数分别为 0，1，2，3，该式也是齐次的. 因为这样每侧的次数都是 2.

因此它是一个目217中所提及形式的不变关系式，从而这一关系式在像 S 和 S' 这样的方程之间总存在. 因此

如果一个三角形能外切于 $S=0$，并且还内接于 $S'=0$，则 $\Theta^2=4\Delta\Theta'$.

反之，如果 $\Theta^2=4\Delta\Theta'$，则有一个三角形，也就有无数个三角形能够外切于 $S=0$，且内接于 $S'=0$.

设 S 的任意切线交 S' 于点 B，C，并设 B 和 C 到 S 的另外切线交于 A. 则 A 将也在 S' 上. 取 ABC 作为参考三角形.

则有 $$S\equiv l^2x^2+m^2y^2+n^2z^2-2mnyz-2nlzx-2lmxy,$$

与 $$S'\equiv a'x^2+2f'yz+2g'zx+2h'xy.$$

[因为 S 是一条内切二次曲线，而 S' 经过 B 和 C.]

因此 $$\Delta=-4l^2m^2n^2;\ \Theta=4lmn(lf'+mg'+nh');$$
$$\Theta'=-(lf'+mg'+nh')^2+2mna'f';\ \Delta'=f'(2g'h'-a'f').$$

因此，由 $\Theta^2 = 4\Delta\Theta'$，我们得到 $l^2m^3n^3a'f' = 0$. [211]

无论是 l, m 还是 n 都不能为零；因为如果这样 S 仅表示一对重合的直线；f' 也不能为零，因为那样的话 S' 是一对直线. 因此一定有 $a' = 0$，所以 $S' = 0$ 也经过 A.

因为 BC 是 S' 的任意切线，所以能作出无数个这样的三角形.

223. $\boldsymbol{\Theta'^2 = 4\Delta'\Theta}$.

类似的，这是一个三角形能够内接于 $S = 0$，并外切于 $S' = 0$ 的条件.

224. $\boldsymbol{\Theta = 0}$ **且** $\boldsymbol{\Theta' = 0}$.

当这两个关系式同时被满足时，则前面的四种情形都被包含了进来，因此我们能得到

有无数个三角形能内接于 $\left.\begin{matrix} S=0 \\ S'=0 \end{matrix}\right\}$，并外切于 $\left.\begin{matrix} S'=0 \\ S=0 \end{matrix}\right\}$；并且有无数个三角形能够内接于或外切于 $\left.\begin{matrix} S=0 \\ S'=0 \end{matrix}\right\}$，并对于 $\left.\begin{matrix} S'=0 \\ S=0 \end{matrix}\right\}$ 自共轭.

例子. 设

$$S \equiv \beta\gamma - k_1\alpha^2 \text{ 且 } S' \equiv \gamma\alpha - k_2\beta^2 = 0.$$

225. 如果两个三角形关于一条二次曲线 $S = 0$ 是自共轭的，则能作一条二次曲线经过这两个三角形的六个顶点，还能作另一条二次曲线与它们的六条边相切.

设 ABC 和 $A'B'C'$ 是这两个三角形，并取 ABC 为参考三角形.

则
$$S \equiv ax^2 + by^2 + cz^2 = 0.$$

设一条二次曲线经过五个点 A', B', C', B, C，则

$$S' \equiv a'x^2 + 2f'yz + 2g'zx + 2h'xy.$$

因为 $A'B'C'$ 是一个关于 S 自共轭并内接于 S' 的三角形，

所以
$$\Theta = 0\text{，即 } a'bc = 0.$$

所以 $a' = 0$，故二次曲线 S' 也经过 A.

另外，设一条二次曲线与三角形 $A'B'C'$ 的三条边相切，也与边 AB, AC 相切.

则

$$S'' \equiv a''x^2 + b''y^2 + c''z^2 + 2f''yz \pm 2\sqrt{c''a''zx} \pm 2\sqrt{a''b''xy} = 0. \quad [212]$$

因为 $A'B'C'$ 是一个关于 S 自共轭并外切于 S'' 的三角形，所以 S 与 S'' 的 Θ' 等于零，即

$$a(b''c'' - f''^2) = 0,$$

所以
$$b''c'' = f''^2.$$

所以 S'' 也与 BC 相切.

226. 加斯金(Gaskin)定理. 关于一条二次曲线自共轭的三角形的外接圆与这条二次曲线的准圆正交.

设
$$S \equiv ax^2 + by^2 - 1 = 0,$$
$$S' \equiv (x-\alpha)^2 + (y-\beta)^2 - r^2 = 0.$$

如果一个关于 S 自共轭的三角形能够内接于 S', 则 $\Theta = 0$.

因此, 根据目 218, 有
$$\alpha^2 + \beta^2 - r^2 - \frac{1}{a} - \frac{1}{b} = 0 \cdots\cdots\cdots\cdots (1).$$

所以 S 与 S' 的中心的距离的平方
$$= \alpha^2 + \beta^2 = r^2 + \frac{1}{a} + \frac{1}{b}$$
$= r^2 +$ S 的准圆的半径的平方.

因此这个三角形的外接圆 S' 与这条二次曲线的准圆正交.

另外, 由目 219 我们知道如果一个关于 $S' = 0$ 自共轭的三角形能够外切于 $S = 0$ 则 $\Theta = 0$. 因此 (1) 也证明了: *外切于一条二次曲线的任意三角形的自共轭圆与它的准圆正交.*

特殊情形. I. 设在每种情形中这条二次曲线是一条抛物线. 则得到

(1) 关于一条抛物线自共轭的三角形的外接圆的圆心在它的准线上;

(2) 外切于一条抛物线的三角形的自共轭圆的圆心在它的准线上, 即外切于一条抛物线的三角形的垂心在它的准线上.

II. 设在每种情形中这条二次曲线是一条直角双曲线. 则有

(1) 关于一条直角双曲线自共轭的三角形的外接圆经过它的中心;

(2) 外切于一条直角双曲线的三角形的自共轭圆经过它的中心.

III. 一个已知三角形的自共轭圆与以三角形各边为直径的圆正交.

[因为各边是内切二次曲线的特殊情形.]

IV. 以一个完全四边形各条对角线为直径的三个圆与由该四边形的对角线组成的三角形的外接圆正交.

[213]

习题 22

1. 如果一个三角形关于一条抛物线是自共轭的, 则它的外心在准线上.

[设 $S \equiv y^2 - 4ax = 0$, $S' \equiv (x-\alpha)^2 + (y-\beta)^2 - r^2 = 0$.

如果一个关于 S 自共轭的三角形内接于 S', 则 $\Theta = 0$, 这给出 $\alpha = -a$, 等等.]

2. 如果一个三角形外切于一条抛物线, 则它的自共轭圆的圆心在准线上.

[这里又有 $\Theta = 0$.]

3. 如果一个三角形关于一条直角双曲线自共轭, 则后者经过这个三角形的内心.

[取 $S \equiv (x-\alpha)^2 + (y-\beta)^2 - r^2 = 0$; $S' \equiv 2xy - k^2 = 0$; 则 $\Theta = 0$.]

4. 一个三角形外切于一条直角双曲线, 证明这个三角形的自共轭圆经过这条双曲线的中心.

[取 $S \equiv 2xy - k^2 = 0$; $S' \equiv x^2 + y^2 - 2gx - 2fy + c = 0$.

则我们给出 $\Theta = 0$, 因此 $c = 0$.]

5. 若 $\mathbf{F}=0$（目 113）是两条二次曲线 $S=0$ 与 $S'=0$ 的调和轨迹，并且任意内接于 S' 的三角形是关于 S 自共轭的，则任意内接于 $\mathbf{F}$ 的三角形是关于 S' 自共轭的.

6. 对应于量 Δ，Δ' 中的一个等于零，或每个都等于零，关系式 $\Theta=0$ 有何含义？若 Δ，Θ，Θ' 和 Δ' 都等于零，对于 $S=0$，$S'=0$ 我们知道些什么？

7. 若一条抛物线的准线经过一个圆的圆心，证明能作无数个三角形外切于这条抛物线并关于这个圆自共轭；也能作无数个三角形内接于这个圆并关于这条抛物线自共轭.

8. 证明在如下各情形中，存在无数个三角形能外切于二次曲线 $S=0$，并内接于二次曲线 $S'=0$：

(1) $S\equiv\dfrac{x^2}{a^2}+\dfrac{y^2}{b^2}-1=0$；　　$S'\equiv x^2+y^2-(a+b)^2=0$；

(2) $S\equiv x^2+y^2-\dfrac{a^2b^2}{(a+b)^2}=0$；　　$S'\equiv\dfrac{x^2}{a^2}+\dfrac{y^2}{b^2}-1=0$；

(3) $S\equiv y^2-4ax$；　　$S'\equiv y^2-ax-by+c=0$；

(4) S 是一条抛物线，而 S' 是任一个经过它焦点的圆.　**[214]**

9. 证明如果外切于一条已知二次曲线的三角形的自共轭圆的半径是给定的，则自共轭圆的圆心的轨迹是一个圆.

10. 如果三角形的一条内切二次曲线的准圆与该三角形的外接圆相切，则它也与九点圆相切.

[设 O，N，P 是一个三角形的外心，九点圆心，以及垂心，且 K 是这条二次曲线的中心. 设 t 与 ρ 是这条二次曲线的准圆以及这个三角形的自共轭圆的半径. 则根据目 226 的第二个定理，有 $KP^2=t^2+\rho^2$.

如果准圆与外接圆相切，则 $OK=t+R$.

所以
$$\begin{aligned}(t^2+\rho^2)+(t+R)^2=KP^2+OK^2&=2NK^2+\tfrac{1}{2}OP^2\\&=2NK^2+\tfrac{1}{2}(R^2-8R^2\cos A\cos B\cos C)\\&=2NK^2+\tfrac{1}{2}(R^2+2\rho^2).\end{aligned}$$

因此
$$NK=t+\frac{R}{2},$$
即准圆与九点圆也相切.]

两条二次曲线相切的条件

227. 证明如果有
$$(\Theta\Theta'-9\Delta\Delta')^2=4(\Theta^2-3\Delta\Theta')(\Theta'^2-3\Delta'\Theta),$$
则 $S=0$ 与 $S'=0$ 这两条二次曲线相切；而如果
$$\Theta^2=3\Delta\Theta' \text{ 且 } \Theta'^2=3\Delta'\Theta,$$
则它们有二次切点.

如果这两条二次曲线相切，则根据第1卷，目385，经过它们交点的直线对中的两条重合. 因此，代替经过它们交点的三对不同直线，我们只能得到两对直线，因而目215中关于 k 的方程有两个等根. 设这三个根是 α，α，β. 则

$$2\alpha+\beta=-\frac{\Theta}{\Delta};\ 2\alpha\beta+\alpha^2=\frac{\Theta'}{\Delta};\ \alpha^2\beta=-\frac{\Delta'}{\Delta}.$$

所以 $2\alpha\cdot\dfrac{\Theta}{\Delta}+\dfrac{\Theta'}{\Delta}=-3\alpha^2$，且 $\dfrac{\Theta}{\Delta}\alpha^2+\dfrac{2\Theta'}{\Delta}\alpha=3\alpha^2\beta=-\dfrac{3\Delta'}{\Delta}$.

所以
$$3\alpha^2\Delta+2\alpha\Theta+\Theta'=0\ldots\ldots(1),$$
$$\alpha^2\Theta+2\alpha\Theta'+3\Delta'=0\ldots\ldots(2).$$

解 (1) 与 (2)，我们得到

$$\frac{\alpha^2}{6\Delta'\Theta-2\Theta'^2}=\frac{\alpha}{\Theta\Theta'-9\Delta\Delta'}=\frac{1}{6\Delta\Theta'-2\Theta^2}.$$

[215]　　因此　　$(\Theta\Theta'-9\Delta\Delta')^2=4(\Theta^2-3\Delta\Theta')(\Theta'^2-3\Delta'\Theta)$.

[等式 (1) 也可以由以下事实推出：如果任意方程 $\phi(k)=0$ 有等根，则它们中的每个是 $\dfrac{\mathrm{d}\phi}{\mathrm{d}k}=0$ 的一个根.]

类似的，如果这两条二次曲线有二次切点，则经过它们交点的直线仅有一对. 在此情形中三个根都等于 α，因此有

$$3\alpha=-\frac{\Theta}{\Delta};\ 3\alpha^2=\frac{\Theta'}{\Delta};\ \alpha^3=-\frac{\Delta'}{\Delta}.$$

所以　　$\Theta^2=3\Delta\Theta'$，$\Theta'^2=3\Delta'\Theta$.

这些关系式有符合目217中规则的适当次数.

内接于一条二次曲线并外切于另一条二次曲线的四边形

228. 求能作出一个四边形外切于二次曲线 $S=0$ 并内接于二次曲线 $S'=0$ 的条件.

我们知道一个四边形总能够投射为一个矩形，因此经过射影后，S 是一条二次曲线而 S' 是它的准圆.

因此
$$S\equiv\frac{x^2}{a^2}+\frac{y^2}{b^2}-1=0.$$
$$S'\equiv x^2+y^2-a^2-b^2=0.$$

从而根据目 218，可得

$$\Delta=-\frac{1}{a^2b^2};\ \Theta=-\frac{2a^2+2b^2}{a^2b^2};\ \Theta'=-1-\frac{(a^2+b^2)^2}{a^2b^2};$$
$$\Delta'=-(a^2+b^2).$$

因此
$$\Theta^2-4\Delta\Theta'=-\frac{4}{a^2b^2}=-8\frac{\Delta^2\Delta'}{\Theta}.$$

因此
$$\Theta^3-4\Delta\Theta\Theta'+8\Delta^2\Delta'=0.$$

这个关系式有符合目 217 中规则的适当次数.

如果能作一个矩形外切于 S，则它的顶点在准圆上，因此由准圆的一般性质，推出能作出无数个这样的矩形. [216]

推论. 如果
$$\Theta^2=2\Delta\Theta'\ 且\ \Theta'^2=2\Delta'\Theta,$$
则这两条二次曲线满足能作出四边形外切于其中任一条，并且两条对角线的端点在另一条上.

因为在这一情形中，我们同时有
$$\Theta^3-4\Delta\Theta\Theta'+8\Delta^2\Delta'=0,$$
和
$$\Theta'^3-4\Delta'\Theta\Theta'+8\Delta\Delta'^2=0,$$
当 $\Theta^2=2\Delta\Theta'$ 且 $\Theta'^2=2\Delta'\Theta$ 时，这两个等式同时成立.

229. 例题. 证明关系式
$$\Theta^3-4\Delta\Theta\Theta'+8\Delta^2\Delta'=0$$
在下述条件下也成立：

(1) S 在它与 S' 的其中两个交点处的切线相交在 S' 上；

(2) S 内切于由 S' 的两条切线与它们的切点弦组成的三角形；

(3) S' 是 S 的调和分割一条已知线段 FF' 的两条切线的交点的轨迹；

(4) 从 S 的任意切线与 S' 的两个交点向 S 所作的另外切线的交点在一条已知直线上.

230. 两条二次曲线 S 与 S' 使得，如果将它们交点中的两个与另外两个交点中的任一个相连，则这两条弦以及该点处的两条切线组成一个调和线束. 证明 $\Theta\Theta'=\Delta\Delta'$. 推出两个圆正交的条件.

取这些交点中的三个 A，B，C 作为参考三角形，并设这两条二次曲线是
$$S\equiv 2fyz+2gzx+2hxy=0,$$
$$S'\equiv 2f'yz+2g'zx+2h'xy=0.$$

这两条二次曲线在点 A 处的切线是 $gz+hy=0$ 和 $g'z+h'y=0$，而这两条切线与 AC 和 AB，即 $y=0$ 和 $z=0$，组成一个调和线束的条件是

$$gh'+g'h=0 \ldots\ldots\ldots\ldots\ldots\ldots\ldots\ldots (1).$$

现在 $\Delta=2fgh$；$\Theta=2f'gh+2g'hf+2h'fg$；

$$\Theta'=2fg'h'+2gh'f'+2hf'g'；\Delta'=2f'g'h'.$$

所以利用等式 (1) 有

[217] $$\Theta\Theta'-\Delta\Delta'=4(gh'+g'h)(hf'+h'f)(fg'+f'g)=0.$$

如果我们将 B 和 C 取为无穷远圆环点，则这两条二次曲线变为两个圆，并且它们在一个交点 A 处的切线调和分割 A 与两个圆环点的连线，则这两个圆正交. 因此所求的两个圆正交的条件是 $\Theta\Theta'=\Delta\Delta'$.

这可以通过将两个圆的方程取为如下形式予以简单地证明：

$$x^2+y^2-a^2=0 \text{ 和 } x^2+y^2+2gx+a^2=0.$$

231. 例 1. 证明关系式 $\Theta\Theta'=\Delta\Delta'$ 在下述条件下也成立：

(1) 这两条二次曲线是一个圆与一条直角双曲线，它们的一条公共弦是圆的一条直径；

(2) 调和轨迹 $\mathbf{F}=0$（目 113）退化为两条直线；

(3) 调和包络 $\mathbf{F}'=0$（目 114）退化为一对点.

例 2. 证明满足关系式 $\Theta\Theta'=\Delta\Delta'$ 的两条二次曲线的方程总能化为 $x^2+y^2-z^2=0$ 与 $x^2-y^2+kz^2=0$ 的形式.

232. 证明二次曲线 $S=0$ 上任意点与它和 $S'=0$ 的各交点的连线组成调和线束的条件是

$$2\Theta^3-9\Delta\Theta\Theta'+27\Delta^2\Delta'=0.$$

设这两条二次曲线是

$$L\alpha^2+M\beta^2+N\gamma^2=0 \ldots\ldots\ldots\ldots\ldots\ldots\ldots\ldots (1),$$

和 $$L_1\alpha^2+M_1\beta^2+N_1\gamma^2=0 \ldots\ldots\ldots\ldots\ldots\ldots\ldots\ldots (2).$$

如果与目 65 一样，它们的交点是 P，Q，R，T，则直线 PR 和 QT 的方程是

$$(LM_1-L_1M)\beta^2+(LN_1-L_1N)\gamma^2=0.$$

根据第 113 页习题 1，P，Q，R，T 对二次曲线 (1) 上任意点张调和线束的条件是 PR，QT 是关于它共轭的，因此有（目 76）

$$NL(LM_1-L_1M)+LM(N_1L-NL_1)=0,$$

即 $$M_1NL+N_1LM=2L_1MN.$$

现在在这一情形中有

$$\Delta=LMN；\Theta=L_1MN+M_1NL+N_1LM=3L_1MN；$$

$$\Theta'=LM_1N_1+MN_1L_1+NL_1M_1；\Delta'=L_1M_1N_1.$$

所以 $$\Theta\Theta'-3\Delta\Delta'=3L_1^2MN(MN_1+M_1N)$$

$$=\frac{6L_1^2MN}{L}\cdot L_1MN=\frac{2\Theta^3}{9\Delta}.$$

因此 $$2\Theta^3-9\Delta\Theta\Theta'+27\Delta^2\Delta'=0.$$

[218] 这是一个有符合目 217 中规则的适当次数的齐次关系式.

别法. 将点 Q，T 投射为无穷远圆环点，因此这两条二次曲线变为圆. 则 P 和 R 一定对 S 上的任意点张直角，所以 PR 一定经过 S 的中心. 因此

$$S \equiv k(x^2+y^2-a^2),$$
$$S' \equiv x^2+y^2-a^2+2\lambda(y-px),$$

等等.

233. *方程 $ax^2+by^2+cz^2+2fyz+2gzx+2hxy=0$ 表示一个圆，坐标是面积坐标. 证明它的半径 ρ 由下式给出*

$$\rho^2=\frac{4R^2(abc+2fgh-af^2-bg^2-ch^2)}{(2f-b-c)(2g-c-a)(2h-a-b)},$$

这里 R 是参考三角形的外接圆的半径.

取
$$S=\lambda(ax^2+by^2+cz^2+2fyz+2gzx+2hxy)=0,$$
$$S'=a_0^2yz+b_0^2zx+c_0^2xy=0,$$
这里 a_0，b_0，c_0 是参考三角形的边长，因此 S' 是外接圆.

因为 $S=0$ 表示一个圆，所以可以选取 λ 使得 $S-S'=0$ 有因式 $x+y+z=0$. 因此通过代换 $x=-y-z$，我们知道

$$\lambda[(a+b-2h)y^2+(a+c-2g)z^2+2yz(a+f-g-h)]\\-[a_0^2yz-b_0^2z(y+z)-c_0^2y(y+z)]$$

恒等于零.

所以
$$\lambda(a+b-2h)+c_0^2=0,$$
$$\lambda(a+c-2g)+b_0^2=0,$$
$$\lambda(2a+2f-2g-2h)+(b_0^2+c_0^2-a_0^2)=0,$$
给出
$$\lambda(b+c-2f)+a_0^2=0.$$

因此
$$\lambda=\frac{a_0^2}{2f-b-c}=\frac{b_0^2}{2g-c-a}=\frac{c_0^2}{2h-a-b}\cdots\cdots\cdots\cdots\cdots(1).$$

因此有
$$\Delta=\lambda^3(abc+2fgh-af^2-bg^2-ch^2),$$
和
$$\Delta'=\tfrac{1}{4}a_0^2b_0^2c_0^2.$$

因为现在 $S=0$ 有适当的形式，所以根据目 218，通过代入 (1) 中 a_0^2，b_0^2，c_0^2 的值我们得到

$$\frac{\rho^2}{R^2}=\frac{\Delta}{\Delta'}=\frac{4(abc+2fgh-af^2-bg^2-ch^2)}{(2f-b-c)(2g-c-a)(2h-a-b)}.$$

这是使用**面积坐标**的结论. 如果我们使用**三线坐标**将得到类似的结论

$$\frac{\rho^2}{R^2}=\frac{4a_0^2b_0^2c_0^2(abc+2fgh-af^2-bg^2-ch^2)}{(2fb_0c_0-bc_0^2-cb_0^2)(2gc_0a_0-ca_0^2-ac_0^2)(2ha_0b_0-ab_0^2-ba_0^2)}.$$

调和轨迹与调和包络的方程之间的不变关系

234. 如果 $S=0$ 与 $S'=0$ 是两条二次曲线的方程, $\mathbf{F}=0$ 是它们的调和轨迹, $\mathbf{F}'=0$ 是它们的调和包络, 证明 $\mathbf{F}'=\Theta'S+\Theta S'-\mathbf{F}$, 这里 $\mathbf{F}$ 和 $\mathbf{F}'$ 使用的形式使得它们的判别式为

[219]

$$\Delta\Delta'(\Theta\Theta'-\Delta\Delta') \text{ 和 } (\Theta\Theta'-\Delta\Delta')^2.$$

设这两条二次曲线参照它们共同的自共轭三角形，因此

$$S\equiv ax^2+by^2+cz^2=0,$$
$$S'\equiv a'x^2+b'y^2+c'z^2=0.$$

因此，根据目113和114有

$$\mathbf{F}=aa'(bc'+b'c)x^2+bb'(ca'+c'a)y^2+cc'(ab'+a'b)z^2=0,$$
$$\mathbf{F}'=(ab'+a'b)(ca'+c'a)x^2+(bc'+b'c)(ab'+a'b)y^2$$
$$+(ca'+c'a)(bc'+b'c)z^2=0.$$

现在

$$\Theta=a'bc+b'ca+c'ab,\ \Theta'=ab'c'+bc'a'+ca'b'.$$

因此在 $\Theta'S+\Theta S'-\mathbf{F}$ 中 x^2 的系数

$$=a(ab'c'+bc'a'+ca'b')+a'(a'bc+b'ca+c'ab)-aa'(bc'+b'c)$$
$$=a^2b'c'+a'^2bc+caa'b'+aba'c'$$
$$=(ab'+a'b)(ca'+c'a),$$

对于 y^2 和 z^2 的系数同理.

因此
$$\mathbf{F}'=\Theta'S+\Theta S'-\mathbf{F}.$$

$\mathbf{F}$ 的判别式 $=abca'b'c'(bc'+b'c)(ca'+c'a)(ab'+a'b)$.

另外

$$\Theta\Theta'-\Delta\Delta'=(a'bc+b'ca+c'ab)(ab'c'+bc'a'+ca'b')-abc\cdot a'b'c'$$
$$=(bc'+b'c)(ca'+c'a)(ab'+a'b).$$

因此 $\mathbf{F}$ 的判别式 $=\Delta\Delta'(\Theta\Theta'-\Delta\Delta')$.

而 $\mathbf{F}'$ 的判别式 $=(bc'+b'c)^2(ca'+c'a)^2(ab'+a'b)^2=(\Theta\Theta'-\Delta\Delta')^2$.

因此 $\mathbf{F}$, $\mathbf{F}'$ 选取的形式如题中所述.

推论. 若 $\Theta\Theta'-\Delta\Delta'=0$, 则调和轨迹分解为两条直线，而调和包络也能分解因式，且仅给出两个点. 根据第10页，习题1和2，这是当两条二次曲线为正交圆时的情形.

[220]

235. 像 $\mathbf{F}'$ 这样的函数称为是 S, S', $\mathbf{F}$ 的一个协变量.

任意函数 ϕ 称为是另外的函数 S, S', $\cdots$ 的一个协变量，指它能通过某

一个规则从这些函数中得到，并且当涉及的变量通过任意线性代换进行变换时，通过变换 ϕ 得到的结果与首先变换 S，S'，$\cdots$，接着由它们按照与之前相同的规则得到的 ϕ 最多只相差一个常数倍.

236. 用类似的方法我们能够证明，如果 Σ 与 Σ' 是两条二次曲线的切线式方程，而 Φ 与 Φ' 是它们的调和轨迹与调和包络的切线式方程，则

$$\Phi' = \Theta'\Sigma + \Theta\Sigma' - \Phi.$$

因为

$$\Sigma = l^2bc + m^2ca + n^2ab;$$
$$\Sigma' = l^2b'c' + m^2c'a' + n^2a'b';$$
$$\Phi = bcb'c'(ca' + c'a)(ab' + a'b)l^2 + \cdots + \cdots;$$
$$\Phi' = aa'bb'cc'[(bc' + b'c)l^2 + \cdots + \cdots].$$

所以 $\Theta =$ 由 Σ 和 Σ' 得到的不变量 $= abc(ab'c' + \cdots + \cdots)$，而类似的 $\Theta' = a'b'c'(a'bc + \cdots + \cdots)$.

[与目 234 一样能够证明，Φ 和 Φ' 这样选取的形式，它们的判别式分别为 $(\Theta\Theta' - \Delta\Delta')^2$ 和 $\Delta\Delta'(\Theta\Theta' - \Delta\Delta')$，这里 Δ，Θ，Θ' 和 Δ' 属于二次曲线组 Σ 和 Σ'.]

如同目 234，现在可以证明

$$\Phi' = \Theta'\Sigma + \Theta\Sigma' - \Phi.$$

237. 若 S_1 是 S 关于 S' 的极倒形，S_1' 是 S' 关于 S 的极倒形，则

$$S_1 = \Theta S' - \mathbf{F} = \mathbf{F}' - \Theta' S,$$
$$S_1' = \Theta' S - \mathbf{F} = \mathbf{F}' - \Theta S'.$$

使用目 234 的记号，由目 178，我们得到

$$S_1 = a'^2bcx^2 + b'^2cay^2 + c'^2abz^2 = 0,$$
$$S_1' = a^2b'c'x^2 + b^2c'a'y^2 + c^2a'b'z^2 = 0.$$

[221]

现在

$$\begin{aligned}\Theta S' - \mathbf{F} &= (a'bc + b'ca + c'ab)(a'x^2 + b'y^2 + c'z^2)\\ &\quad - aa'(bc' + b'c)x^2 - bb'(ca' + c'a)y^2 - cc'(ab' + a'b)z^2\\ &= a'^2bcx^2 + b'^2cay^2 + c'^2abz^2 = S_1.\end{aligned}$$

所以　$S_1 = \Theta S' - \mathbf{F} = \mathbf{F}' - \Theta' S$，利用目 234.

另外

$$\begin{aligned}\Theta' S - \mathbf{F} &= (ab'c' + bc'a' + ca'b')(ax^2 + by^2 + cz^2)\\ &\quad - aa'(bc' + b'c)x^2 - bb'(ca' + c'a)y^2 - cc'(ab' + a'b)z^2\end{aligned}$$

$$= a^2b'c'x^2 + b^2c'a'y^2 + c^2a'b'z^2 = S_1'.$$

所以 $\quad S_1' = \Theta' S - \mathbf{F} = \mathbf{F}' - \Theta S'$，利用目 234.

推论. 若二次曲线 S 和 S' 使得 $\Theta = 0$，则调和轨迹 $\mathbf{F}$ 是 S 关于 S' 的极倒形，而调和包络 $\mathbf{F}'$ 是 S' 关于 S 的极倒形.

若这两条二次曲线使得 $\Theta' = 0$，则调和轨迹 $\mathbf{F}$ 是 S' 关于 S 的极倒形，而调和包络 $\mathbf{F}'$ 是 S 关于 S' 的极倒形.

238. S 和 S' 的任一条公切线与 S' 的切点是 S 的切线关于 S' 的极点，因此这些切点在极倒形 S_1 上，并且根据目 117，$\mathbf{F}$ 经过这些切点，由此事实能推断出在 S_1，S' 和 $\mathbf{F}$ 之间必定存在一个线性关系式. 因而我们必能得到一个如下形式的关系式

$$S_1 = lS' + m\mathbf{F}.$$

239. 证明与两条二次曲线 $S = 0$ 和 $S' = 0$ 的四条公切线相切的二次曲线的一般方程是 $\Delta S + k\mathbf{F} + k^2\Delta' S' = 0$，这里 k 是一个变参数，而 $\mathbf{F} = 0$ 是调和轨迹.

设

$$S \equiv ax^2 + by^2 + cz^2 = 0,$$
$$S' \equiv a'x^2 + b'y^2 + c'z^2 = 0.$$

设 Σ 和 Σ' 是这两条二次曲线的切线式方程，则根据目 72，有

$$\Sigma = l^2bc + m^2ca + n^2ab = 0，\Sigma' = l^2b'c' + m^2c'a' + n^2a'b' = 0.$$

与 S 和 S' 的四条公切线相切的任意二次曲线的切线式方程是

$$\Sigma + k\Sigma' = 0,$$

[222] 即

$$(bc + kb'c')l^2 + (ca + kc'a')m^2 + (ab + ka'b')n^2 = 0.$$

对于点式方程，根据目 73，我们得到 x^2 的系数

$$= (ca + kc'a')(ab + ka'b') = a^2bc + kaa'(bc' + b'c) + k^2a'^2b'c',$$

对于 y^2 和 z^2 的系数同理. 因此所求方程为

$$\begin{aligned}
&abc(ax^2 + by^2 + cz^2) \\
&\quad + k[aa'(bc' + b'c)x^2 + bb'(ca' + c'a)y^2 + cc'(ab' + a'b)z^2] \\
&\quad + k^2a'b'c'(a'x^2 + b'y^2 + c'z^2) = 0,
\end{aligned}$$

即

$$\Delta S + k\mathbf{F} + k^2\Delta' S' = 0.$$

推论. 这些二次曲线的包络是这四条公切线本身. 因此这四条公切线的方程是 $\mathbf{F}^2 = 4\Delta\Delta' SS'$. [比较目 117.]

240. 证明 $S + kS' = 0$ 的切线式方程是

$$\Sigma + k\Phi + k^2\Sigma' = 0,$$

并解释方程 $\Phi = 0$ 和 $\Phi^2 - 4\Sigma\Sigma' = 0$. 证明 $\Sigma + k\Phi = 0$ 的点式方程是

$$\Delta S + k(\Theta S + \Delta S') + k^2(\Theta' S + \Theta S' - \mathbf{F}) = 0,$$

并解释方程

$$(\Theta S + \Delta S')^2 - 4\Delta S(\Theta' S + \Theta S' - \mathbf{F}) = 0.$$

设 $\quad S \equiv ax^2 + by^2 + cz^2 = 0，S' \equiv a'x^2 + b'y^2 + c'z^2 = 0.$

则 $(a+ka')x^2+(b+kb')y^2+(c+kc')z^2=0$ 的切线式方程是

$$l^2(b+kb')(c+kc')+\cdots+\cdots=0,$$

即

$$(bcl^2+\cdots+\cdots)+k[l^2(bc'+b'c)+\cdots+\cdots]+k^2(l^2b'c'+\cdots+\cdots)=0,$$

即

$$\Sigma+k\Phi+k^2\Sigma'=0,$$

这里 Φ 是调和包络的切线式方程. 方程 $\Phi^2=4\Sigma\Sigma'$ 是以上二次曲线的包络的切线式方程，即它是二次曲线 S，S' 的四个公共点的切线式方程. [比较目 116.]

方程

$$\Sigma+k\Phi=0$$

是

$$[bc+k(bc'+b'c)]l^2+\cdots+\cdots=0.$$

对于点式方程，x^2 的系数

$=[ca+k(ca'+c'a)][ab+k(ab'+a'b)]$

$=a^2bc+k[a(a'bc+b'ca+c'ab)+a'\cdot abc]+k^2(ca'+c'a)(ab'+a'b).$

因此点式方程是

$abc(ax^2+by^2+cz^2)$

$\quad+k[(ax^2+by^2+cz^2)(a'bc+b'ca+c'ab)+abc(a'x^2+b'y^2+c'z^2)]$

$\quad+k^2[(ca'+c'a)(ab'+a'b)x^2+\cdots+\cdots]=0,$

即

$$\Delta S+k(\Theta S+\Delta S')+k^2\mathbf{F}'=0,$$

根据目 234，即

$$\Delta S+k(\Theta S+\Delta S')+k^2(\Theta' S+\Theta S'-\mathbf{F})=0. \qquad \textbf{[223]}$$

方程

$$(\Theta S+\Delta S')^2-4\Delta S(\Theta' S+\Theta S'-\mathbf{F})=0$$

是这些二次曲线的包络，即它是 S 和 $\mathbf{F}'$ 的四条公切线的方程.

241. 因为上面两条的结论仅含关于 S 和 S' 的不变量的值，或仅含像 $\mathbf{F}=0$ 和 $\mathbf{F}'=0$ 这样的由几何性质定义而不依赖于所使用的特殊坐标轴或参考三角形的值，所以这些结论无论 S 和 S' 使用的是什么特殊形式都将保持成立，特别地，当 S 和 S' 是由一般的二次方程给出的时也将成立.

这可以依照前面的条目，通过对 S 和 S' 取一般的方程，并对 $\mathbf{F}$ 和 Φ 使用目 115 中给出的值而证明.

习题 23

1. 确定在二次曲线

$$S_1\equiv(\alpha x+\beta y)^2-2x=0;$$
$$S_2\equiv\beta^2(x^2+y^2)-2x=0;$$
$$S_3\equiv 2xy+2\beta\lambda x+4\alpha\lambda y-\frac{2\lambda}{\beta}=0$$

的不变量之间存在的齐次关系式；并叙述这些二次曲线之间对应的几何关系.

2. 求如下两种情形的不变量之间存在什么齐次关系式：

(1) S 是一条抛物线，而 S' 是一条中心为 S 的焦点的直角双曲线；

(2) S 是一个圆，而 S' 是一条焦点在 S 上的抛物线.

3. 如果一条二次曲线与从点 P 向它所作法线的足的轨迹相切，则 P 的轨迹是这条二次曲线的渐屈线，由此事实得出抛物线 $y^2=4px$ 的渐屈线以及椭圆 $\frac{x^2}{a^2}+\frac{y^2}{b^2}=1$ 的渐屈线.

4. 设 $S'=0$ 是一条已知二次曲线，$S=0$ 是一条关于一个已知三角形自共轭的变二次曲线，并使得 S 与 S' 的不变量 Θ 等于零，则 $S=0$ 的中心的轨迹是一条直线.

5. 两条二次曲线 S 和 S' 交于 A；S 和 S' 在点 A 的切线分别与 S' 和 S 交于 B 和 C，而 BC 又与这两条二次曲线交于 B'，C'；若 B' 和 C' 是 B 和 C 的调和共轭点，证明 $\Theta\Theta'+\Delta\Delta'=0$.

6. 证明如果能作一条二次曲线与二次曲线 $S=0$ 和 $S'=0$ 有三次切点，则 **[224]** $\Delta\Theta'^3=\Delta'\Theta^3$.

7. $\mathbf{F}=0$ 和 $\mathbf{F}'=0$ 是两条二次曲线 $S=0$ 和 $S'=0$ 的调和轨迹和调和包络. 如果有三角形能内接于 $\mathbf{F}$，并关于 $\mathbf{F}'$ 自共轭，则

$$\Theta\Theta'+3\Delta\Delta'=0.$$

8. 若 $\mathbf{F}=0$ 与 $\mathbf{F}'=0$ 有双重切点，则 $S=0$ 与 $S'=0$ 有双重切点，否则 $\Delta\Theta'^3=\Delta'\Theta^3$.

9. 如果将 $S=0$ 和 $S'=0$ 的公切线与 $S=0$ 的四个切点与 S 上任意点相连，且这样得到的直线给出一个调和线束，证明

$$2\Theta'^3-9\Theta\Theta'\Delta'+27\Delta\Delta'^2=0.$$

10. 如果两条二次曲线的一对公共弦是关于这两条二次曲线中每一条的共轭直线，证明 $\Theta\Theta'=9\Delta\Delta'$.

11. 两条二次曲线 $S=0$ 与 $S'=0$ 相切；证明它们在切点处的曲率的比等于方程

$$\Delta k^3+\Theta k^2+\Theta' k+\Delta'=0$$

的两个不等根的比.

12. 有无数个四边形能内接于 S 并外切于 S'. 若 S_1 是 S 关于 S' 的极倒形，证明有无数个三角形能内接于 S 并外切于 S_1.

13. *求内接于二次曲线 S 并外切于二次曲线 S' 的三角形的垂心的轨迹.*

取 S' 的主轴作为坐标轴，我们有

$$S\equiv ax^2+2hxy+by^2+2gx+2fy+c=0,$$
$$S'\equiv a'x^2+b'y^2-1=0.$$

设 (x',y') 是这样的一个三角形的垂心，而 d 是它的自共轭圆的半径，因此后者的方程是

$$S''\equiv(x-x')^2+(y-y')^2-d^2=0.$$

由目 221 和 219，因为这个三角形内接于 S，外切于 S'，并关于 S'' 自共轭，所以 S 与 S'' 的 Θ' 等于零，而 S' 与 S'' 的 Θ 也等于零.

因此有　$ax'^2 + 2hx'y' + by'^2 + 2gx' + 2fy' + c - (a+b)d^2 = 0$，

以及　$a' + b' - (x'^2 + y'^2 - d^2)a'b' = 0.$

因此，通过消去 d^2，所求的轨迹是二次曲线

$$S = (a+b)\left(x^2 + y^2 - \frac{1}{a'} - \frac{1}{b'}\right).$$

14. 三角形 ABC 关于二次曲线 S 自共轭，且它的两个角点 B 和 C 在二次曲线 S' 上. 证明第三个角点 A 的轨迹是 $\Theta S - \Delta S' = 0$. 再证明边 BC 与 S 和 S' 的调和包络相切，并且边 AB, AC 与 S' 关于 S 的极倒形相切. **[225]**

取 ABC 作为参考三角形，则有

$$S \equiv ax^2 + by^2 + cz^2 = 0,$$
$$S' \equiv a'x^2 + 2f'yz + 2g'zx + 2h'xy = 0.$$

显然二次曲线 $a'S - aS' = 0$ 经过点 A.

但是 $\Delta = abc$，且 $\Theta = a'bc$. 所以 $\dfrac{a'}{\Theta} = \dfrac{a}{\Delta}$，因此 $\Theta S - \Delta S' = 0$ 是一条经过 A 的二次曲线. 但是因为这个方程仅含 S，S' 以及不变量，显然无论参考三角形如何取它都保持相同. 由此从目 219 可得，正如预期的，当 Θ 等于零时，这条轨迹化为 $S' = 0$.

调和包络的切线式方程是（目 115）

$$\Phi = ca'm^2 + a'bn^2 - 2af'mn - 2bg'nl - 2ch'lm = 0.$$

这被 $m = 0$，$n = 0$ 满足，即底边 BC 总与不变二次曲线 $\mathbf{F}' = 0$ 相切.

根据目 179，S' 关于 S 的极倒形是

$$a^2f'^2x^2 + b^2g'^2y^2 + c^2h'^2z^2 - 2bc(g'h' - a'f')yz - 2cah'f'zx - 2abf'g'xy = 0.$$

这条曲线同时与 AB 和 AC 相切. 但是，由于这个极倒形的方程可以化为 $\Theta'S - \mathbf{F} = 0$ 的形式，所以它是一条不变二次曲线. 因此边 AB，AC 总与它相切.

15. 一些三角形能内接于二次曲线 $S = 0$ 并关于二次曲线 $S' = 0$ 是自共轭的. 证明由任一这样的三角形在角点处的切线组成的三角形内接于二次曲线 $\Delta S' - \Theta S = 0$.

16. 两条二次曲线 S 和 S'，使得有三角形能内接于 S' 且各边与 S 相切. 证明任一这样的三角形的顶点与对边切点的连线的交点的轨迹是二次曲线 $3\Delta S' - 2\Theta S = 0$.

17. 一个三角形内接于二次曲线 $S = 0$，且它的两条边与二次曲线 $S' = 0$ 相切；证明底边的包络是二次曲线

$$(\Theta'^2 - 4\Delta'\Theta)S + 4\Delta\Delta'S' = 0.$$

18. 一个三角形外切于二次曲线 $S = 0$，且底边的两个端点在二次曲线 $S' = 0$ 上. 证明顶点在如下二次曲线上

$$(\Theta^2 - 4\Delta\Theta')^2S + 16\Delta^3\Delta'S' + 4\Delta(\Theta^2 - 4\Delta\Theta')\mathbf{F} = 0.$$

[当 $\Theta^2 = 4\Delta\Theta'$ 时，这条轨迹化为 $S' = 0$.（目 222.）]

19. 二次曲线 $S = 0$ 与一个四边形的三条边相切，而二次曲线 $S' = 0$ 经过四个角点；证明第四条边的包络是二次曲线

$$(\Theta^2 - 4\Delta\Theta')^2S + 8\Delta(\Theta^3 - 4\Delta\Theta\Theta' + 8\Delta^2\Delta')S' = 0.$$ **[226]**

答 案

习题 4. （第 51，52 页.）

2. $[(mn+1)(\alpha m+\beta n)+\gamma(m^3+n^3)][(mn-1)(\alpha m-\beta n)+\gamma(m^3-n^3)]=0.$

6. 一条与其中两条定直线相切的二次曲线.

7. 参考三角形的一条外接二次曲线.

13. 参考三角形的一条外接三次曲线.

习题 5. （第 69，70 页.）

2. $(\beta\cos B-\gamma\cos C)^2=\alpha\sin A(\beta\sin B+\gamma\sin C)$

$c\cos^2 B\cdot\beta+b\cos^2 C\cdot\gamma=0.$

12. 九点圆.

习题 6. （第 75－78 页.）

24. $x^2+y^2+z^2-2yz-2zx-2xy=0.$

习题 7. （第 82，83 页.）

13. (1) $(1,0)$，$(-1,0)$ 和 $(0,-1)$； $(x+y-1)^2+(x-y+1)^2-4y^2=0$；

$(x+y-1)^2-(x-y+1)^2+y^2=0.$

(2) $(1,0)$，$(-1,0)$ 和 $(-\frac{1}{7},\frac{4}{7})$；

$4(x+2y-1)^2-(2x-3y+2)^2-3y^2=0$；

$4(x+2y-1)^2+(2x-3y+2)^2-5y^2=0.$

(3) $(\frac{1}{2},-\frac{1}{2})$，$(-\frac{1}{3},\frac{1}{3})$ 和 $(-2,-3)$；

$(2x-y+1)^2-(x-y-1)^2+(x+y)^2=0$；

$-(2x-y+1)^2+2(x-y-1)^2+2(x+y)^2=0.$

14. $X\equiv y+z=0$； $Y\equiv z+x=0$； $Z\equiv x+y=0$； $X^2-Y^2+Z^2=0$；

$X^2+Y^2-2Z^2=0.$

习题 9. （第 93，94 页.）

10. $x^2=4yz.$

习题 10. （第 98－101 页.）

3. $x=0$； $y=0$； $x+2z=0$； $x-12y-4z=0$.

例题. （第 127 页.）

$$\frac{x}{x'}=\frac{y}{3x'-6y'}=\frac{1}{x'-3y'+3}.$$

习题 15. （第 132 页.）

1. $56l^2+9m^2-15n^2-42mn-52nl+44lm=0$.

3. $(\frac{3}{2},\frac{3}{2})$， $x+y=2$.

习题 16. （第 141，142 页.）

3. 二次曲线 $ayz+bzx+cxy=0$.

5. $(3,-3,-2)$； $x+y=0$ 和 $17x+5y+18z=0$.

6. $\left(0,\ \frac{1}{M},\ \frac{1}{N}\right)$，等等； $(M+N,\ N+L,\ L+M)$.

习题 17. （第 149 页.）

1. $(2,1)$； $(-2,-1)$.

习题 23. （第 195－197 页.）

1. $\Theta\Theta'=9\Delta\Delta'$； $\Theta^2=4\Delta\Theta'$； $\Theta=0$.

2. $\Theta=0$; $\Theta'^2=4\Delta'\Theta$.

刘培杰数学工作室
已出版(即将出版)图书目录——初等数学

书　　名	出版时间	定　价	编号
新编中学数学解题方法全书(高中版)上卷(第2版)	2018-08	58.00	951
新编中学数学解题方法全书(高中版)中卷(第2版)	2018-08	68.00	952
新编中学数学解题方法全书(高中版)下卷(一)(第2版)	2018-08	58.00	953
新编中学数学解题方法全书(高中版)下卷(二)(第2版)	2018-08	58.00	954
新编中学数学解题方法全书(高中版)下卷(三)(第2版)	2018-08	68.00	955
新编中学数学解题方法全书(初中版)上卷	2008-01	28.00	29
新编中学数学解题方法全书(初中版)中卷	2010-07	38.00	75
新编中学数学解题方法全书(高考复习卷)	2010-01	48.00	67
新编中学数学解题方法全书(高考真题卷)	2010-01	38.00	62
新编中学数学解题方法全书(高考精华卷)	2011-03	68.00	118
新编平面解析几何解题方法全书(专题讲座卷)	2010-01	18.00	61
新编中学数学解题方法全书(自主招生卷)	2013-08	88.00	261
数学奥林匹克与数学文化(第一辑)	2006-05	48.00	4
数学奥林匹克与数学文化(第二辑)(竞赛卷)	2008-01	48.00	19
数学奥林匹克与数学文化(第二辑)(文化卷)	2008-07	58.00	36′
数学奥林匹克与数学文化(第三辑)(竞赛卷)	2010-01	48.00	59
数学奥林匹克与数学文化(第四辑)(竞赛卷)	2011-08	58.00	87
数学奥林匹克与数学文化(第五辑)	2015-06	98.00	370
世界著名平面几何经典著作钩沉——几何作图专题卷(共3卷)	2022-01	198.00	1460
世界著名平面几何经典著作钩沉(民国平面几何老课本)	2011-03	38.00	113
世界著名平面几何经典著作钩沉(建国初期平面三角老课本)	2015-08	38.00	507
世界著名解析几何经典著作钩沉——平面解析几何卷	2014-01	38.00	264
世界著名数论经典著作钩沉(算术卷)	2012-01	28.00	125
世界著名数学经典著作钩沉——立体几何卷	2011-02	28.00	88
世界著名三角学经典著作钩沉(平面三角卷Ⅰ)	2010-06	28.00	69
世界著名三角学经典著作钩沉(平面三角卷Ⅱ)	2011-01	38.00	78
世界著名初等数论经典著作钩沉(理论和实用算术卷)	2011-07	38.00	126
世界著名几何经典著作钩沉(解析几何卷)	2022-10	68.00	1564
发展你的空间想象力(第3版)	2021-01	98.00	1464
空间想象力进阶	2019-05	68.00	1062
走向国际数学奥林匹克的平面几何试题诠释. 第1卷	2019-07	88.00	1043
走向国际数学奥林匹克的平面几何试题诠释. 第2卷	2019-09	78.00	1044
走向国际数学奥林匹克的平面几何试题诠释. 第3卷	2019-03	78.00	1045
走向国际数学奥林匹克的平面几何试题诠释. 第4卷	2019-09	98.00	1046
平面几何证明方法全书	2007-08	35.00	1
平面几何证明方法全书习题解答(第2版)	2006-12	18.00	10
平面几何天天练上卷・基础篇(直线型)	2013-01	58.00	208
平面几何天天练中卷・基础篇(涉及圆)	2013-01	28.00	234
平面几何天天练下卷・提高篇	2013-01	58.00	237
平面几何专题研究	2013-07	98.00	258
平面几何解题之道. 第1卷	2022-05	38.00	1494
几何学习题集	2020-10	48.00	1217
通过解题学习代数几何	2021-04	88.00	1301
圆锥曲线的奥秘	2022-06	88.00	1541

刘培杰数学工作室

已出版(即将出版)图书目录——初等数学

书　名	出版时间	定　价	编号
最新世界各国数学奥林匹克中的平面几何试题	2007-09	38.00	14
数学竞赛平面几何典型题及新颖解	2010-07	48.00	74
初等数学复习及研究(平面几何)	2008-09	68.00	38
初等数学复习及研究(立体几何)	2010-06	38.00	71
初等数学复习及研究(平面几何)习题解答	2009-01	58.00	42
几何学教程(平面几何卷)	2011-03	68.00	90
几何学教程(立体几何卷)	2011-07	68.00	130
几何变换与几何证题	2010-06	88.00	70
计算方法与几何证题	2011-06	28.00	129
立体几何技巧与方法(第2版)	2022-10	168.00	1572
几何瑰宝——平面几何500名题暨1500条定理(上、下)	2021-07	168.00	1358
三角形的解法与应用	2012-07	18.00	183
近代的三角形几何学	2012-07	48.00	184
一般折线几何学	2015-08	48.00	503
三角形的五心	2009-06	28.00	51
三角形的六心及其应用	2015-10	68.00	542
三角形趣谈	2012-08	28.00	212
解三角形	2014-01	28.00	265
探秘三角形:一次数学旅行	2021-10	68.00	1387
三角学专门教程	2014-09	28.00	387
图天下几何新题试卷.初中(第2版)	2017-11	58.00	855
圆锥曲线习题集(上册)	2013-06	68.00	255
圆锥曲线习题集(中册)	2015-01	78.00	434
圆锥曲线习题集(下册·第1卷)	2016-10	78.00	683
圆锥曲线习题集(下册·第2卷)	2018-01	98.00	853
圆锥曲线习题集(下册·第3卷)	2019-10	128.00	1113
圆锥曲线的思想方法	2021-08	48.00	1379
圆锥曲线的八个主要问题	2021-10	48.00	1415
论九点圆	2015-05	88.00	645
近代欧氏几何学	2012-03	48.00	162
罗巴切夫斯基几何学及几何基础概要	2012-07	28.00	188
罗巴切夫斯基几何学初步	2015-06	28.00	474
用三角、解析几何、复数、向量计算解数学竞赛几何题	2015-03	48.00	455
用解析法研究圆锥曲线的几何理论	2022-05	48.00	1495
美国中学几何教程	2015-04	88.00	458
三线坐标与三角形特征点	2015-04	98.00	460
坐标几何学基础.第1卷,笛卡儿坐标	2021-08	48.00	1398
坐标几何学基础.第2卷,三线坐标	2021-09	28.00	1399
平面解析几何方法与研究(第1卷)	2015-05	18.00	471
平面解析几何方法与研究(第2卷)	2015-06	18.00	472
平面解析几何方法与研究(第3卷)	2015-07	18.00	473
解析几何研究	2015-01	38.00	425
解析几何学教程.上	2016-01	38.00	574
解析几何学教程.下	2016-01	38.00	575
几何学基础	2016-01	58.00	581
初等几何研究	2015-02	58.00	444
十九和二十世纪欧氏几何学中的片段	2017-01	58.00	696
平面几何中考.高考.奥数一本通	2017-07	28.00	820
几何学简史	2017-08	28.00	833
四面体	2018-01	48.00	880
平面几何证明方法思路	2018-12	68.00	913
折纸中的几何练习	2022-09	48.00	1559
中学新几何学(英文)	2022-10	98.00	1562

刘培杰数学工作室
已出版(即将出版)图书目录——初等数学

书　　名	出版时间	定　价	编号
平面几何图形特性新析.上篇	2019-01	68.00	911
平面几何图形特性新析.下篇	2018-06	88.00	912
平面几何范例多解探究.上篇	2018-04	48.00	910
平面几何范例多解探究.下篇	2018-12	68.00	914
从分析解题过程学解题:竞赛中的几何问题研究	2018-07	68.00	946
从分析解题过程学解题:竞赛中的向量几何与不等式研究(全2册)	2019-06	138.00	1090
从分析解题过程学解题:竞赛中的不等式问题	2021-01	48.00	1249
二维、三维欧氏几何的对偶原理	2018-12	38.00	990
星形大观及闭折线论	2019-03	68.00	1020
立体几何的问题和方法	2019-11	58.00	1127
三角代换论	2021-05	58.00	1313
俄罗斯平面几何问题集	2009-08	88.00	55
俄罗斯立体几何问题集	2014-03	58.00	283
俄罗斯几何大师——沙雷金论数学及其他	2014-01	48.00	271
来自俄罗斯的5000道几何习题及解答	2011-03	58.00	89
俄罗斯初等数学问题集	2012-05	38.00	177
俄罗斯函数问题集	2011-03	38.00	103
俄罗斯组合分析问题集	2011-01	48.00	79
俄罗斯初等数学万题选——三角卷	2012-11	38.00	222
俄罗斯初等数学万题选——代数卷	2013-08	68.00	225
俄罗斯初等数学万题选——几何卷	2014-01	68.00	226
俄罗斯《量子》杂志数学征解问题100题选	2018-08	48.00	969
俄罗斯《量子》杂志数学征解问题又100题选	2018-08	48.00	970
俄罗斯《量子》杂志数学征解问题	2020-05	48.00	1138
463个俄罗斯几何老问题	2012-01	28.00	152
《量子》数学短文精粹	2018-09	38.00	972
用三角、解析几何等计算解来自俄罗斯的几何题	2019-11	88.00	1119
基谢廖夫平面几何	2022-01	48.00	1461
基谢廖夫立体几何	2023-04	48.00	1599
数学:代数、数学分析和几何(10-11年级)	2021-01	48.00	1250
立体几何.10—11年级	2022-01	58.00	1472
直观几何学:5—6年级	2022-04	58.00	1508
平面几何:9—11年级	2022-10	48.00	1571

书　　名	出版时间	定　价	编号
谈谈素数	2011-03	18.00	91
平方和	2011-03	18.00	92
整数论	2011-05	38.00	120
从整数谈起	2015-10	28.00	538
数与多项式	2016-01	38.00	558
谈谈不定方程	2011-05	28.00	119
质数漫谈	2022-07	68.00	1529

书　　名	出版时间	定　价	编号
解析不等式新论	2009-06	68.00	48
建立不等式的方法	2011-03	98.00	104
数学奥林匹克不等式研究(第2版)	2020-07	68.00	1181
不等式研究(第二辑)	2012-02	68.00	153
不等式的秘密(第一卷)(第2版)	2014-02	38.00	286
不等式的秘密(第二卷)	2014-01	38.00	268
初等不等式的证明方法	2010-06	38.00	123
初等不等式的证明方法(第二版)	2014-11	38.00	407
不等式·理论·方法(基础卷)	2015-07	38.00	496
不等式·理论·方法(经典不等式卷)	2015-07	38.00	497
不等式·理论·方法(特殊类型不等式卷)	2015-07	48.00	498
不等式探究	2016-03	38.00	582
不等式探秘	2017-01	88.00	689
四面体不等式	2017-01	68.00	715
数学奥林匹克中常见重要不等式	2017-09	38.00	845

刘培杰数学工作室
已出版(即将出版)图书目录——初等数学

书　　名	出版时间	定　价	编号
三正弦不等式	2018-09	98.00	974
函数方程与不等式:解法与稳定性结果	2019-04	68.00	1058
数学不等式. 第 1 卷,对称多项式不等式	2022-05	78.00	1455
数学不等式. 第 2 卷,对称有理不等式与对称无理不等式	2022-05	88.00	1456
数学不等式. 第 3 卷,循环不等式与非循环不等式	2022-05	88.00	1457
数学不等式. 第 4 卷,Jensen 不等式的扩展与加细	2022-05	88.00	1458
数学不等式. 第 5 卷,创建不等式与解不等式的其他方法	2022-05	88.00	1459
同余理论	2012-05	38.00	163
[x]与{x}	2015-04	48.00	476
极值与最值. 上卷	2015-06	28.00	486
极值与最值. 中卷	2015-06	38.00	487
极值与最值. 下卷	2015-06	28.00	488
整数的性质	2012-11	38.00	192
完全平方数及其应用	2015-08	78.00	506
多项式理论	2015-10	88.00	541
奇数、偶数、奇偶分析法	2018-01	98.00	876
不定方程及其应用. 上	2018-12	58.00	992
不定方程及其应用. 中	2019-01	78.00	993
不定方程及其应用. 下	2019-02	98.00	994
Nesbitt 不等式加强式的研究	2022-06	128.00	1527
最值定理与分析不等式	2023-02	78.00	1567
一类积分不等式	2023-02	88.00	1579
历届美国中学生数学竞赛试题及解答(第一卷)1950-1954	2014-07	18.00	277
历届美国中学生数学竞赛试题及解答(第二卷)1955-1959	2014-04	18.00	278
历届美国中学生数学竞赛试题及解答(第三卷)1960-1964	2014-06	18.00	279
历届美国中学生数学竞赛试题及解答(第四卷)1965-1969	2014-04	28.00	280
历届美国中学生数学竞赛试题及解答(第五卷)1970-1972	2014-06	18.00	281
历届美国中学生数学竞赛试题及解答(第六卷)1973-1980	2017-07	18.00	768
历届美国中学生数学竞赛试题及解答(第七卷)1981-1986	2015-01	18.00	424
历届美国中学生数学竞赛试题及解答(第八卷)1987-1990	2017-05	18.00	769
历届中国数学奥林匹克试题集(第 3 版)	2021-10	58.00	1440
历届加拿大数学奥林匹克试题集	2012-08	38.00	215
历届美国数学奥林匹克试题集:1972~2019	2020-04	88.00	1135
历届波兰数学竞赛试题集. 第 1 卷,1949~1963	2015-03	18.00	453
历届波兰数学竞赛试题集. 第 2 卷,1964~1976	2015-03	18.00	454
历届巴尔干数学奥林匹克试题集	2015-05	38.00	466
保加利亚数学奥林匹克	2014-10	38.00	393
圣彼得堡数学奥林匹克试题集	2015-01	38.00	429
匈牙利奥林匹克数学竞赛题解. 第 1 卷	2016-05	28.00	593
匈牙利奥林匹克数学竞赛题解. 第 2 卷	2016-05	28.00	594
历届美国数学邀请赛试题集(第 2 版)	2017-10	78.00	851
普林斯顿大学数学竞赛	2016-06	38.00	669
亚太地区数学奥林匹克竞赛题	2015-07	18.00	492
日本历届(初级)广中杯数学竞赛试题及解答. 第 1 卷(2000~2007)	2016-05	28.00	641
日本历届(初级)广中杯数学竞赛试题及解答. 第 2 卷(2008~2015)	2016-05	38.00	642
越南数学奥林匹克题选:1962-2009	2021-07	48.00	1370
360 个数学竞赛问题	2016-08	58.00	677
奥数最佳实战题. 上卷	2017-06	38.00	760
奥数最佳实战题. 下卷	2017-05	58.00	761
哈尔滨市早期中学数学竞赛试题汇编	2016-07	28.00	672
全国高中数学联赛试题及解答:1981—2019(第 4 版)	2020-07	138.00	1176
2022 年全国高中数学联合竞赛模拟题集	2022-06	30.00	1521

刘培杰数学工作室

已出版(即将出版)图书目录——初等数学

书　　名	出版时间	定　价	编号
20 世纪 50 年代全国部分城市数学竞赛试题汇编	2017-07	28.00	797
国内外数学竞赛题及精解:2018～2019	2020-08	45.00	1192
国内外数学竞赛题及精解:2019～2020	2021-11	58.00	1439
许康华竞赛优学精选集.第一辑	2018-08	68.00	949
天问叶班数学问题征解 100 题.Ⅰ,2016-2018	2019-05	88.00	1075
天问叶班数学问题征解 100 题.Ⅱ,2017-2019	2020-07	98.00	1177
美国初中数学竞赛:AMC8 准备(共 6 卷)	2019-07	138.00	1089
美国高中数学竞赛:AMC10 准备(共 6 卷)	2019-08	158.00	1105
王连笑教你怎样学数学:高考选择题解题策略与客观题实用训练	2014-01	48.00	262
王连笑教你怎样学数学:高考数学高层次讲座	2015-02	48.00	432
高考数学的理论与实践	2009-08	38.00	53
高考数学核心题型解题方法与技巧	2010-01	28.00	86
高考思维新平台	2014-03	38.00	259
高考数学压轴题解题诀窍(上)(第 2 版)	2018-01	58.00	874
高考数学压轴题解题诀窍(下)(第 2 版)	2018-01	48.00	875
北京市五区文科数学三年高考模拟题详解:2013～2015	2015-08	48.00	500
北京市五区理科数学三年高考模拟题详解:2013～2015	2015-09	68.00	505
向量法巧解数学高考题	2009-08	28.00	54
高中数学课堂教学的实践与反思	2021-11	48.00	791
数学高考参考	2016-01	78.00	589
新课程标准高考数学解答题各种题型解法指导	2020-08	78.00	1196
全国及各省市高考数学试题审题要津与解法研究	2015-02	48.00	450
高中数学章节起始课的教学研究与案例设计	2019-05	28.00	1064
新课标高考数学——五年试题分章详解(2007～2011)(上、下)	2011-10	78.00	140,141
全国中考数学压轴题审题要津与解法研究	2013-04	78.00	248
新编全国及各省市中考数学压轴题审题要津与解法研究	2014-05	58.00	342
全国及各省市 5 年中考数学压轴题审题要津与解法研究(2015 版)	2015-04	58.00	462
中考数学专题总复习	2007-04	28.00	6
中考数学较难题常考题型解题方法与技巧	2016-09	48.00	681
中考数学难题常考题型解题方法与技巧	2016-09	48.00	682
中考数学中档题常考题型解题方法与技巧	2017-08	68.00	835
中考数学选择填空压轴好题妙解 365	2017-05	38.00	759
中考数学:三类重点考题的解法例析与习题	2020-04	48.00	1140
中小学数学的历史文化	2019-11	48.00	1124
初中平面几何百题多思创新解	2020-01	58.00	1125
初中数学中考备考	2020-01	58.00	1126
高考数学之九章演义	2019-08	68.00	1044
高考数学之难题谈笑间	2022-06	68.00	1519
化学可以这样学:高中化学知识方法智慧感悟疑难辨析	2019-07	58.00	1103
如何成为学习高手	2019-09	58.00	1107
高考数学:经典真题分类解析	2020-04	78.00	1134
高考数学解答题破解策略	2020-11	58.00	1221
从分析解题过程学解题:高考压轴题与竞赛题之关系探究	2020-08	88.00	1179
教学新思考:单元整体视角下的初中数学教学设计	2021-03	58.00	1278
思维再拓展:2020 年经典几何题的多解探究与思考	即将出版		1279
中考数学小压轴汇编初讲	2017-07	48.00	788
中考数学大压轴专题微言	2017-09	48.00	846
怎么解中考平面几何探索题	2019-06	48.00	1093
北京中考数学压轴题解题方法突破(第 8 版)	2022-11	78.00	1577
助你高考成功的数学解题智慧:知识是智慧的基础	2016-01	58.00	596
助你高考成功的数学解题智慧:错误是智慧的试金石	2016-04	58.00	643
助你高考成功的数学解题智慧:方法是智慧的推手	2016-04	68.00	657
高考数学奇思妙解	2016-04	38.00	610
高考数学解题策略	2016-05	48.00	670

刘培杰数学工作室
已出版(即将出版)图书目录——初等数学

书　　名	出版时间	定　价	编号
数学解题泄天机(第2版)	2017-10	48.00	850
高考物理压轴题全解	2017-04	58.00	746
高中物理经典问题25讲	2017-05	28.00	764
高中物理教学讲义	2018-01	48.00	871
高中物理教学讲义:全模块	2022-03	98.00	1492
高中物理答疑解惑65篇	2021-11	48.00	1462
中学物理基础问题解析	2020-08	48.00	1183
2017年高考理科数学真题研究	2018-01	58.00	867
2017年高考文科数学真题研究	2018-01	48.00	868
初中数学、高中数学脱节知识补缺教材	2017-06	48.00	766
高考数学小题抢分必练	2017-10	48.00	834
高考数学核心素养解读	2017-09	38.00	839
高考数学客观题解题方法和技巧	2017-10	38.00	847
十年高考数学精品试题审题要津与解法研究	2021-10	98.00	1427
中国历届高考数学试题及解答.1949-1979	2018-01	38.00	877
历届中国高考数学试题及解答.第二卷,1980—1989	2018-10	28.00	975
历届中国高考数学试题及解答.第三卷,1990—1999	2018-10	48.00	976
数学文化与高考研究	2018-03	48.00	882
跟我学解高中数学题	2018-07	58.00	926
中学数学研究的方法及案例	2018-05	58.00	869
高考数学抢分技能	2018-07	68.00	934
高一新生常用数学方法和重要数学思想提升教材	2018-06	38.00	921
2018年高考数学真题研究	2019-01	68.00	1000
2019年高考数学真题研究	2020-05	88.00	1137
高考数学全国卷六道解答题常考题型解题诀窍:理科(全2册)	2019-07	78.00	1101
高考数学全国卷16道选择、填空题常考题型解题诀窍.理科	2018-09	88.00	971
高考数学全国卷16道选择、填空题常考题型解题诀窍.文科	2020-01	88.00	1123
高中数学一题多解	2019-06	58.00	1087
历届中国高考数学试题及解答:1917-1999	2021-08	98.00	1371
2000~2003年全国及各省市高考数学试题及解答	2022-05	88.00	1499
2004年全国及各省市高考数学试题及解答	2022-07	78.00	1500
突破高原:高中数学解题思维探究	2021-08	48.00	1375
高考数学中的"取值范围"	2021-10	48.00	1429
新课程标准高中数学各种题型解法大全.必修一分册	2021-06	58.00	1315
新课程标准高中数学各种题型解法大全.必修二分册	2022-01	68.00	1471
高中数学各种题型解法大全.选择性必修一分册	2022-06	68.00	1525
高中数学各种题型解法大全.选择性必修二分册	2023-01	58.00	1600
新编640个世界著名数学智力趣题	2014-01	88.00	242
500个最新世界著名数学智力趣题	2008-06	48.00	3
400个最新世界著名数学最值问题	2008-09	48.00	36
500个世界著名数学征解问题	2009-06	48.00	52
400个中国最佳初等数学征解老问题	2010-01	48.00	60
500个俄罗斯数学经典老题	2011-01	28.00	81
1000个国外中学物理好题	2012-04	48.00	174
300个日本高考数学题	2012-05	38.00	142
700个早期日本高考数学试题	2017-02	88.00	752
500个前苏联早期高考数学试题及解答	2012-05	28.00	185
546个早期俄罗斯大学生数学竞赛题	2014-03	38.00	285
548个来自美苏的数学好问题	2014-11	28.00	396
20所苏联著名大学早期入学试题	2015-02	18.00	452
161道德国工科大学生必做的微分方程习题	2015-05	28.00	469
500个德国工科大学生必做的高数习题	2015-06	28.00	478
360个数学竞赛问题	2016-08	58.00	677
200个趣味数学故事	2018-02	48.00	857
470个数学奥林匹克中的最值问题	2018-10	88.00	985
德国讲义日本考题.微积分卷	2015-04	48.00	456
德国讲义日本考题.微分方程卷	2015-04	38.00	457
二十世纪中叶中、英、美、日、法、俄高考数学试题精选	2017-06	38.00	783

刘培杰数学工作室

已出版(即将出版)图书目录——初等数学

书　　名	出版时间	定　价	编号
中国初等数学研究　2009 卷(第 1 辑)	2009-05	20.00	45
中国初等数学研究　2010 卷(第 2 辑)	2010-05	30.00	68
中国初等数学研究　2011 卷(第 3 辑)	2011-07	60.00	127
中国初等数学研究　2012 卷(第 4 辑)	2012-07	48.00	190
中国初等数学研究　2014 卷(第 5 辑)	2014-02	48.00	288
中国初等数学研究　2015 卷(第 6 辑)	2015-06	68.00	493
中国初等数学研究　2016 卷(第 7 辑)	2016-04	68.00	609
中国初等数学研究　2017 卷(第 8 辑)	2017-01	98.00	712
初等数学研究在中国. 第 1 辑	2019-03	158.00	1024
初等数学研究在中国. 第 2 辑	2019-10	158.00	1116
初等数学研究在中国. 第 3 辑	2021-05	158.00	1306
初等数学研究在中国. 第 4 辑	2022-06	158.00	1520
几何变换(Ⅰ)	2014-07	28.00	353
几何变换(Ⅱ)	2015-06	28.00	354
几何变换(Ⅲ)	2015-01	38.00	355
几何变换(Ⅳ)	2015-12	38.00	356
初等数论难题集(第一卷)	2009-05	68.00	44
初等数论难题集(第二卷)(上、下)	2011-02	128.00	82,83
数论概貌	2011-03	18.00	93
代数数论(第二版)	2013-08	58.00	94
代数多项式	2014-06	38.00	289
初等数论的知识与问题	2011-02	28.00	95
超越数论基础	2011-03	28.00	96
数论初等教程	2011-03	28.00	97
数论基础	2011-03	18.00	98
数论基础与维诺格拉多夫	2014-03	18.00	292
解析数论基础	2012-08	28.00	216
解析数论基础(第二版)	2014-01	48.00	287
解析数论问题集(第二版)(原版引进)	2014-05	88.00	343
解析数论问题集(第二版)(中译本)	2016-04	88.00	607
解析数论基础(潘承洞,潘承彪著)	2016-07	98.00	673
解析数论导引	2016-07	58.00	674
数论入门	2011-03	38.00	99
代数数论入门	2015-03	38.00	448
数论开篇	2012-07	28.00	194
解析数论引论	2011-03	48.00	100
Barban Davenport Halberstam 均值和	2009-01	40.00	33
基础数论	2011-03	28.00	101
初等数论 100 例	2011-05	18.00	122
初等数论经典例题	2012-07	18.00	204
最新世界各国数学奥林匹克中的初等数论试题(上、下)	2012-01	138.00	144,145
初等数论(Ⅰ)	2012-01	18.00	156
初等数论(Ⅱ)	2012-01	18.00	157
初等数论(Ⅲ)	2012-01	28.00	158

刘培杰数学工作室
已出版(即将出版)图书目录——初等数学

书　　名	出版时间	定　价	编号
平面几何与数论中未解决的新老问题	2013-01	68.00	229
代数数论简史	2014-11	28.00	408
代数数论	2015-09	88.00	532
代数、数论及分析习题集	2016-11	98.00	695
数论导引提要及习题解答	2016-01	48.00	559
素数定理的初等证明.第2版	2016-09	48.00	686
数论中的模函数与狄利克雷级数(第二版)	2017-11	78.00	837
数论:数学导引	2018-01	68.00	849
范氏大代数	2019-02	98.00	1016
解析数学讲义.第一卷,导来式及微分、积分、级数	2019-04	88.00	1021
解析数学讲义.第二卷,关于几何的应用	2019-04	68.00	1022
解析数学讲义.第三卷,解析函数论	2019-04	78.00	1023
分析·组合·数论纵横谈	2019-04	58.00	1039
Hall代数:民国时期的中学数学课本:英文	2019-08	88.00	1106
基谢廖夫初等代数	2022-07	38.00	1531
数学精神巡礼	2019-01	58.00	731
数学眼光透视(第2版)	2017-06	78.00	732
数学思想领悟(第2版)	2018-01	68.00	733
数学方法溯源(第2版)	2018-08	68.00	734
数学解题引论	2017-05	58.00	735
数学史话览胜(第2版)	2017-01	48.00	736
数学应用展观(第2版)	2017-08	68.00	737
数学建模尝试	2018-04	48.00	738
数学竞赛采风	2018-01	68.00	739
数学测评探营	2019-05	58.00	740
数学技能操握	2018-03	48.00	741
数学欣赏拾趣	2018-02	48.00	742
从毕达哥拉斯到怀尔斯	2007-10	48.00	9
从迪利克雷到维斯卡尔迪	2008-01	48.00	21
从哥德巴赫到陈景润	2008-05	98.00	35
从庞加莱到佩雷尔曼	2011-08	138.00	136
博弈论精粹	2008-03	58.00	30
博弈论精粹.第二版(精装)	2015-01	88.00	461
数学 我爱你	2008-01	28.00	20
精神的圣徒　别样的人生——60位中国数学家成长的历程	2008-09	48.00	39
数学史概论	2009-06	78.00	50
数学史概论(精装)	2013-03	158.00	272
数学史选讲	2016-01	48.00	544
斐波那契数列	2010-02	28.00	65
数学拼盘和斐波那契魔方	2010-07	38.00	72
斐波那契数列欣赏(第2版)	2018-08	58.00	948
Fibonacci数列中的明珠	2018-06	58.00	928
数学的创造	2011-02	48.00	85
数学美与创造力	2016-01	48.00	595
数海拾贝	2016-01	48.00	590
数学中的美(第2版)	2019-04	68.00	1057
数论中的美学	2014-12	38.00	351

刘培杰数学工作室
已出版(即将出版)图书目录——初等数学

书　　名	出版时间	定　价	编号
数学王者　科学巨人——高斯	2015-01	28.00	428
振兴祖国数学的圆梦之旅:中国初等数学研究史话	2015-06	98.00	490
二十世纪中国数学史料研究	2015-10	48.00	536
数字谜、数阵图与棋盘覆盖	2016-01	58.00	298
时间的形状	2016-01	38.00	556
数学发现的艺术:数学探索中的合情推理	2016-07	58.00	671
活跃在数学中的参数	2016-07	48.00	675
数海趣史	2021-05	98.00	1314
数学解题——靠数学思想给力(上)	2011-07	38.00	131
数学解题——靠数学思想给力(中)	2011-07	48.00	132
数学解题——靠数学思想给力(下)	2011-07	38.00	133
我怎样解题	2013-01	48.00	227
数学解题中的物理方法	2011-06	28.00	114
数学解题的特殊方法	2011-06	48.00	115
中学数学计算技巧(第2版)	2020-10	48.00	1220
中学数学证明方法	2012-01	58.00	117
数学趣题巧解	2012-03	28.00	128
高中数学教学通鉴	2015-05	58.00	479
和高中生漫谈:数学与哲学的故事	2014-08	28.00	369
算术问题集	2017-03	38.00	789
张教授讲数学	2018-07	38.00	933
陈永明实话实说数学教学	2020-04	68.00	1132
中学数学学科知识与教学能力	2020-06	58.00	1155
怎样把课讲好:大罕数学教学随笔	2022-03	58.00	1484
中国高考评价体系下高考数学探秘	2022-03	48.00	1487
自主招生考试中的参数方程问题	2015-01	28.00	435
自主招生考试中的极坐标问题	2015-04	28.00	463
近年全国重点大学自主招生数学试题全解及研究. 华约卷	2015-02	38.00	441
近年全国重点大学自主招生数学试题全解及研究. 北约卷	2016-05	38.00	619
自主招生数学解证宝典	2015-09	48.00	535
中国科学技术大学创新班数学真题解析	2022-03	48.00	1488
中国科学技术大学创新班物理真题解析	2022-03	58.00	1489
格点和面积	2012-07	18.00	191
射影几何趣谈	2012-04	28.00	175
斯潘纳尔引理——从一道加拿大数学奥林匹克试题谈起	2014-01	28.00	228
李普希兹条件——从几道近年高考数学试题谈起	2012-10	18.00	221
拉格朗日中值定理——从一道北京高考试题的解法谈起	2015-10	18.00	197
闵科夫斯基定理——从一道清华大学自主招生试题谈起	2014-01	28.00	198
哈尔测度——从一道冬令营试题的背景谈起	2012-08	28.00	202
切比雪夫逼近问题——从一道中国台北数学奥林匹克试题谈起	2013-04	38.00	238
伯恩斯坦多项式与贝齐尔曲面——从一道全国高中数学联赛试题谈起	2013-03	38.00	236
卡塔兰猜想——从一道普特南竞赛试题谈起	2013-06	18.00	256
麦卡锡函数和阿克曼函数——从一道前南斯拉夫数学奥林匹克试题谈起	2012-08	18.00	201
贝蒂定理与拉姆贝克莫斯尔定理——从一个拣石子游戏谈起	2012-08	18.00	217
皮亚诺曲线和豪斯道夫分球定理——从无限集谈起	2012-08	18.00	211
平面凸图形与凸多面体	2012-10	28.00	218
斯坦因豪斯问题——从一道二十五省市自治区中学数学竞赛试题谈起	2012-07	18.00	196

刘培杰数学工作室
已出版(即将出版)图书目录——初等数学

书 名	出版时间	定 价	编号
纽结理论中的亚历山大多项式与琼斯多项式——从一道北京市高一数学竞赛试题谈起	2012-07	28.00	195
原则与策略——从波利亚“解题表”谈起	2013-04	38.00	244
转化与化归——从三大尺规作图不能问题谈起	2012-08	28.00	214
代数几何中的贝祖定理(第一版)——从一道 IMO 试题的解法谈起	2013-08	18.00	193
成功连贯理论与约当块理论——从一道比利时数学竞赛试题谈起	2012-04	18.00	180
素数判定与大数分解	2014-08	18.00	199
置换多项式及其应用	2012-10	18.00	220
椭圆函数与模函数——从一道美国加州大学洛杉矶分校(UCLA)博士资格考题谈起	2012-10	28.00	219
差分方程的拉格朗日方法——从一道 2011 年全国高考理科试题的解法谈起	2012-08	28.00	200
力学在几何中的一些应用	2013-01	38.00	240
从根式解到伽罗华理论	2020-01	48.00	1121
康托洛维奇不等式——从一道全国高中联赛试题谈起	2013-03	28.00	337
西格尔引理——从一道第 18 届 IMO 试题的解法谈起	即将出版		
罗斯定理——从一道前苏联数学竞赛试题谈起	即将出版		
拉克斯定理和阿廷定理——从一道 IMO 试题的解法谈起	2014-01	58.00	246
毕卡大定理——从一道美国大学数学竞赛试题谈起	2014-07	18.00	350
贝齐尔曲线——从一道全国高中联赛试题谈起	即将出版		
拉格朗日乘子定理——从一道 2005 年全国高中联赛试题的高等数学解法谈起	2015-05	28.00	480
雅可比定理——从一道日本数学奥林匹克试题谈起	2013-04	48.00	249
李天岩-约克定理——从一道波兰数学竞赛试题谈起	2014-06	28.00	349
受控理论与初等不等式:从一道 IMO 试题的解法谈起	2023-03	48.00	1601
布劳维不动点定理——从一道前苏联数学奥林匹克试题谈起	2014-01	38.00	273
伯恩赛德定理——从一道英国数学奥林匹克试题谈起	即将出版		
布查特-莫斯特定理——从一道上海市初中竞赛试题谈起	即将出版		
数论中的同余数问题——从一道普特南竞赛试题谈起	即将出版		
范·德蒙行列式——从一道美国数学奥林匹克试题谈起	即将出版		
中国剩余定理:总数法构建中国历史年表	2015-01	28.00	430
牛顿程序与方程求根——从一道全国高考试题解法谈起	即将出版		
库默尔定理——从一道 IMO 预选试题谈起	即将出版		
卢丁定理——从一道冬令营试题的解法谈起	即将出版		
沃斯滕霍姆定理——从一道 IMO 预选试题谈起	即将出版		
卡尔松不等式——从一道莫斯科数学奥林匹克试题谈起	即将出版		
信息论中的香农熵——从一道近年高考压轴题谈起	即将出版		
约当不等式——从一道希望杯竞赛试题谈起	即将出版		
拉比诺维奇定理	即将出版		
刘维尔定理——从一道《美国数学月刊》征解问题的解法谈起	即将出版		
卡塔兰恒等式与级数求和——从一道 IMO 试题的解法谈起	即将出版		
勒让德猜想与素数分布——从一道爱尔兰竞赛试题谈起	即将出版		
天平称重与信息论——从一道基辅市数学奥林匹克试题谈起	即将出版		
哈密尔顿-凯莱定理:从一道高中数学联赛试题的解法谈起	2014-09	18.00	376
艾思特曼定理——从一道 CMO 试题的解法谈起	即将出版		

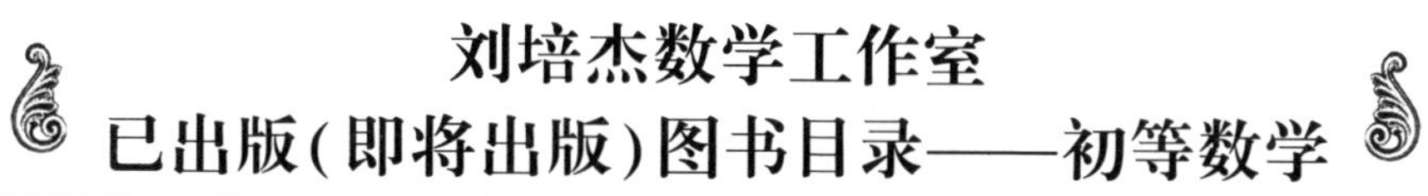

刘培杰数学工作室
已出版(即将出版)图书目录——初等数学

书　　名	出版时间	定　价	编号
阿贝尔恒等式与经典不等式及应用	2018-06	98.00	923
迪利克雷除数问题	2018-07	48.00	930
幻方、幻立方与拉丁方	2019-08	48.00	1092
帕斯卡三角形	2014-03	18.00	294
蒲丰投针问题——从2009年清华大学的一道自主招生试题谈起	2014-01	38.00	295
斯图姆定理——从一道“华约”自主招生试题的解法谈起	2014-01	18.00	296
许瓦兹引理——从一道加利福尼亚大学伯克利分校数学系博士生试题谈起	2014-08	18.00	297
拉姆塞定理——从王诗宬院士的一个问题谈起	2016-04	48.00	299
坐标法	2013-12	28.00	332
数论三角形	2014-04	38.00	341
毕克定理	2014-07	18.00	352
数林掠影	2014-09	48.00	389
我们周围的概率	2014-10	38.00	390
凸函数最值定理：从一道华约自主招生题的解法谈起	2014-10	28.00	391
易学与数学奥林匹克	2014-10	38.00	392
生物数学趣谈	2015-01	18.00	409
反演	2015-01	28.00	420
因式分解与圆锥曲线	2015-01	18.00	426
轨迹	2015-01	28.00	427
面积原理：从常庚哲命的一道CMO试题的积分解法谈起	2015-01	48.00	431
形形色色的不动点定理：从一道28届IMO试题谈起	2015-01	38.00	439
柯西函数方程：从一道上海交大自主招生的试题谈起	2015-02	28.00	440
三角恒等式	2015-02	28.00	442
无理性判定：从一道2014年“北约”自主招生试题谈起	2015-01	38.00	443
数学归纳法	2015-03	18.00	451
极端原理与解题	2015-04	28.00	464
法雷级数	2014-08	18.00	367
摆线族	2015-01	38.00	438
函数方程及其解法	2015-05	38.00	470
含参数的方程和不等式	2012-09	28.00	213
希尔伯特第十问题	2016-01	38.00	543
无穷小量的求和	2016-01	28.00	545
切比雪夫多项式：从一道清华大学金秋营试题谈起	2016-01	38.00	583
泽肯多夫定理	2016-03	38.00	599
代数等式证题法	2016-01	28.00	600
三角等式证题法	2016-01	28.00	601
吴大任教授藏书中的一个因式分解公式：从一道美国数学邀请赛试题的解法谈起	2016-06	28.00	656
易卦——类万物的数学模型	2017-08	68.00	838
“不可思议”的数与数系可持续发展	2018-01	38.00	878
最短线	2018-01	38.00	879
数学在天文、地理、光学、机械力学中的一些应用	2023-03	88.00	1576
从阿基米德三角形谈起	2023-01	28.00	1578

书　　名	出版时间	定　价	编号
幻方和魔方(第一卷)	2012-05	68.00	173
尘封的经典——初等数学经典文献选读(第一卷)	2012-07	48.00	205
尘封的经典——初等数学经典文献选读(第二卷)	2012-07	38.00	206

书　　名	出版时间	定　价	编号
初级方程式论	2011-03	28.00	106
初等数学研究(Ⅰ)	2008-09	68.00	37
初等数学研究(Ⅱ)(上、下)	2009-05	118.00	46,47
初等数学专题研究	2022-10	68.00	1568

刘培杰数学工作室

已出版(即将出版)图书目录——初等数学

书 名	出版时间	定 价	编号
趣味初等方程妙题集锦	2014-09	48.00	388
趣味初等数论选美与欣赏	2015-02	48.00	445
耕读笔记(上卷):一位农民数学爱好者的初数探索	2015-04	28.00	459
耕读笔记(中卷):一位农民数学爱好者的初数探索	2015-05	28.00	483
耕读笔记(下卷):一位农民数学爱好者的初数探索	2015-05	28.00	484
几何不等式研究与欣赏.上卷	2016-01	88.00	547
几何不等式研究与欣赏.下卷	2016-01	48.00	552
初等数列研究与欣赏·上	2016-01	48.00	570
初等数列研究与欣赏·下	2016-01	48.00	571
趣味初等函数研究与欣赏.上	2016-09	48.00	684
趣味初等函数研究与欣赏.下	2018-09	48.00	685
三角不等式研究与欣赏	2020-10	68.00	1197
新编平面解析几何解题方法研究与欣赏	2021-10	78.00	1426
火柴游戏(第2版)	2022-05	38.00	1493
智力解谜.第1卷	2017-07	38.00	613
智力解谜.第2卷	2017-07	38.00	614
故事智力	2016-07	48.00	615
名人们喜欢的智力问题	2020-01	48.00	616
数学大师的发现、创造与失误	2018-01	48.00	617
异曲同工	2018-09	48.00	618
数学的味道	2018-01	58.00	798
数学千字文	2018-10	68.00	977
数贝偶拾——高考数学题研究	2014-04	28.00	274
数贝偶拾——初等数学研究	2014-04	38.00	275
数贝偶拾——奥数题研究	2014-04	48.00	276
钱昌本教你快乐学数学(上)	2011-12	48.00	155
钱昌本教你快乐学数学(下)	2012-03	58.00	171
集合、函数与方程	2014-01	28.00	300
数列与不等式	2014-01	38.00	301
三角与平面向量	2014-01	28.00	302
平面解析几何	2014-01	38.00	303
立体几何与组合	2014-01	28.00	304
极限与导数、数学归纳法	2014-01	38.00	305
趣味数学	2014-03	28.00	306
教材教法	2014-04	68.00	307
自主招生	2014-05	58.00	308
高考压轴题(上)	2015-01	48.00	309
高考压轴题(下)	2014-10	68.00	310
从费马到怀尔斯——费马大定理的历史	2013-10	198.00	Ⅰ
从庞加莱到佩雷尔曼——庞加莱猜想的历史	2013-10	298.00	Ⅱ
从切比雪夫到爱尔特希(上)——素数定理的初等证明	2013-07	48.00	Ⅲ
从切比雪夫到爱尔特希(下)——素数定理100年	2012-12	98.00	Ⅲ
从高斯到盖尔方特——二次域的高斯猜想	2013-10	198.00	Ⅳ
从库默尔到朗兰兹——朗兰兹猜想的历史	2014-01	98.00	Ⅴ
从比勃巴赫到德布朗斯——比勃巴赫猜想的历史	2014-02	298.00	Ⅵ
从麦比乌斯到陈省身——麦比乌斯变换与麦比乌斯带	2014-02	298.00	Ⅶ
从布尔到豪斯道夫——布尔方程与格论漫谈	2013-10	198.00	Ⅷ
从开普勒到阿诺德——三体问题的历史	2014-05	298.00	Ⅸ
从华林到华罗庚——华林问题的历史	2013-10	298.00	Ⅹ

刘培杰数学工作室

已出版(即将出版)图书目录——初等数学

书　　名	出版时间	定　价	编号
美国高中数学竞赛五十讲. 第 1 卷(英文)	2014-08	28.00	357
美国高中数学竞赛五十讲. 第 2 卷(英文)	2014-08	28.00	358
美国高中数学竞赛五十讲. 第 3 卷(英文)	2014-09	28.00	359
美国高中数学竞赛五十讲. 第 4 卷(英文)	2014-09	28.00	360
美国高中数学竞赛五十讲. 第 5 卷(英文)	2014-10	28.00	361
美国高中数学竞赛五十讲. 第 6 卷(英文)	2014-11	28.00	362
美国高中数学竞赛五十讲. 第 7 卷(英文)	2014-12	28.00	363
美国高中数学竞赛五十讲. 第 8 卷(英文)	2015-01	28.00	364
美国高中数学竞赛五十讲. 第 9 卷(英文)	2015-01	28.00	365
美国高中数学竞赛五十讲. 第 10 卷(英文)	2015-02	38.00	366
三角函数(第 2 版)	2017-04	38.00	626
不等式	2014-01	38.00	312
数列	2014-01	38.00	313
方程(第 2 版)	2017-04	38.00	624
排列和组合	2014-01	28.00	315
极限与导数(第 2 版)	2016-04	38.00	635
向量(第 2 版)	2018-08	58.00	627
复数及其应用	2014-08	28.00	318
函数	2014-01	38.00	319
集合	2020-01	48.00	320
直线与平面	2014-01	28.00	321
立体几何(第 2 版)	2016-04	38.00	629
解三角形	即将出版		323
直线与圆(第 2 版)	2016-11	38.00	631
圆锥曲线(第 2 版)	2016-09	48.00	632
解题通法(一)	2014-07	38.00	326
解题通法(二)	2014-07	38.00	327
解题通法(三)	2014-05	38.00	328
概率与统计	2014-01	28.00	329
信息迁移与算法	即将出版		330
IMO 50 年. 第 1 卷(1959-1963)	2014-11	28.00	377
IMO 50 年. 第 2 卷(1964-1968)	2014-11	28.00	378
IMO 50 年. 第 3 卷(1969-1973)	2014-09	28.00	379
IMO 50 年. 第 4 卷(1974-1978)	2016-04	38.00	380
IMO 50 年. 第 5 卷(1979-1984)	2015-04	38.00	381
IMO 50 年. 第 6 卷(1985-1989)	2015-04	58.00	382
IMO 50 年. 第 7 卷(1990-1994)	2016-01	48.00	383
IMO 50 年. 第 8 卷(1995-1999)	2016-06	38.00	384
IMO 50 年. 第 9 卷(2000-2004)	2015-04	58.00	385
IMO 50 年. 第 10 卷(2005-2009)	2016-01	48.00	386
IMO 50 年. 第 11 卷(2010-2015)	2017-03	48.00	646

刘培杰数学工作室
已出版(即将出版)图书目录——初等数学

书　　名	出版时间	定　价	编号
数学反思(2006—2007)	2020-09	88.00	915
数学反思(2008—2009)	2019-01	68.00	917
数学反思(2010—2011)	2018-05	58.00	916
数学反思(2012—2013)	2019-01	58.00	918
数学反思(2014—2015)	2019-03	78.00	919
数学反思(2016—2017)	2021-03	58.00	1286
数学反思(2018—2019)	2023-01	88.00	1593
历届美国大学生数学竞赛试题集.第一卷(1938—1949)	2015-01	28.00	397
历届美国大学生数学竞赛试题集.第二卷(1950—1959)	2015-01	28.00	398
历届美国大学生数学竞赛试题集.第三卷(1960—1969)	2015-01	28.00	399
历届美国大学生数学竞赛试题集.第四卷(1970—1979)	2015-01	18.00	400
历届美国大学生数学竞赛试题集.第五卷(1980—1989)	2015-01	28.00	401
历届美国大学生数学竞赛试题集.第六卷(1990—1999)	2015-01	28.00	402
历届美国大学生数学竞赛试题集.第七卷(2000—2009)	2015-08	18.00	403
历届美国大学生数学竞赛试题集.第八卷(2010—2012)	2015-01	18.00	404
新课标高考数学创新题解题诀窍:总论	2014-09	28.00	372
新课标高考数学创新题解题诀窍:必修1~5分册	2014-08	38.00	373
新课标高考数学创新题解题诀窍:选修2-1,2-2,1-1,1-2分册	2014-09	38.00	374
新课标高考数学创新题解题诀窍:选修2-3,4-4,4-5分册	2014-09	18.00	375
全国重点大学自主招生英文数学试题全攻略:词汇卷	2015-07	48.00	410
全国重点大学自主招生英文数学试题全攻略:概念卷	2015-01	28.00	411
全国重点大学自主招生英文数学试题全攻略:文章选读卷(上)	2016-09	38.00	412
全国重点大学自主招生英文数学试题全攻略:文章选读卷(下)	2017-01	58.00	413
全国重点大学自主招生英文数学试题全攻略:试题卷	2015-07	38.00	414
全国重点大学自主招生英文数学试题全攻略:名著欣赏卷	2017-03	48.00	415
劳埃德数学趣题大全.题目卷.1:英文	2016-01	18.00	516
劳埃德数学趣题大全.题目卷.2:英文	2016-01	18.00	517
劳埃德数学趣题大全.题目卷.3:英文	2016-01	18.00	518
劳埃德数学趣题大全.题目卷.4:英文	2016-01	18.00	519
劳埃德数学趣题大全.题目卷.5:英文	2016-01	18.00	520
劳埃德数学趣题大全.答案卷:英文	2016-01	18.00	521
李成章教练奥数笔记.第1卷	2016-01	48.00	522
李成章教练奥数笔记.第2卷	2016-01	48.00	523
李成章教练奥数笔记.第3卷	2016-01	38.00	524
李成章教练奥数笔记.第4卷	2016-01	38.00	525
李成章教练奥数笔记.第5卷	2016-01	38.00	526
李成章教练奥数笔记.第6卷	2016-01	38.00	527
李成章教练奥数笔记.第7卷	2016-01	38.00	528
李成章教练奥数笔记.第8卷	2016-01	48.00	529
李成章教练奥数笔记.第9卷	2016-01	28.00	530

刘培杰数学工作室
已出版(即将出版)图书目录——初等数学

书　　名	出版时间	定　价	编号
第19～23届"希望杯"全国数学邀请赛试题审题要津详细评注(初一版)	2014-03	28.00	333
第19～23届"希望杯"全国数学邀请赛试题审题要津详细评注(初二、初三版)	2014-03	38.00	334
第19～23届"希望杯"全国数学邀请赛试题审题要津详细评注(高一版)	2014-03	28.00	335
第19～23届"希望杯"全国数学邀请赛试题审题要津详细评注(高二版)	2014-03	38.00	336
第19～25届"希望杯"全国数学邀请赛试题审题要津详细评注(初一版)	2015-01	38.00	416
第19～25届"希望杯"全国数学邀请赛试题审题要津详细评注(初二、初三版)	2015-01	58.00	417
第19～25届"希望杯"全国数学邀请赛试题审题要津详细评注(高一版)	2015-01	48.00	418
第19～25届"希望杯"全国数学邀请赛试题审题要津详细评注(高二版)	2015-01	48.00	419
物理奥林匹克竞赛大题典——力学卷	2014-11	48.00	405
物理奥林匹克竞赛大题典——热学卷	2014-04	28.00	339
物理奥林匹克竞赛大题典——电磁学卷	2015-07	48.00	406
物理奥林匹克竞赛大题典——光学与近代物理卷	2014-06	28.00	345
历届中国东南地区数学奥林匹克试题集(2004～2012)	2014-06	18.00	346
历届中国西部地区数学奥林匹克试题集(2001～2012)	2014-07	18.00	347
历届中国女子数学奥林匹克试题集(2002～2012)	2014-08	18.00	348
数学奥林匹克在中国	2014-06	98.00	344
数学奥林匹克问题集	2014-01	38.00	267
数学奥林匹克不等式散论	2010-06	38.00	124
数学奥林匹克不等式欣赏	2011-09	38.00	138
数学奥林匹克超级题库(初中卷上)	2010-01	58.00	66
数学奥林匹克不等式证明方法和技巧(上、下)	2011-08	158.00	134,135
他们学什么:原民主德国中学数学课本	2016-09	38.00	658
他们学什么:英国中学数学课本	2016-09	38.00	659
他们学什么:法国中学数学课本.1	2016-09	38.00	660
他们学什么:法国中学数学课本.2	2016-09	28.00	661
他们学什么:法国中学数学课本.3	2016-09	38.00	662
他们学什么:苏联中学数学课本	2016-09	28.00	679
高中数学题典——集合与简易逻辑·函数	2016-07	48.00	647
高中数学题典——导数	2016-07	48.00	648
高中数学题典——三角函数·平面向量	2016-07	48.00	649
高中数学题典——数列	2016-07	58.00	650
高中数学题典——不等式·推理与证明	2016-07	38.00	651
高中数学题典——立体几何	2016-07	48.00	652
高中数学题典——平面解析几何	2016-07	78.00	653
高中数学题典——计数原理·统计·概率·复数	2016-07	48.00	654
高中数学题典——算法·平面几何·初等数论·组合数学·其他	2016-07	68.00	655

刘培杰数学工作室
已出版(即将出版)图书目录——初等数学

书　　名	出版时间	定　价	编号
台湾地区奥林匹克数学竞赛试题.小学一年级	2017-03	38.00	722
台湾地区奥林匹克数学竞赛试题.小学二年级	2017-03	38.00	723
台湾地区奥林匹克数学竞赛试题.小学三年级	2017-03	38.00	724
台湾地区奥林匹克数学竞赛试题.小学四年级	2017-03	38.00	725
台湾地区奥林匹克数学竞赛试题.小学五年级	2017-03	38.00	726
台湾地区奥林匹克数学竞赛试题.小学六年级	2017-03	38.00	727
台湾地区奥林匹克数学竞赛试题.初中一年级	2017-03	38.00	728
台湾地区奥林匹克数学竞赛试题.初中二年级	2017-03	38.00	729
台湾地区奥林匹克数学竞赛试题.初中三年级	2017-03	28.00	730
不等式证题法	2017-04	28.00	747
平面几何培优教程	2019-08	88.00	748
奥数鼎级培优教程.高一分册	2018-09	88.00	749
奥数鼎级培优教程.高二分册.上	2018-04	68.00	750
奥数鼎级培优教程.高二分册.下	2018-04	68.00	751
高中数学竞赛冲刺宝典	2019-04	68.00	883
初中尖子生数学超级题典.实数	2017-07	58.00	792
初中尖子生数学超级题典.式、方程与不等式	2017-08	58.00	793
初中尖子生数学超级题典.圆、面积	2017-08	38.00	794
初中尖子生数学超级题典.函数、逻辑推理	2017-08	48.00	795
初中尖子生数学超级题典.角、线段、三角形与多边形	2017-07	58.00	796
数学王子——高斯	2018-01	48.00	858
坎坷奇星——阿贝尔	2018-01	48.00	859
闪烁奇星——伽罗瓦	2018-01	58.00	860
无穷统帅——康托尔	2018-01	48.00	861
科学公主——柯瓦列夫斯卡娅	2018-01	48.00	862
抽象代数之母——埃米·诺特	2018-01	48.00	863
电脑先驱——图灵	2018-01	58.00	864
昔日神童——维纳	2018-01	48.00	865
数坛怪侠——爱尔特希	2018-01	68.00	866
传奇数学家徐利治	2019-09	88.00	1110
当代世界中的数学.数学思想与数学基础	2019-01	38.00	892
当代世界中的数学.数学问题	2019-01	38.00	893
当代世界中的数学.应用数学与数学应用	2019-01	38.00	894
当代世界中的数学.数学王国的新疆域(一)	2019-01	38.00	895
当代世界中的数学.数学王国的新疆域(二)	2019-01	38.00	896
当代世界中的数学.数林撷英(一)	2019-01	38.00	897
当代世界中的数学.数林撷英(二)	2019-01	48.00	898
当代世界中的数学.数学之路	2019-01	38.00	899

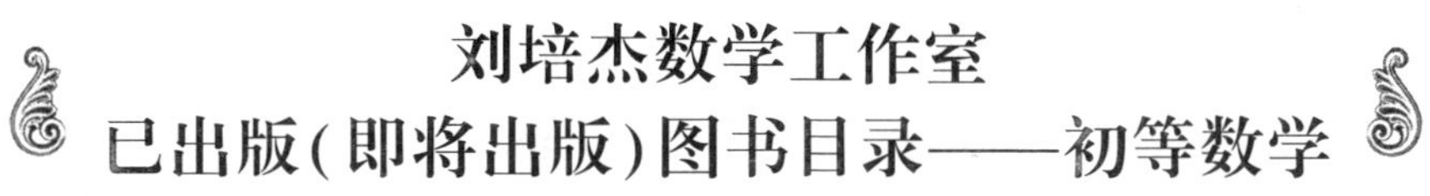

刘培杰数学工作室
已出版(即将出版)图书目录——初等数学

书　　名	出版时间	定　价	编号
105 个代数问题:来自 AwesomeMath 夏季课程	2019-02	58.00	956
106 个几何问题:来自 AwesomeMath 夏季课程	2020-07	58.00	957
107 个几何问题:来自 AwesomeMath 全年课程	2020-07	58.00	958
108 个代数问题:来自 AwesomeMath 全年课程	2019-01	68.00	959
109 个不等式:来自 AwesomeMath 夏季课程	2019-04	58.00	960
国际数学奥林匹克中的 110 个几何问题	即将出版		961
111 个代数和数论问题	2019-05	58.00	962
112 个组合问题:来自 AwesomeMath 夏季课程	2019-05	58.00	963
113 个几何不等式:来自 AwesomeMath 夏季课程	2020-08	58.00	964
114 个指数和对数问题:来自 AwesomeMath 夏季课程	2019-09	48.00	965
115 个三角问题:来自 AwesomeMath 夏季课程	2019-09	58.00	966
116 个代数不等式:来自 AwesomeMath 全年课程	2019-04	58.00	967
117 个多项式问题:来自 AwesomeMath 夏季课程	2021-09	58.00	1409
118 个数学竞赛不等式	2022-08	78.00	1526
紫色彗星国际数学竞赛试题	2019-02	58.00	999
数学竞赛中的数学:为数学爱好者、父母、教师和教练准备的丰富资源. 第一部	2020-04	58.00	1141
数学竞赛中的数学:为数学爱好者、父母、教师和教练准备的丰富资源. 第二部	2020-07	48.00	1142
和与积	2020-10	38.00	1219
数论:概念和问题	2020-12	68.00	1257
初等数学问题研究	2021-03	48.00	1270
数学奥林匹克中的欧几里得几何	2021-10	68.00	1413
数学奥林匹克题解新编	2022-01	58.00	1430
图论入门	2022-09	58.00	1554
澳大利亚中学数学竞赛试题及解答(初级卷)1978~1984	2019-02	28.00	1002
澳大利亚中学数学竞赛试题及解答(初级卷)1985~1991	2019-02	28.00	1003
澳大利亚中学数学竞赛试题及解答(初级卷)1992~1998	2019-02	28.00	1004
澳大利亚中学数学竞赛试题及解答(初级卷)1999~2005	2019-02	28.00	1005
澳大利亚中学数学竞赛试题及解答(中级卷)1978~1984	2019-03	28.00	1006
澳大利亚中学数学竞赛试题及解答(中级卷)1985~1991	2019-03	28.00	1007
澳大利亚中学数学竞赛试题及解答(中级卷)1992~1998	2019-03	28.00	1008
澳大利亚中学数学竞赛试题及解答(中级卷)1999~2005	2019-03	28.00	1009
澳大利亚中学数学竞赛试题及解答(高级卷)1978~1984	2019-05	28.00	1010
澳大利亚中学数学竞赛试题及解答(高级卷)1985~1991	2019-05	28.00	1011
澳大利亚中学数学竞赛试题及解答(高级卷)1992~1998	2019-05	28.00	1012
澳大利亚中学数学竞赛试题及解答(高级卷)1999~2005	2019-05	28.00	1013
天才中小学生智力测验题. 第一卷	2019-03	38.00	1026
天才中小学生智力测验题. 第二卷	2019-03	38.00	1027
天才中小学生智力测验题. 第三卷	2019-03	38.00	1028
天才中小学生智力测验题. 第四卷	2019-03	38.00	1029
天才中小学生智力测验题. 第五卷	2019-03	38.00	1030
天才中小学生智力测验题. 第六卷	2019-03	38.00	1031
天才中小学生智力测验题. 第七卷	2019-03	38.00	1032
天才中小学生智力测验题. 第八卷	2019-03	38.00	1033
天才中小学生智力测验题. 第九卷	2019-03	38.00	1034
天才中小学生智力测验题. 第十卷	2019-03	38.00	1035
天才中小学生智力测验题. 第十一卷	2019-03	38.00	1036
天才中小学生智力测验题. 第十二卷	2019-03	38.00	1037
天才中小学生智力测验题. 第十三卷	2019-03	38.00	1038

刘培杰数学工作室
已出版(即将出版)图书目录——初等数学

书　　名	出版时间	定　价	编号
重点大学自主招生数学备考全书:函数	2020-05	48.00	1047
重点大学自主招生数学备考全书:导数	2020-08	48.00	1048
重点大学自主招生数学备考全书:数列与不等式	2019-10	78.00	1049
重点大学自主招生数学备考全书:三角函数与平面向量	2020-08	68.00	1050
重点大学自主招生数学备考全书:平面解析几何	2020-07	58.00	1051
重点大学自主招生数学备考全书:立体几何与平面几何	2019-08	48.00	1052
重点大学自主招生数学备考全书:排列组合・概率统计・复数	2019-09	48.00	1053
重点大学自主招生数学备考全书:初等数论与组合数学	2019-08	48.00	1054
重点大学自主招生数学备考全书:重点大学自主招生真题.上	2019-04	68.00	1055
重点大学自主招生数学备考全书:重点大学自主招生真题.下	2019-04	58.00	1056
高中数学竞赛培训教程:平面几何问题的求解方法与策略.上	2018-05	68.00	906
高中数学竞赛培训教程:平面几何问题的求解方法与策略.下	2018-06	78.00	907
高中数学竞赛培训教程:整除与同余以及不定方程	2018-01	88.00	908
高中数学竞赛培训教程:组合计数与组合极值	2018-04	48.00	909
高中数学竞赛培训教程:初等代数	2019-04	78.00	1042
高中数学讲座:数学竞赛基础教程(第一册)	2019-06	48.00	1094
高中数学讲座:数学竞赛基础教程(第二册)	即将出版		1095
高中数学讲座:数学竞赛基础教程(第三册)	即将出版		1096
高中数学讲座:数学竞赛基础教程(第四册)	即将出版		1097
新编中学数学解题方法 1000 招丛书. 实数(初中版)	2022-05	58.00	1291
新编中学数学解题方法 1000 招丛书. 式(初中版)	2022-05	48.00	1292
新编中学数学解题方法 1000 招丛书. 方程与不等式(初中版)	2021-04	58.00	1293
新编中学数学解题方法 1000 招丛书. 函数(初中版)	2022-05	38.00	1294
新编中学数学解题方法 1000 招丛书. 角(初中版)	2022-05	48.00	1295
新编中学数学解题方法 1000 招丛书. 线段(初中版)	2022-05	48.00	1296
新编中学数学解题方法 1000 招丛书. 三角形与多边形(初中版)	2021-04	48.00	1297
新编中学数学解题方法 1000 招丛书. 圆(初中版)	2022-05	48.00	1298
新编中学数学解题方法 1000 招丛书. 面积(初中版)	2021-07	28.00	1299
新编中学数学解题方法 1000 招丛书. 逻辑推理(初中版)	2022-06	48.00	1300
高中数学题典精编. 第一辑. 函数	2022-01	58.00	1444
高中数学题典精编. 第一辑. 导数	2022-01	68.00	1445
高中数学题典精编. 第一辑. 三角函数・平面向量	2022-01	68.00	1446
高中数学题典精编. 第一辑. 数列	2022-01	58.00	1447
高中数学题典精编. 第一辑. 不等式・推理与证明	2022-01	58.00	1448
高中数学题典精编. 第一辑. 立体几何	2022-01	58.00	1449
高中数学题典精编. 第一辑. 平面解析几何	2022-01	68.00	1450
高中数学题典精编. 第一辑. 统计・概率・平面几何	2022-01	58.00	1451
高中数学题典精编. 第一辑. 初等数论・组合数学・数学文化・解题方法	2022-01	58.00	1452
历届全国初中数学竞赛试题分类解析. 初等代数	2022-09	98.00	1555
历届全国初中数学竞赛试题分类解析. 初等数论	2022-09	48.00	1556
历届全国初中数学竞赛试题分类解析. 平面几何	2022-09	38.00	1557
历届全国初中数学竞赛试题分类解析. 组合	2022-09	38.00	1558

联系地址:哈尔滨市南岗区复华四道街 10 号　哈尔滨工业大学出版社刘培杰数学工作室

网　　址: http://lpj.hit.edu.cn/

邮　　编: 150006

联系电话: 0451-86281378　　13904613167

E-mail:lpj1378@163.com